ÉTICA E MEIO AMBIENTE

UMA INTRODUÇÃO

Dados Internacionais de Catalogação na Publicação (CIP)
(Câmara Brasileira do Livro, SP, Brasil)

Jamieson, Dale
    Ética e meio ambiente : uma introdução / Dale Jamieson ;
tradução de André Luiz de Alvarenga. – São Paulo : Editora
Senac São Paulo, 2010.

    Título original: Ethics and the environment : an introduc-
tion
    Bibliografia
    ISBN 978-85-7359-978-7

    1. Ecologia – Aspectos morais e éticos I. Título.

10-03967   CDD-179.1

            Índice para catálogo sistemático:
            1. Ética e meio ambiente   179.1

Dale Jamieson

ÉTICA E MEIO AMBIENTE

UMA INTRODUÇÃO

Tradução de
André Luiz de Alvarenga

ADMINISTRAÇÃO REGIONAL DO SENAC NO ESTADO DE SÃO PAULO

Presidente do Conselho Regional: Abram Szajman
Diretor do Departamento Regional: Luiz Francisco de A. Salgado
Superintendente Universitário e de Desenvolvimento: Luiz Carlos Dourado

EDITORA SENAC SÃO PAULO
Conselho Editorial: Luiz Francisco de A. Salgado
          Luiz Carlos Dourado
          Darcio Sayad Maia
          Lucila Mara Sbrana Sciotti
          Marcus Vinicius Barili Alves

Editor: Marcus Vinicius Barili Alves (vinicius@sp.senac.br)

Coordenação de Prospecção e Produção Editorial: Isabel M. M. Alexandre (ialexand@sp.senac.br)
Supervisão de Produção Editorial: Pedro Barros (pedro.barros@sp.senac.br)

Edição de Texto: Pedro Barros
Preparação de Texto: Tulio Kawata
Revisão de Texto: Denise de Almeida, Luiza Elena Luchini
Projeto Gráfico, Capa e Editoração Eletrônica: Antonio Carlos De Angelis
Foto da Capa: Ichiro/Getty Images
Impressão e Acabamento: Cromosete Gráfica e Editora Ltda.

Gerência Comercial: Marcus Vinicius Barili Alves (vinicius@sp.senac.br)
Supervisão de Vendas: Rubens Gonçalves Folha (rfolha@sp.senac.br)
Coordenação Administrativa: Carlos Alberto Alves (calves@sp.senac.br)

© Dale Jamieson, 2008
Edição original: Ethics and the Environment: an Introduction (Cambridge University Press)

Proibida a reprodução sem autorização expressa.
Todos os direitos desta edição reservados à
Editora Senac São Paulo
Rua Rui Barbosa, 377 – 1º andar – Bela Vista – CEP 01326-010
Caixa Postal 1120 – CEP 01032-970 – São Paulo – SP
Tel. (11) 2187-4450 – Fax (11) 2187-4486
E-mail: editora@sp.senac.br
Home page: http://www.editorasenacsp.com.br

© Edição brasileira: Editora Senac São Paulo, 2010

Sumário

Nota da edição brasileira, 7

Prefácio, 9

1. O meio ambiente como uma questão ética, 17
Natureza e meio ambiente, 17
Dualismo e ambivalência, 19
Problemas ambientais, 24
Questões de escala, 28
Tipos de danos, 31
Causas dos problemas ambientais, 32
O papel da tecnologia, 34
A perspectiva econômica, 36
Religião e visões de mundo, 45
Ética, estética e valores, 48

2. Moralidade humana, 53
Natureza e funções da moralidade, 53
Objeções à moralidade, 59
Amoralismo, 60
Teísmo, 63
Relativismo, 71
O que essas objeções nos ensinam, 80

3. Metaética, 81
   Estrutura do campo, 81
   Realismo, 85
   Subjetivismo, 96
   O centro sensível, 104
   Valor intrínseco, 113

4. Ética normativa, 125
   Teorias morais, 125
   Consequencialismo, 126
   Ética da virtude, 138
   Kantismo, 148
   Ética prática, 161

5. Os humanos e outros animais, 163
   Especiesismo, 163
   Animais e teoria moral, 178
   Usando animais, 190
   Animais e outros valores, 222

6. O valor da natureza, 225
   Biocentrismo, 225
   Ecocentrismo, 231
   Avaliação reconsiderada, 237
   Pluralidade dos valores, 240
   Conflitos e trocas, 260

7. O futuro da natureza, 279
   Trabalhos da biosfera, 279
   Questões de justiça, 292
   Visões do futuro, 301
   Conclusão, 313

Bibliografia, 315

Índice remissivo, 325

Nota da edição brasileira

A questão ambiental intensifica-se dia a dia, particularmente no que se refere à sustentabilidade do planeta Terra. Acresce a isso que uma nova gestão do meio ambiente já é considerada um procedimento de uma sociedade pós-industrial, vale dizer, tema do mundo pós-moderno.

Não há mais dúvida de que a problemática do meio ambiente constitui uma questão moral, uma vez que o comportamento da sociedade humana em relação ao mundo natural evidenciou fraquezas e vícios por parte de quem "administra" a natureza, ou seja, a espécie humana.

Mais recentemente, surgiram princípios éticos condizentes com o mundo contemporâneo. Entre eles, o princípio da responsabilidade e o princípio da vida. Independentemente de posicionamentos filosóficos, religiosos, técnico-científicos, econômicos e políticos, o meio ambiente converte-se num projeto que transcende o dia a dia da vida para transformar-se numa esfera superior, cujas dimensões ultrapassam os nossos condicionamentos corriqueiros de tempo e lugar.

O Senac São Paulo, ao publicar esta obra, inicia o leitor num questionamento de valores econômicos, sociais e culturais, conduzindo-o através de um processo de perguntas e respostas no âmbito do pensamento, a posicionar-se perante a responsabilidade ambiental. É necessário partir de bases filosóficas, entre as quais o pensamento ético e a valorização da natureza, acima de critérios meramente pragmáticos.

Prefácio

A filosofia ambiental é uma vasta disciplina que envolve epistemologia, metafísica, filosofia da ciência e história da filosofia, além de áreas obviamente normativas, tais como: ética, estética e filosofia política. O foco principal deste livro é a ética ambiental, mas procurei discutir, de maneira geral, as dimensões normativas da matéria, inclusive questões de estética e filosofia política. Minha expectativa é de que esta obra seja utilizada em aulas de filosofia ambiental, mas que também encontre um público mais amplo nos cursos de ética propriamente ou de estudos ambientais. Além disso, espero que ela seja lida por filósofos, cientistas ambientais, especialistas em política ambiental e outros que desejam simplesmente uma introdução confiável e relativamente elaborada a esse campo do conhecimento.

Nos últimos 25 anos, ministrei cursos de filosofia ambiental a milhares de estudantes em seis diferentes faculdades e universidades, em três continentes. Em última análise, o livro é resultado desses cursos. Mais precisamente, ele é baseado em palestras que proferi na Universidade de Princeton na primavera de 2005. É com prazer que agradeço à Princeton, e particularmente ao Centro Universitário para Valores Humanos, por me convidar a passar o ano acadêmico de 2004-2005 com o título de Professor Visitante Laurence

R. Rockefeller* por distinção no ensino. Sinto-me especialmente grato pelo calor humano e vigor intelectual de meus colegas, tanto no Centro como no Instituto Ambiental de Princeton. Estendi e reescrevi as palestras no verão seguinte, enquanto morava na França. Meus agradecimentos a Béatrice Longuenesse e sua família por fazer dessa uma época feliz e prazerosa. Terminei o livro em Nova York sob circunstâncias menos favoráveis e sou grato a minha sólida comunidade de amigos que largavam tudo o que estavam fazendo para me ajudar a atravessar os tempos difíceis. Minha instituição de origem, Universidade de Nova York, foi consistentemente generosa ao conceder a autorização que me permitiu assumir o cargo de professor em Princeton, viabilizando a licença** durante a qual revisei as palestras, além de me prestar assistência de várias outras formas, tanto no campo pessoal quanto no profissional. Fico especialmente agradecido ao reitor Richard Foley, por seu inabalável apoio.

A própria existência deste livro se deve ao simpático (e persistente) convite de Hilary Gaskins para que eu desse minha contribuição à série na qual ele aparece. Ele acabou sendo melhor do que era para ter sido por causa das proveitosas (e também persistentes) intervenções de muitos amigos e colegas, entre eles, Phil Camill, Ned Hettinger, Béatrice Longuenesse, Jay Odenbaugh, Reed Richter, Sharon Street, Vicki Weafer e Mark Woods. Meu especial agradecimento ao parecerista (no princípio anônimo) da Cambridge University Press, Steve Gardiner, por tantas necessárias sugestões. Embora haja posteriores agradecimentos nas notas de rodapé, estou certo de que me esqueci de mencionar algumas pessoas que, no texto, irão encontrar

---

* Um dos títulos com que alguns professores são agraciados, por distinção, na Universidade de Princeton. (N. T.)

** "Sabbatical leave", segundo o dicionário *on-line* Merriam-Webster, refere-se à licença de um ano, remunerada, que se concede ao professor universitário nos EUA, geralmente a cada sete anos, para fins de pesquisa, viagem ou descanso. (N. T.)

ecos de suas ideias ou marcas de sua influência. Desculpo-me antecipadamente por isso.

Preocupado com a exatidão dos conceitos, empreguei alguns termos técnicos e adotei diversas convenções. Adotei o tipo itálico para títulos de livros e palavras estrangeiras. Utilizei aspas simples em vocábulos cujo conceito encontra-se em discussão e aspas duplas em palavras ou expressões descritivas, e para outros propósitos similares. Por exemplo, o *Dicionário de inglês Oxford* define 'meio ambiente' como sendo "os objetos ou a região ao redor de qualquer coisa". Separei em parágrafos distintos e numerei as sentenças cujo uso desejava analisar. Essas sentenças foram então iniciadas com maiúsculas, mas, na maioria dos casos, eu as pontuei como se fossem simplesmente parte do texto. No entanto, quando essas frases eram exclamativas ou interrogativas, apliquei-lhes pontuação adicional. Por exemplo, afirmo que, sob certa perspectiva, uma clara interpretação de

(1) É errado alimentar-se de animais

é

(2) Não coma os animais!

Finalmente, ao discutir as divisões que permeiam nosso planeta, falo sobre países ricos e pobres, o Norte e o Sul, e sobre o primeiro e o terceiro mundos. Detesto todos esses contrastes, mas creio que fica mais claro entender sobre o que estou falando quando uso esses termos.

Embora eu tenha tentado ser bem preciso, este livro pretende ser uma introdução e busquei puxar as rédeas de minha tendência ao pedantismo. Concentrei-me antes em ideias e controvérsias que em autores ou casos. Entre outras vantagens, isso me permitiu chegar rapidamente à essência de diversas concepções, mas frequentemente ao custo de tê-las simplificado demais e não adequadamente atribuindo crédito àqueles cujo trabalho trouxe progressos à discussão. Quanto às referências, algumas vezes citei passagens como são citadas por outros autores. Apesar de desaprovar isso como prática acadêmica, penso que é admissível num livro desse tipo. Os que pretendem seguir adiante na matéria encontrarão as fontes originais; os que não pretendem, não vão se incomodar. Ofereço uma justificativa semelhante por muitas vezes indicar *sites* aos leitores em vez de textos que estão estocados em bibliotecas.

Fui seletivo nos tópicos discutidos. Por exemplo, embora mencione alguns temas abordados por estudiosos ecologistas e ecofeministas, não examinei seu trabalho em detalhe. Essa omissão não implica um julgamento acerca do valor dessas obras, ela é apenas uma concessão à finitude da vida, dos livros e da atenção concentrada.

Retornando à fonte, sou grato aos estudantes a quem tenho lecionado essa disciplina através dos anos. Qualquer que seja a esperança que eu tenha para o futuro, ela reside, em grande parte, na energia e entusiasmo deles. Também preciso agradecer o amor e o apoio de meus pais, que se estenderam além-túmulo: tudo o que eu faço que tenha algum proveito só é possível por causa de seus sacrifícios. Por fim, gostaria de dizer obrigado a dois Pauls: um por me ensinar como fazer filosofia, e o outro por me mostrar algumas coisas sobre a vida.

DALE JAMIESON
Nova York

Para Béatrice

"Um dos reais equívocos do movimento* de conservação dos últimos anos é sua tendência de enxergar a natureza meramente como fonte de recursos naturais: use-os ou perca-os. No entanto, a conservação sem valores morais é incapaz de se manter."

George Schaller

---

* Conservation Movement ou Nature Conservation é, segundo a Wikipedia, um movimento de caráter político, social e, até certo ponto, científico, que busca proteger animais, plantas e seus habitats, tendo iniciado na Europa no século XIX. (N. T.)

1. O meio ambiente como uma questão ética

Natureza e meio ambiente

O que é meio ambiente? Em certo sentido, a resposta é óbvia. Meio ambiente é cada uma daquelas regiões especiais que nos preocupamos em proteger: a Reserva Nacional da Vida Selvagem do Ártico no Alasca, a Grande Barreira de Recifes na Austrália, o Distrito do Lago na Grã-Bretanha. Mas o meio ambiente é mais do que esses lugares específicos. É também o Harlem e Brixton, assim como o Upper East Side de Manhattan e os subúrbios cobertos de folhas de Melbourne. Inclui até mesmo os centros comerciais do sul da Califórnia. O meio ambiente abrange não apenas o ambiente natural mas também o ambiente construído pelo homem.

Na verdade, podemos falar até de "ambiente social". O termo "ambientalismo" foi criado em 1923 não para se reportar às atividades de John Muir e o Sierra Club, mas à ideia de que o comportamento das pessoas é, em grande parte, produto das condições físicas e sociais nas quais elas vivem e se desenvolvem.[1] Essa visão surgiu em

---

[1] John Muir (1838-1914) fundou o Sierra Club em 1892 e é um dos grandes heróis da causa ambiental nos Estados Unidos. Para saber mais sobre sua vida e obra, ver http://en.wikipedia.org/wiki/John_Muir.

oposição à ideia de que o comportamento de uma pessoa é essencialmente determinado por sua herança biológica. Esses ambientalistas defendiam o "aprendizado", no debate "natureza *versus* aprendizado", que predominou nas ciências sociais em grande parte do século XX. Eles acreditavam que a transformação da sociedade acarretava a transformação das pessoas e não que a sociedade se transformava porque as pessoas se transformavam.

Embora o meio ambiente compreenda um espaço bastante amplo, ambientalistas contemporâneos estão particularmente interessados em proteger a natureza. Com frequência, as ideias de natureza e meio ambiente são tratadas como se fossem equivalentes, contudo elas possuem histórias e origens distintas. O *Dicionário de Inglês Oxford* define "meio ambiente (*environment*)" como sendo "os objetos ou a região ao redor de qualquer coisa", e atribui sua origem a um termo do francês antigo, "*environner*", que significa "circundar". A palavra "natureza" tem raízes muito mais profundas, tendo vindo até nós do latim, *natura*. Apesar das discussões sobre meio ambiente terem ocorrido, na maior parte, no século XX e neste, os debates acerca do significado e da importância da natureza são tão antigos quanto a filosofia.

O fato de os dois termos, "meio ambiente" e "natureza", não serem idênticos em sentido e significado pode ser ilustrado nos exemplos que se seguem. A *boulangerie* (padaria) na esquina da minha rua em Paris é parte do meio ambiente, mas seria estranho afirmar que ela é parte da natureza. Os neurônios queimando no meu cérebro são parte da natureza, mas seria esquisito dizer que eles são parte do meio ambiente. Finalmente, se o ambientalista contemporâneo Bill McKibben tivesse escrito um livro chamado *The End of the Environment* no lugar do que ele de fato escreveu, *The End of Nature*, aquele teria de ser um livro bem diferente.

Esclarecer os motivos desses diferentes usos seria um bom divertimento. Talvez seja uma condição necessária que algo faça parte de nosso meio ambiente para que pensemos nele como sujeito a nosso controle causal, embora tal condição não se aplique àquilo que pensamos como sendo parte da natureza. Então, a Lua, por exemplo, é parte da natureza, mas não de nosso meio ambiente. Dessa perspectiva, pode-se cogitar que a natureza termina onde começa o meio ambiente.[2]

Seja qual for a explicação para esses usos e tendo alertado para algumas das complexidades envolvidas, agora farei o melhor que puder para ignorá-las. Embora haja diferenças importantes entre a ideia de meio ambiente e o conceito de natureza, que algumas vezes precisarão ser reconhecidas, muitos tópicos que o uso de um dos termos é capaz de exprimir podem ser também expressos pelo outro. Na próxima parte, discutiremos alguns exemplos.

Dualismo e ambivalência

A extensão da ideia de meio ambiente é refletida no movimento ambientalista contemporâneo pelo conceito de holismo. A Primeira Lei da Ecologia, de acordo com Barry Commoner, em seu livro de 1971, *The Closing Circle*, diz que "tudo está conectado a tudo". Esse ideal holístico ressoa no popular *slogan* ambientalista: "os humanos são parte da natureza". Esse *slogan* é frequentemente utilizado para insinuar que o "pecado original", que leva à destruição ambiental, é uma tentativa de nos separarmos da natureza. Podemos voltar a ter uma relação saudável com ela somente depois de reconhecer que essa tentativa de separação é insensata e destrutiva.

---

[2] Para mais discussões, ver Mark Sagoff, "Nature Versus the Environment", em *Report from the Institute for Philosophy and Public Policy*, 11 (3), 1991.

A sede por "unicidade" permeia grande parte da retórica ambientalista.[3] De fato, para alguns ambientalistas, uma forma de censurar alguém é chamá-lo de "dualista." Dualistas são aqueles que enxergam o mundo como incorporando profundas distinções entre, por exemplo, humanos e animais, o natural e o antinatural, o selvagem e o doméstico, macho e fêmea, e razão e emoção. "Monistas", por outro lado, negam que tais distinções sejam profundas e, em vez disso, veem os elementos dentro dessas categorias como contínuos ou entrelaçados, ou rejeitam totalmente as categorias. Apesar dos atrativos do monismo, é difícil encontrar sentido em muitas das reivindicações ambientalistas sem se invocar dualismos de um modo ou de outro. O truque é descobrir quando e em que medida tais dualismos são úteis.

Consideremos a ideia de que os humanos fazem parte da natureza. Se humanos e castores são ambos parte da natureza, como podemos afirmar que o desflorestamento causado pelos humanos é errado sem, de maneira similar, condenar os castores por cortarem árvores para construir seus diques? Como podemos dizer que as relações predador/presa da savana africana são maravilhas preciosas da natureza e ao mesmo tempo condenarmos humanos que caçam elefantes africanos ilegalmente? Mais fundamentalmente, como podemos distinguir a morte de uma pessoa causada por um terremoto da morte de uma pessoa causada por outra pessoa?

A avaliação da natureza do ponto de vista estético parece também requerer uma profunda distinção entre ela e o homem. Apreciação estética, ao menos em princípio, envolve avaliar algo que seja dife-

---

[3] A rejeição ao monismo é, de diferentes maneiras, tema de discussão tanto dos "ecologistas profundos" quanto dos "ecofeministas". Para uma visão geral desses posicionamentos, consulte Dale Jamieson, *A Companion to Environmental Philosophy* (Oxford: Blackwell, 2001), capítulos 15 e 16.

rente de quem está avaliando. Talvez fosse possível apreciar esteticamente algum aspecto de si mesmo, mas isso exigiria um estranho tipo de objetificação e indicaria ser uma forma de vaidade.

Alguns podem dizer que isto não seria uma grande perda, uma vez que considerar esteticamente a natureza é um modo de trivializá-la. Como veremos na subseção "Valores estéticos", do capítulo 6, essa afirmação deriva de uma falsa visão do valor da experiência estética. Além disso, é fato incontestável que ambientalistas muitas vezes se utilizam de argumentos estéticos para proteger a natureza, e esses argumentos são extremamente poderosos em motivar pessoas. Para qualquer um que já passou algum tempo em lugares como o Grand Canyon, é fácil entender por quê. A vista da borda sul é uma impressionante experiência estética para quase todo mundo. Deixar de utilizar argumentos estéticos para proteger o meio ambiente enfraqueceria consideravelmente a causa dos ambientalistas.

Essa ambivalência em reconhecer os humanos tanto como integrantes quanto como separados da natureza é parte de um tópico mais amplo presente no ambientalismo. Sob pressão, os ambientalistas concordarão que o Harlem é tão parte do meio ambiente quanto o Parque Nacional Kakadu, na Austrália, mas é evidente que proteger o Harlem não é o que as pessoas em geral pensam quando se fala em proteger o meio ambiente. Além disso, muito da história do ambientalismo envolveu diferenciar lugares especiais, que devem ser preservados, de lugares triviais, que podem ser usados para propósitos mais comuns.

Vejamos um exemplo. Considera-se, com frequência, que o movimento ambientalista contemporâneo iniciou-se com a luta de John Muir e o Sierra Club no começo do século XX para proteger o majestoso Vale de Hetch Hetchy, no recentemente criado Parque Nacional Yosemite, contra a proposta de uma barragem destinada a fornecer água e eletricidade à próspera cidade de San Francisco. Muir não teve problemas em sugerir suprimentos alternativos de água para a cidade, chegando até a dizer: "norte e sul de San Francisco... muitos rios desperdiçam suas águas no oceano".[4] Segundo Muir, Hetch Hetchy era especial, e seus argumentos contra a barragem apelavam, em termos quase religiosos, para o caráter e majestade únicos do vale. Essa ideia de que há locais especiais que merecem proteção extraordinária é parte do legado histórico do ambientalismo e reflete uma atitude que remonta, no mínimo, a nossos ancestrais neolíticos.

Como esses exemplos sugerem, existem profundas ambivalências no pensamento e na retórica ambientalistas. Por um lado, julgar a ação humana por um padrão diferente do que seria "natural" requer separar as pessoas da natureza; contudo, para convencê-las a viver modestamente, pode ser preciso convencê-las a se enxergarem como parte da natureza. Avaliar esteticamente a natureza torna necessário que nos vejamos afastados dela, mas esta é supostamente a atitude que dá origem à destruição ambiental em primeiro lugar. O meio ambiente é tudo que está à nossa volta, mas alguns lugares são especiais.

Alguém que não simpatize com o ambientalismo poderia rejeitar minha polida, até mesmo imprecisa, descrição desses casos para expressar "ambivalências". Essa pessoa poderia, por sua vez, dizer que o ambientalismo é uma tese emaranhada em paradoxos e contradições, e, por essas razões, deveria ser simplesmente abandonada. Essa, no entanto, seria uma conclusão errada. Concordo que nossas perspectivas a respeito da natureza e do meio ambiente diferem em cada situação, e às vezes até simultaneamente, e que é um desafio

---

[4]   De um panfleto de 1909 de John Muir, disponível em http://1cweb2.loc.gov/gc/amrvg/vg50/vg500004.tif.

compreender esses fenômenos e estabelecer como se conectam. Na minha opinião, porém, isso não ocorre apenas com nossa reflexão sobre o meio ambiente, mas também revela profundas tendências do pensamento humano. O que, para determinados propósitos, vemos como o pôr do sol, para outros vemos como uma relação entre corpos celestes. Aquilo que, de certo ponto de vista, vemos como um homem que é um produto previsível de seu meio ambiente, de outro vemos como uma pessoa má. Convivemos com a multiplicidade; o truque é entendê-la e pôr em prática nossas ideias produtivamente à luz dessa diversificação.[5]

Consideremos, por exemplo, as posturas que tomamos em relação a nossos semelhantes. Quase nunca temos uma opinião única sobre eles, e nossa conduta nem sempre é linear ou episódica. Cada um de nós possui múltiplas concepções e perspectivas, as quais não raro coexistem, algumas vezes com valores bastante diferentes. Imagine um colega que seja excelente em seu trabalho, narcisista no comportamento, que maltrate emocionalmente as mulheres, mas que seja um companheiro inteligente e encantador. Eu poderia trabalhar alegremente com ele num projeto, mas não o apresentaria a uma amiga. Talvez me divertisse indo ao cinema com ele, mas não me abriria numa conversa durante o jantar. Eu diria que tamanha complexidade nas relações humanas, antes de ser uma coleção de inconsistências, revela-se como algo comum na vida cotidiana.

Nossas relações com a natureza não são menos complicadas. Consideremos minha aventura no Needles District, no Parque Nacional de Canyonlands, parte da natureza selvagem norte-americana. Fiz caminhadas e acampei ali, experienciei a sublimidade do Druid Arch

---

[5] Para celebração e defesa dessa atitude, ver Nelson Goodman, *Ways of Worldmaking* (Indianápolis: Hackett Publishing Company, 1978).

e a esplendor da lua cheia no Elephant Canyon. Ao procurar água, senti-me parte do sistema natural que controla e sustenta a vida naquele deserto. Fico furioso com as propostas de se abrir essa área a veículos para a prática de *off-road*. Tal medida seria injusta com os mochileiros e com os que ali se aventuram, que seriam privados do silêncio e da solidão que tornam possíveis suas experiências nesses ambientes. Também lamento pela vida silvestre que seria destruída ou expulsa por semelhante política. Acho vulgar e desrespeitosa a ideia de as pessoas tratarem esse lugar como se fosse uma pista de corrida despovoada. Minha postura com relação a essa área comporta múltiplas perspectivas: o reconhecimento de quem eu sou é definido, pelo menos em parte, pelo meu relacionamento com esse lugar; um desejo pelas experiências estéticas que ele proporciona; e, sobretudo, a esperança de que aqueles que amam e habitam esse local sejam tratados equitativamente. A psicologia moral da minha conduta é complexa, mas não deveria surpreender que nossas ações em relação à natureza possam ser tão complexas quanto nossas ações em relação a nossos semelhantes.

Problemas ambientais

Mesmo que não existissem problemas ambientais, ainda haveria espaço para reflexão sobre ética e meio ambiente. De qualquer forma, o que confere relevo e urgência à nossa discussão é a crença amplamente difundida de que estamos às vésperas de uma crise ambiental provocada por nós mesmos. Muitos biólogos acreditam que a sexta maior onda de extinção desde o princípio da vida na Terra está ocorrendo agora, e que esta, diferentemente das outras cinco, está sendo causada pela ação humana. Cientistas atmosféricos afirmam que estamos dando origem a eventos que levarão mais de um século para se dissipar e que o resultado, quase certamente, será o clima mais quente que os humanos já experimentaram. Podem-se dar muitos outros exemplos.

Alguns duvidam da seriedade dessa crise porque são céticos com relação à ciência. Eles julgam que os cientistas exageram em seus resultados a fim de obter mais fundos para suas pesquisas. Ou então se atrapalham com as metodologias utilizadas em ciência ambiental, que quase sempre envolvem "acoplar" modelos altamente complexos, gerados por computador, e empregá-los na produção de previsões ou "cenários" a partir de grupos de bases de dados muitas vezes perigosamente incompletos. É claro que as mesmas preocupações podem ser levantadas sobre as outras ciências, inclusive as que dizem respeito à administração da economia. O argumento de defesa, em ambos os casos, é o mesmo: não há alternativa mais sensata do que agir embasando-se na melhor ciência disponível, reconhecendo que é da natureza das asserções científicas ser probabilísticas e sujeitas à revisão. Naturalmente, é possível que os céticos estejam certos e que a ciência ambiental seja, na maior parte, um amontoado de bobagens. Mas, então, pode ser também que eu ganhe na loteria.

De vez em quando é publicado um livro que reconhece quase todas as descobertas da ciência ambiental, mas vê o copo cheio até a metade em vez de vazio até a metade. Equivale a dizer que os ambientalistas se concentram apenas em cenários do tipo "ruína e escuridão" e ignoram as boas notícias. Expectativa de vida, alfabetização e riqueza estão aumentando em todo o mundo.[6]

---

[6] Bjorn Lomborg, *The Skeptical Environmentalist* (Cambridge: Cambridge University Press, 2001) é o último livro nesse estilo a receber uma grande atenção da mídia. Antes dele foi Gregg Easterbrook, *A Moment on the Earth: the Coming Age of Environmental Optimism* (Nova York: Viking, 1996). Para análises críticas da obra de Lomborg, ver http://www.ucsusa.org/ssi/resources/the-skeptical-environmentalist.html. Para análises críticas da obra de Easterbrook, ver http://info-pollution.com/easter.htm.

É certamente verdade que temos feito progressos na abordagem de certos problemas ambientais. Um dos melhores exemplos de história bem-sucedida é a melhora da qualidade do ar em muitas cidades do mundo industrial. Em dezembro de 1952, a qualidade do ar em Londres era tão ruim que chegou a matar milhares de pessoas num espaço de quatro dias. Atualmente, os níveis da maior parte dos poluentes do ar londrino são cerca de um décimo do que eram nos anos 1950, e o número de mortes que causam é da ordem de centenas por ano em vez de milhares numa única semana. No entanto, algumas cidades dos países em desenvolvimento apresentam hoje níveis muito mais altos de poluição atmosférica do que Londres na década de 1950. Por exemplo, em 1995, a poluição do ar medida em Deli, Índia, alcançou 1,3 vez a média de Londres em 1952, e em Lanzhou, China, uma espantosa marca 2,7 vezes maior que a média do mesmo ano naquela cidade.[7] Embora tenha havido progresso no tratamento de determinados problemas ambientais, este vem ocorrendo de forma irregular e incompleta.

Algumas pessoas renegam a seriedade dos problemas ambientais, não porque acreditam que estamos fazendo grandes avanços no trato deles, mas porque creem que as mudanças que estamos provocando terão impacto limitado ou mesmo positivo. Essas pessoas conservam a imagem de uma natureza elástica, quase impermeável às agressões do homem. Às vezes, essa concepção é inspirada na "hipótese de Gaia", formulada pelo cientista britânico James Lovelock nos anos 1970. De acordo com Lovelock, a Terra é um sistema homeostático autorregulador, com ciclos de retroalimentação que lhe conferem uma forte propensão à estabilidade. Diante dessa perspectiva, seria

---

[7] Scott Brennan & Jay Withgott, *The Science Behind the Stories* (São Francisco: Benjamin Cummings, 2005), p. 326.

surpreendente que as ações de uma única espécie pudessem ameaçar o funcionamento básico do sistema terrestre.[8]

Outras pessoas, entre elas muitos ambientalistas, veem a natureza como altamente vulnerável e os sistemas planetários delicadamente equilibrados. Para elas, as pessoas têm o poder de comprometer os sistemas que tornam a vida na Terra possível; e, se em outros tempos as pessoas precisavam se proteger da natureza, hoje em dia é a natureza que precisa se proteger das pessoas.

Esses dois pontos de vista revelam mais um caráter de postura fundamentalista ou até mesmo de compromisso religioso do que uma afirmação científica séria que possa ser verdadeira ou falsa. Todavia, mesmo que aqueles mais céticos acerca da existência de uma crise ambiental estejam corretos, não se poderia evitar a necessidade de refletir sobre as dimensões éticas das questões ambientais.

Suponhamos que realmente os ambientalistas habitem o lado escuro, não importando quão improvável isso possa parecer, e as coisas estejam realmente ficando cada vez melhores. Ainda que isso seja verdade, uma situação que necessite melhorar, ainda assim não é a melhor. Enquanto um único inocente morrer desnecessariamente por causa de danos ambientais causados por outros, haverá necessidade de reflexão ética.

Vamos admitir, como fazem os que se inspiram na hipótese de Gaia, que os sistemas da Terra sejam elásticos. Isso não implica que os problemas ambientais não mereçam ser encarados com seriedade. Mesmo que os sistemas da Terra reagissem a contento às nossas

---

[8] Recentemente, contudo, até mesmo James Lovelock, *The Revenge of Gaia: Why the Earth is Fighting Back – and How We Can Still Save Humanity* (Harmondsworth: Allen Lane, 2006), tornou-se pessimista a respeito do impacto gerado pelo homem. Para informações gerais sobre Gaia, ver Tyler Volk, *Gaia's Body: Toward a Physiology of Earth* (Cambridge: MIT Press, 2005).

agressões ambientais, talvez ainda houvesse um alto preço a pagar pela perda de muito do que valorizamos: biodiversidade, qualidade de vida, recursos hídricos, produtos agrícolas e assim por diante. Durante séculos de guerra, as nações europeias demonstraram sua elasticidade, mas milhões de pessoas perderam suas vidas e muito do que valorizamos foi destruído. Além disso, mesmo se for altamente improvável que a ação humana possa levar a um colapso dos sistemas terrestres fundamentais, as consequências de semelhante colapso seriam tão devastadoras que seria desejável evitar todo o risco. Do mesmo modo que é melhor não confiar nas propriedades salva-vidas dos *airbags* de seu carro, também é melhor não ter que confiar na elasticidade dos sistemas básicos da Terra.

Os problemas ambientais são distintos em escala, impacto e nos danos que são capazes de causar. Podem ser locais, regionais ou globais. Podem envolver obstáculos a interesses humanos ou prejudicar outras criaturas, espécies e sistemas naturais. Esses aspectos dos problemas ambientais serão discutidos nas próximas duas seções.

Questões de escala

Muitos problemas ambientais são locais quanto à escala, e as pessoas já os enfrentavam antes de a expressão "meio ambiente" existir. Por exemplo, a prática comum na Europa medieval de jogar o esgoto na rua causava um problema ambiental de âmbito predominantemente local. Meu vizinho, que insiste em tocar *heavy metal* o tempo todo, também causa um problema ambiental local. O barulho está em toda parte na vida moderna e não costumamos pensar dessa forma, mas ele possui muitas características de um poluente clássico. Faz as pessoas perder o sono e as mantém afastadas de casa, e de modo geral degrada sua qualidade de vida. Há evidências de que a exposição prolongada a altos níveis de ruído pode até mesmo elevar a pressão arterial e o índice de colesterol no sangue. A poluição sonora de um lar afetando outro pode se propagar e se transformar num sério problema urbano; fato que qualquer um que já morou numa grande metrópole como Nova York é testemunha.

Outro problema ambiental local raramente pensado dessa maneira é a exposição à fumaça do cigarro. Essa é uma questão muito mais séria do que a poluição sonora, que ceifa milhares de vidas todos os anos. Problemas ambientais locais podem afetar a qualidade de vida ou ameaçá-la seriamente.

Certos problemas ambientais são de alcance regional. Nesses casos, as pessoas agem de tal modo que acabam por degradar o meio ambiente de uma região, produzindo danos remotos, no espaço e no tempo, no local e no momento de suas ações. Em vez de um evento que simplesmente gera outro evento, esses problemas envolvem causas e efeitos complexos, espalhados por grandes áreas. O ar e a água quase sempre fornecem bons exemplos de problemas ambientais regionais, uma vez que seguem seus próprios imperativos, em vez de limitações políticas. Inundações e outras questões relacionadas ao gerenciamento de recursos hídricos envolvem bacias hidrográficas inteiras, e a qualidade do ar está ligada à dinâmica da troposfera.

Por exemplo, quando dirijo pela bacia de Los Angeles, os poluentes lançados pelo escapamento do meu carro misturam-se a outros poluentes e substâncias que estão naturalmente na atmosfera, formando compostos químicos nocivos, dispersos ao longo de toda a bacia em razão dos padrões climáticos predominantes no local. Esse meu comportamento, somado com o dos outros, acarreta sérios riscos, e até mesmo a morte, a muitas pessoas.

As catastróficas enchentes que aconteceram na China em 1998 são outro exemplo de problema ambiental regional. Durante décadas, o desmatamento vinha acontecendo nos pontos mais elevados da bacia do rio Azul (Yangtzé). Quando chuvas extremamente pesadas caíram em junho e julho daquele ano, a correnteza se tornou muito mais intensa e rápida, levando a inundações que atingiram mais de 200 milhões de pessoas e mataram mais de 3.600.

Recentemente, os problemas ambientais globais, tais como mudanças climáticas e esgotamento do ozônio estratosférico, ganharam bastante atenção. Estes são problemas que não teriam existido sem as modernas tecnologias.

O esgotamento do ozônio é causado pelos clorofluorcarbonetos (CFCs) – uma classe de compostos químicos inventados em 1928 para uso em refrigerantes, extintores de incêndio e propelentes em latas de aerossol. As emissões de CFC, por meio de uma complexa cadeia de reações químicas, provocam a erosão da camada de ozônio estratosférico, expondo, assim, os seres vivos a níveis incrivelmente elevados da perigosa radiação ultravioleta.

As mudanças climáticas agora em andamento são, em grande medida, causadas pela emissão de dióxido de carbono, um subproduto da queima de combustíveis fósseis. O consumo maciço desses combustíveis, que abasteceu a Revolução Industrial e continua a dar sustentação ao modo de vida das sociedades industriais, está ocasionando as alterações climáticas atualmente em curso. A Terra já está mais quente 0,6 °C (mais que 1 °F) desde a era pré-industrial, e as emissões que já ocorreram nos impõem pelo menos outro aumento de temperatura: 0,4-0,6 °C (0,72-1,08 °F). Uma vez que as emissões de dióxido de carbono e outros gases capazes de alterar o clima continuam a crescer, estamos deixando como herança às futuras gerações a mais extrema e rápida mudança climática que já aconteceu desde a época dos dinossauros. Embora esse problema tenha sido causado principalmente pelos habitantes dos países industrializados, até certo ponto todo o mundo contribuiu. De toda forma, os seres vivos não humanos e os descendentes das pessoas pobres de hoje é que mais irão sofrer com esse problema.

Tipos de danos

Problemas ambientais podem infligir muitos tipos diferentes de danos. Por exemplo, certos problemas ambientais afetam essencialmente a qualidade de vida dos seres humanos. Os danos causados pelo meu vizinho amante de *heavy metal* são um exemplo. Ninguém vai morrer e nenhuma espécie será levada à extinção por seu comportamento grosseiro, mas a qualidade de vida de seus vizinhos ficará comprometida.

Outros problemas ambientais ameaçam a saúde humana. De fato, a proteção à saúde humana é a motivação primária da maioria das regulamentações emitidas pela Agência de Proteção Ambiental dos Estados Unidos. Normas para controle de poluentes do ar, da água e de níveis de resíduos de pesticidas são exemplos. Alguns estatutos sem dúvida exigem que outros valores sejam levados em conta, mas não seria exagerar demais dizer que, ao longo dos anos, a Agência de Proteção Ambiental dos Estados Unidos evoluiu para se tornar uma agência de saúde pública.

Alguns problemas ambientais atingem principalmente os seres vivos não humanos. Embora haja argumentos justificando o porquê do interesse do homem em proteger a diversidade das espécies, por exemplo, é difícil negar que as amplas proibições de conduzir espécies à extinção pressupõem valores mais profundos que ponderações a respeito da saúde humana ou qualidade de vida. A Lei de

Proteção às Espécies Ameaçadas de Extinção norte-americana, por exemplo, editada primeiro em 1973, demonstra uma preocupação com as espécies que vai além das considerações sobre saúde humana ou qualidade de vida.

Os economistas chamam aqueles bens que não têm nenhuma relação essencial com os interesses humanos de "bens ambientais puros." Eles reservam um lugar para estes em seus cálculos utilizando conceitos como "valor de existência." A ideia é que levar a coruja-pintada à extinção, por exemplo, me causa dano ainda que não signifique ameaça à minha saúde, vida ou qualidade de vida. Sou prejudicado porque valorizo o simples fato da existência da coruja, mesmo que eu nunca tenha algum tipo de experiência com ela diretamente. É esse valor de existência que é perdido quando a coruja se torna extinta.

Há razões para se questionar essa forma de justificar a perda de valores causada pela extinção das espécies. O valor não se traduz facilmente em danos e benefícios para quem avalia. Embora seja verdade que uma pessoa com poucos recursos de postura liberal igualitária possa se beneficiar com o reconhecimento de seus valores, um rico banqueiro investidor que partilha os mesmos valores pode ser prejudicado por aquele reconhecimento. Existem dificuldades adicionais, que serão discutidas na subseção "A pluralidade dos valores" do capítulo 6, sobre como deveríamos computar o valor de espécies raras. A questão principal aqui, contudo, é que problemas ambientais provocam uma ampla variedade de danos.

Causas dos problemas ambientais

Há diversos motivos para se querer descobrir o que causa os problemas ambientais. Compreender história é interessante por si só e pode fornecer direções gerais para como refletir sobre o futuro. Pode também ser importante para determinar como atribuir responsabilidades, culpa e até mesmo punição.

Às vezes, conhecer a causa de um problema é o caminho direto para se identificar a solução. Se eu sei que meu equipamento de som não funciona porque não está conectado à rede elétrica, a solução do problema imediatamente se apresenta: basta ligá-lo à tomada. Ao fazer isso, resolvo o problema removendo sua causa. Em alguns casos, porém, existem soluções mais elegantes para os problemas do que remover suas causas. Por exemplo, se estou atrasado para um encontro porque fiquei preso no trânsito, a teleconferência é uma solução melhor do que tentar remover o problema acabando com o congestionamento. Em geral, é bom que, ao deparar com um problema sério, se tente entender o que o causou.

Outra razão que ressalta a importância de se compreenderem as causas dos problemas ambientais é o fato de as pessoas reagirem a eles de maneiras bem diferentes, dependendo de como foram gerados. Um exemplo clássico diz respeito às mortes por câncer no pulmão, ocasionadas pela inalação de fumaça de cigarro, comparadas àquelas causadas pela exposição ao radônio. Fumar cigarros é a causa principal de câncer de pulmão nos Estados Unidos, matando cerca de 160 mil pessoas por ano, enquanto inalar o gás radônio que ocorre naturalmente na atmosfera fica em segundo lugar, matando aproximadamente 21 mil pessoas por ano, sete vezes mais do que as mortes de fumantes passivos.[9] Ainda assim, apesar dos riscos comparativos, as pessoas estão muito mais motivadas a controlar o fumo passivo do que a exposição ao radônio. Nossas psicologias morais e nossas reações estão voltadas para o que fazemos uns com os outros

---

[9] Ver http://www.epa.gov/radon/healthrisks.html. Para informações gerais sobre essa questão, ver Michael R. Edelstein & William J. Makofske, *Radon's Deadly Daughters: Science, Environmental Policy, and the Politics of Risk* (Nova York: Rowman & Littlefield, 1998).

e não para o que a natureza faz conosco, mesmo quando isso se dá por intermédio da ação humana.

No debate sobre mudança climática há vários estágios de negação: primeiro, não está acontecendo mudança climática; depois, a mudança climática está acontecendo, mas é natural; finalmente, está havendo mudança climática e ela parcialmente é causada pelo homem, mas, de modo geral, é uma coisa muito boa. Fica implícita, no segundo estágio de negação, a ideia de que, se a mudança climática é um fenômeno que ocorre naturalmente, então ninguém pode ser responsabilizado por seus danos. Diga isso ao povo de Nova Orleans, vitimado pela ação humana, independente de ser ou não o furacão Katrina um produto da mudança climática ou dos padrões climáticos naturalmente ocorrentes.

O papel da tecnologia

Existem muitas teorias acerca das causas dos problemas ambientais. Talvez as mais importantes hoje em dia se baseiem em falhas e soluções tecnológicas. Essa concepção afirma que somos vítimas de nosso sucesso. Sofremos problemas ambientais porque nos tornamos ricos e inconstantes tão rapidamente que sobrepujamos a tecnologia que possibilitou esse sucesso. Quando poucas pessoas possuíam automóveis, não importava muito que eles fossem altamente poluentes. Quando todo mundo tem carro, isso se torna um problema ambiental. Quando poucas pessoas conseguem custear móveis feitos de madeira de lei tropical, coletar a matéria-prima não lesa o meio ambiente. Quando muitas pessoas compram móveis fabricados com madeira de lei tropical, ocorre o problema do desflorestamento. Esse tipo de história é o mesmo para muitos problemas ambientais.

A solução, diante desse quadro, é um novo ciclo de desenvolvimento tecnológico. As gerações tecnológicas anteriores foram desenvolvidas para resolver problemas e reduzir o trabalho num mundo em que os custos ambientais não eram significativos. Agora que estes têm tanta importância, uma nova geração de tecnologia é necessária para desempenhar aquela função de diminuição do trabalho, mas com muito maior sensibilidade ao meio ambiente. Assim, algumas pessoas (inclusive o presidente Bush) propõem como solução para a mudança climática uma nova geração de carros movidos a hidrogênio. Ainda poderíamos acelerar pela estrada até o *shopping* local e o impacto na atmosfera seria consideravelmente reduzido. Outros líderes e formadores de opinião reclamam novas tecnologias para a descarbonização de metais, e até mesmo tecnologias que nos permitam planejar o clima na Terra.

Abordagens tecnológicas são populares tanto com os políticos quanto com o público porque prometem soluções para os problemas ambientais sem nos obrigar a mudar nossos valores, estilo de vida ou sistemas econômicos. Além disso, para muitas pessoas que atingiram a maioridade no período pós-Segunda Guerra Mundial, a imagem do cientista como o sujeito confiante, capaz de resolver qualquer problema, permanece bastante sólida. Dessa forma, não é surpresa que políticos de variadas convicções defendam, como nossa saída para os problemas ambientais, investimento em pesquisa científica e desenvolvimento tecnológico, embora haja grande incerteza de como devem ser essas novas tecnologias ou o que de fato poderiam realizar. Qualquer que seja o potencial que tais soluções *high-tech* possam ter para atenuar os problemas ambientais, principalmente nas mentes dos ricos do mundo, elas parecem quase completamente irrelevantes às necessidades dos mais pobres, que, na maioria das vezes, estão condenados a uma batalha diária contra o ar nocivo e a poluição da água.

A perspectiva econômica

Os economistas costumam ser céticos quanto às abordagens tecnológicas. Apenas conversar sobre a necessidade de novas tecnologias ou subsidiar seu desenvolvimento não é garantia de que sejam realmente produzidas, muito menos amplamente adotadas. Em muitos casos, alternativas às tecnologias prejudiciais ao meio ambiente já existem, mas não são muito usadas.[10] A solução real para os problemas ambientais reside na reestruturação do sistema de incentivos econômicos que tem levado à destruição ambiental, substituindo-o por um sistema que crie incentivos a quem atuar de forma favorável ao meio ambiente, inclusive com o desenvolvimento e utilização de tecnologias "verdes".

Os problemas ambientais, na perspectiva da economia, envolvem a alocação de dois tipos de recursos escassos: fontes e sumidouros. Coisas tão diferentes entre si como petróleo, elefantes e o Grand Canyon podem ser vistas como fontes que geram oportunidades de consumo. O petróleo é consumido, na forma refinada, queimando em nossos automóveis. Elefantes são consumidos quando assassinados e seu marfim usado, ou mesmo quando fotografados. Nós consumimos o Grand Canyon quando nele fazemos caminhadas ou acampamos, ou quando o avistamos de aviões e helicópteros. Os sumidouros oferecem a oportunidade de eliminar as consequências indesejadas da produção e do consumo. Um rio é usado como sumidouro quando uma fábrica despeja resíduos nele. A atmosfera é usada como sumidouro quando dirijo meu carro até o supermerca-

---

[10] Por exemplo, S. Pacala & R. Socolow, "Stabilization Wedges: Solving the Climate Problem for the Next 50 Years with Current Technologies", em *Science*, 305 (5.686), 2004, pp. 968-972, mostram que poderíamos satisfazer uma grande parcela da demanda global de energia pelos próximos cinquenta anos limitando a concentração de CO_2 e empregando somente tecnologias já existentes.

do emitindo óxidos de nitrogênio, monóxido de carbono, dióxido de carbono e outros compostos químicos do escapamento. Alguns dos mais sérios problemas ambientais ocorrem quando o mesmo recurso natural é utilizado como fonte e sumidouro: por exemplo, quando o mesmo trecho de rio serve para o fornecimento de água e como esgoto; ou quando a mesma região da atmosfera é usada como fonte de oxigênio para respiração e como sumidouro para o descarte de diversos poluentes. Usar o meio ambiente como fonte ou sumidouro frequentemente degrada sua capacidade de funcionamento. Assim, as oportunidades de se usar o meio ambiente das maneiras descritas podem ser vistas como recursos escassos.

A questão econômica fundamental relativa ao meio ambiente implica determinar a distribuição mais eficiente desses recursos escassos. A palavra "eficiência" (assim como "consumo") é utilizada como termo técnico pelos economistas: um estado de coisas eficiente, nesse vocabulário, é aquele em que ninguém consegue melhorar sua situação sem que pelo menos alguém piore a sua. A alocação de bens ambientais é, em geral, ineficiente por uma série de motivos, o mais importante dos quais é que esses bens possuem muitas das características dos bens públicos.

Bens públicos puros são geralmente definidos como bens "não rivais" e "não excludentes". São não rivais na medida em que o consumo do bem por uma pessoa não reduz seu consumo por outra. Consideram-se não excludentes os que estão disponíveis a todos. O paradigma de um bem público puro é o da defesa nacional: fica à disposição de todo mundo e o valor que cada um lhe atribui não é diminuído em função de sua disponibilidade a outros.

Bens ambientais como fontes e sumidouros detêm algumas, mas não todas, as propriedades dos bens públicos: em muitos casos, eles são relativamente não excludentes, porém rivalizam de modo significativo. Qualquer pessoa pode servir-se deles, todavia, cada uso os deteriora levemente.[11] É difícil alocar esses bens de maneira eficiente porque as pessoas os utilizam, baixando seu valor para os outros, mas sem pagar o custo total por esse uso.

Consideremos o seguinte exemplo. Suponha que eu queira comprar seu carro. Você tem o direito de uso do veículo e não irá transferi-lo para mim a menos que eu, em troca, dê algo de maior valor para você; em geral, uma determinada quantia em dinheiro. Se chegarmos a um acordo sobre o preço do carro, em nossa própria visão essa transação nos deixará em situação melhor. Você preferia o dinheiro ao carro e eu preferia o carro ao dinheiro. Nós alcançamos, na compreensão do economista, um resultado eficiente. Assim, eu saio dirigindo alegremente meu novo carro, emitindo do escapamento uma mistura venenosa de compostos químicos que contribuem para a mudança climática e também para várias formas de poluição atmosférica que matam muitas pessoas inocentes, inclusive idosos, pacientes de asma e portadores de doenças cardíacas. Embora eu tivesse que pagar o seu preço para obter o direito de dirigir o carro, não preciso pagar ninguém para conseguir o direito de despejar esses poluentes no ar. A consequência é óbvia. Os mercados podem atribuir aos bens privados os mais altos valores de uso, mas os bens públicos, como a atmosfera, serão excessivamente explorados por serem gratuitos para seus usuários. Como resultado, haverá diminuição dos recursos e aumento da poluição. Seja bem-vindo à crise ambiental.

Explicando de modo um pouco mais formal, os custos do consumo de bens privados são "internos" ao bem: pagos pelo proprietário, refletem-se no preço. Os custos de consumo de um bem público, por

---

[11] Esses bens são, às vezes, chamados de "recursos comuns", mas não há problema, para nossos propósitos, em chamá-los de "bens públicos", desde que reconheçamos que eles, em geral, não possuem todas as propriedades dos bens públicos puros.

outro lado, em vez de internos ao bem, são "externalizados" para toda a comunidade. Dessa forma, o custo total do uso de um bem público não é refletido em seu preço. A solução, a partir dessa perspectiva, é privatizar os bens públicos, ou criar políticas que imitem os resultados gerados por um mercado funcionando adequadamente.

A objeção óbvia à primeira abordagem é que existe uma razão pela qual os mercados não amadureceram em relação a muitos bens ambientais: eles simplesmente não possuem as características dos bens privados. Consideremos novamente o exemplo do meu automóvel recentemente comprado. Em se tratando de carros, não é difícil conseguir direitos legais de propriedade, mas o que significaria criar tais direitos para a atmosfera? Problemas similares ocorrem com outros bens ambientais, tais como os recursos biológicos que constituem a biodiversidade. É claro que podemos imaginar diversas formas de tentar implementar um programa de privatização desse tipo, mas eles, quase sempre, parecem uma piada. De qualquer forma, o fato de a privatização de bens públicos encontrar-se em algum lugar entre o impossível e o improvável não impediu que figuras poderosas defendessem tal política, inclusive certos integrantes do governo dos Estados Unidos. Foi sugerido até que o caminho certo para salvar espécies em perigo de extinção seria vendê-las em leilão para o licitante que oferecesse o maior lance. Se realmente merecerem ser salvas, continua a história, então serão compradas por grupos ambientais que irão protegê-las. Qualquer um que ferisse esses animais estaria, portanto, violando um direito de propriedade privada e poderia ser processado.

A corrente predominante em economia ambiental advoga uma combinação mais sensível de políticas envolvendo taxas, subsídios e regulamentação que imite os resultados a serem produzidos por um mercado de bens ambientais em "bom funcionamento." O problema dessa abordagem "mais simpática, mais gentil" é que ela não responde as objeções mais básicas da perspectiva econômica. Como podemos proteger os interesses de entidades que não têm participação no mercado? O que acontece se a abordagem econômica ideal não for salvar as baleias, mas pescá-las o mais rápido possível e investir o retorno em debêntures de alto rendimento? Como as futuras gerações poderão ser representadas nessas transações que irão afetá-las, quando elas ainda nem existem?

Finalmente, de acordo com essa abordagem, as entidades que não participam dos mercados não possuem programa de assistência reconhecido para que o sistema econômico esteja em posição de promover. Qualquer que seja o valor agregado ao Grand Canyon, ursos polares e ar limpo, ele se dá somente em virtude das preferências de pessoas que de fato participam dos mercados. Se tais pessoas atribuírem um alto valor a essas coisas, então elas serão muito valiosas; se não atribuírem, então não serão. Mas as preferências das pessoas, no que se refere a bens ambientais, são bastante imprevisíveis e historicamente inconstantes, e há poucos motivos para se acreditar que uma abordagem puramente econômica, mesmo alguma que tenha alcançado a eficiência, produziria alguma política duradoura de preservação ambiental. Consideremos, por exemplo, a maneira pela qual as preferências, com relação ao meio ambiente norte-americano, mudaram desde o início da colonização europeia. Quando os puritanos escreveram a seus parentes na Inglaterra, contando-lhes que estavam vivendo numa "selva", empregaram esse termo com intenção "ofensiva". O que atualmente designamos pela expressão neutra "terra alagada" era "pântano" apenas uma geração atrás.[12]

---

[12] Os ecologistas recentemente tentaram transformar "pântano" em uma palavra que se referisse a um tipo particular de terra alagada. Arrisco dizer que esses esforços foram 'jogados ao pântano', na antiga conotação.

O grande filósofo do século XVII, John Locke, que muitos creditam ser a principal influência na constituição americana, enxergava na terra não cultivada um "desperdício", totalmente sem valor.

Para muitas pessoas, pouco importa que as preferências sejam volúveis e inconstantes. Uma geração valoriza saias curtas e cores primárias, ao passo que a seguinte escolhe tons de ocre e vestidos do estilo "da vovó". Do ponto de vista global, importa pouco o que preferimos, e, seja como for, podemos estar certos de que, no devido tempo, as preferências irão inverter-se. Mas, como veremos nos capítulos 5 e 6, existem razões não econômicas relevantes para se presumir que certos bens ambientais têm sua própria importância. Além do mais, algumas preferências não são reversíveis. Se os bens em questão deixarem de ser valorizados e forem eliminados, então, ao contrário das saias curtas ou dos vestidos "da vovó", nunca conseguirão se recuperar. É preciso apenas uma geração que valorize o retorno das debêntures de alta renda ou um mundo sem predadores, mamíferos marinhos ou lobos, e seguramente as baleias e os lobos nunca mais habitarão a Terra de novo, independentemente de quais preferências as futuras gerações possam ter a esse respeito.

Isso nos leva ao próximo problema: como avaliar adequadamente as preferências das futuras gerações. A prática habitual em economia é "descontar" o valor dos impactos futuros de qualquer política adotada no presente. Essa prática se justifica por vários motivos. Primeiro, há razões probabilísticas: o presente é certo e o futuro não, não importa como ele possa ser; e, mesmo que o futuro chegue, as previsíveis consequências podem não ocorrer. O segundo motivo para o "desconto" é que as pessoas e as economias são dinâmicas e produtivas. Para mim, faz sentido pegar dinheiro emprestado a uma taxa de juros previamente combinada porque, se eu fizer bom uso desse dinheiro, quando o empréstimo vencer poderei pagar o principal, os juros, e ainda conseguir algum lucro.

De qualquer forma, é bastante comum, na tomada de decisões do setor público, a aplicação de taxas de desconto sobre custos e benefícios de prazo muito longo baseadas em considerações vagas, como a crença de que as pessoas do futuro estarão em situação melhor que as do presente por causa de investimentos de capital, inovações tecnológicas e crescimento econômico contínuo. Embora possa haver alguma base empírica em tais crenças, elas são principalmente expressões de fé. Mesmo que sejamos simpáticos a essa fé, ainda assim não é fácil ver como essas crenças se traduzem em alguma taxa específica para descontar o futuro. Por esse motivo, é fácil ver como essa atitude pode se transformar em "preferência puramente de tempo": preferir benefícios presentes a benefícios futuros apenas em razão de sua localização no tempo. Mesmo sem essa preferência puramente de tempo, o poder dos juros compostos gera o indesejável efeito de que os custos adiados para o futuro mais distante não valem quase nada no presente. Pior ainda, é possível não existir absolutamente nenhuma forma de compensar os danos futuros legados por certas políticas do presente.

A tabela 1 traz a força dos juros compostos e suas interações com a escolha de particulares taxas de desconto.[13] Uma vez entendidas as consequências no futuro distante, mesmo com taxas de desconto modestas, é fácil perceber por que alguns economistas julgam que prevenir os piores impactos de um aquecimento global que será sentido durante séculos não vale a pena, mesmo significando uma pequena perda para a economia atual.

---

[13] Adaptado de Tyler Cowen & Derek Parfit, "Against the Social Discount Rate", em Peter Laslett & James Fishkin (orgs.), *Justice Across the Generations: Philosophy, Politics, and Society*, 6ª série (Nova York: Yale University Press, 1992), pp. 144-161.

Tabela 1. Número estimado de benefícios futuros igual a um benefício presente, baseado em diferentes taxas de desconto.				
Anos no futuro	1%	3%	5%	10%
30	1,3	2,4	4,3	17,4
50	1,6	4,3	11,4	117,3
100	2,7	19,2	131,5	13.780,6
500	144,7	2.621.877,2	39.323.261,827	$4,96 \times 10^{20}$

Ainda mais importante, os efeitos negativos da destruição ambiental quase sempre representam custos que não podem ser compensados de modo algum. Se alguém se apodera de minha conta bancária ou mesmo de minha casa, há uma soma em dinheiro que vai me permitir substituí-las. Se alguém leva embora meu melhor amigo ou meu companheiro (companheira), não existe nada que possa ocupar o lugar deles. O que dizer de ações que eliminam completamente os gorilas-das-montanhas, a natureza selvagem, a estabilidade do clima ou céus límpidos?

Algumas pessoas acham a perspectiva econômica sobre o meio ambiente intrinsecamente detestável. Rejeitam a ideia de que a poluição seja algo inevitável e defendem que a meta das políticas públicas deveria assegurar que essa poluição ocorra em "níveis ideais". Elas argumentam que semelhante política implicaria que a poluição ficaria restrita a regiões e populações onde os custos de produção fossem os mais baixos: em outras palavras, que pessoas com menos recursos vão sofrer mais com poluição. Alguns anos atrás, um memorando atribuído a Lawrence Summers, na época um economista do Fundo Monetário Internacional (FMI), foi publicado na revista inglesa *The Economist*. O memorando afirmava que o problema com a poluição nos países em desenvolvimento é que ela não é abundante o suficiente, e que uma distribuição otimizada da poluição iria aumentá-la nos lugares onde os custos fossem baixos e a diminuiria nos locais mais ricos do mundo em desenvolvimento. Por várias vezes, Summers negou que fosse o autor do memorando e declarou que se tratava de uma brincadeira.[14] Apesar do ultraje que muitas pessoas sentiram, certamente sua carreira não foi prejudicada. Ele, em seguida, trabalhou como secretário do Tesouro dos Estados Unidos e como presidente da Universidade Harvard. O importante para nossos propósitos é que o memorando estabelece claramente uma implicação plausível da visão econômica do meio ambiente, e é precisamente essa implicação que muitas pessoas acham repugnante.

Outros críticos da perspectiva econômica concordam que ela traz ao foco um conjunto muito importante e poderoso de instrumentos que podem ser usados para proteger o meio ambiente, mas objetam que ela não avança o suficiente ao analisar as causas de nossos problemas. Se for verdade, como a maioria dos economistas concorda, que criamos um sistema econômico que oferece incentivos à destruição ambiental, também esse fato permanece necessitando de uma explicação. Por que criamos um sistema desse tipo? Por que é tão difícil reformulá-lo? Quase toda tentativa de criar um sistema de incentivos mais racional, impondo taxas sobre a emissão de carbono, por exemplo, ou mesmo elevando os padrões de milhagem dos automóveis, encontram resistência feroz de uma população que espantosamente se considera "verde". O que isso revela sobre nós mesmos e os sistemas políticos que construímos? Essas importantes questões sobre comportamento não são fáceis de responder em uma perspectiva econômica.

---

[14] Algumas versões do memorando encontram-se amplamente disponíveis na web. Ver, por exemplo, http://en.wikipedia.org/wiki/Summers.memo.

Religião e visões de mundo

Em 1967, Lynn White Jr., um historiador da Universidade da Califórnia em Los Angeles, proferiu uma palestra à Associação Americana para o Avanço da Ciência que gerou um enorme impacto na subsequente discussão acerca das causas da destruição ambiental. O artigo, originalmente publicado na *Science*, já foi reimpresso dezenas de vezes. Nas centenas de livros e artigos em que tem sido objeto de discussão, ele foi desacreditado tanto quanto elogiado. Em essência, White afirmava que a crise ambiental é fundamentalmente uma crise espiritual e religiosa, e que a solução definitiva era cada um tornar-se espiritualizado e religioso.

White localizou a fonte da crise ambiental na atitude exploratória contra a natureza que está no coração do padrão dominante da tradição cristã. Como historiador de ciência e tecnologia, White não subestimava a importância destas para a crise ambiental. No entanto, ele as via como causas mais próximas do que fundamentais. Em seu modo de ver, ciência e tecnologia, em si mesmas, são expressões de tendências dominantes no cristianismo.

White admitiu que problemas ambientais ocorriam em todo o mundo, mesmo naquelas regiões que não consideramos parte do mundo cristão. Mesmo nesses locais, o cristianismo é, em última análise, responsável pela crise ambiental através de seus filhos, ciência e tecnologia, e suas heresias, tais como o marxismo.

O que o cristianismo tem de especial, segundo White, é que ela é a mais "antropocêntrica" das religiões do mundo. No centro da tradicional história cristã, está Deus tornando-se homem na figura de Jesus. Essa ideia, na perspectiva de outras tradições religiosas do Oriente Médio, como o judaísmo e o islamismo, é considerada blasfêmia. Em vez de "antropocêntricas", essas tradições são essencialmente "teocêntricas". Tanto no judaísmo como no islamismo, Deus é totalmente transcendente. Ele é radicalmente distinto dos humanos e da natureza. O homem e a natureza são suas obras, mas não são de forma alguma divinos. Nas tradições do Extremo Oriente – budismo, hinduísmo e jainismo, por exemplo –, a ideia da divindade de Jesus não é uma grande novidade. Nessas tradições, a divindade é vista como se manifestando em todos os seres vivos. De fato, a realização da divindade dentro de si é quase sempre o objetivo da prática espiritual dentro dessas tradições. Em contraste com o cristianismo, o que todas essas tradições partilham é a rejeição ao antropocentrismo. É esse antropocentrismo, que White acredita ser uma característica singular da forma dominante de cristianismo, que deu origem ao desenvolvimento da ciência moderna e da tecnologia, que, por sua vez, levaram à crise ambiental.

White conta sua história com alguns detalhes. Para ele, o desenvolvimento de novas formas de plantação, irrigação e exploração madeireira no fim do período medieval marca o início da ascensão da ciência moderna e da tecnologia. A introdução e adoção ampla dessas tecnologias também marcam o início da moderna visão do mundo. Desse ponto de vista, a natureza existe para ser manipulada pelos homens, para nosso benefício. White assinala que o uso dessas tecnologias frequentemente recebia oposição daqueles que defendiam a tradição de uma minoria dentro do cristianismo, a que vê a transformação humana da Terra como uma expressão do pecado do orgulho. Essa tradição menor enfatizava que o papel dos humanos é viver em parceria com a natureza e não dominá-la. O santo do século XII, Francisco de Assis, é uma figura emblemática dessa tradição. White crê que qualquer solução real para nossa crise ambiental terá que se render a tais tradições cristãs menores, assim como a tradições da Ásia e àquelas encontradas em culturas indígenas.

ÉTICA E MEIO AMBIENTE

Se White está correto ou não nos detalhes de suas afirmações, o mais importante é que, para ele, religiões e visões de mundo podem ter profundas consequências no comportamento, sociedades e modos de vida humanos. Não é exagero dizer que ele vê a crise ambiental como o produto atualizado da maneira como vemos o mundo. Isso está em grande contraste com aqueles que enxergam a crise ambiental como o produto de relações ou forças materiais.

O marxismo, hoje em dia, é amplamente visto como uma teoria desacreditada, mas vale a pena notar como sua vitória tem sido completa em certas áreas do pensamento. Muitos daqueles que rejeitam as particulares teorias econômicas marxistas ainda aceitam o determinismo econômico. Por essa visão, a mudança social é basicamente conduzida por fatos econômicos. Os economistas marxistas costumavam dizer que os problemas ambientais eram causados pela privatização de bens ambientais e que a solução era socializá-los. Atualmente, os economistas afirmam o contrário: os problemas ambientais são causados pela "socialização" dos bens ambientais e a solução seria privatizá-los. Ambas as correntes concordam que os problemas ambientais são causados pela distribuição de direitos de propriedade e incentivos. Discordam precisamente sobre qual seja a correta explicação, mas concordam quanto aos termos. Para ambas, a explicação correta para a degradação ambiental possui caráter essencialmente econômico. Essa visão é aceitável para economistas ganhadores do prêmio Nobel e distintos especialistas em teoria do direito, assim como era para os que atuavam como professores de "dialética" na antiga União Soviética.

A asserção de White de que as ideias têm consequências representa rejeição às explicações econômica e tecnológica dos problemas ambientais. Essa rejeição foi extremamente importante para o movimento ambientalista, e a influência de White se fez sentir em sua preferência por provérbios americanos nativos, referências budistas e pela orientação *new age* de certo pensamento ambiental. Não é tão surpreendente que um movimento social emergente como o ambientalismo seja atraído para uma perspectiva em que as crenças, valores e compromissos realmente importam. Essa foi uma das muitas impensáveis consequências do marxismo: que a revolução seria inevitável, mas as pessoas deveriam se comprometer com a luta por ela e morrer para fazê-la acontecer. O paradigma econômico contemporâneo pode inspirar as pessoas a tentar o ramo imobiliário ou investimento bancário, mas não fornece o tecido inspirador necessário para um movimento social. Henry David Thoreau, Aldo Leopold e Rachel Carson são o tipo de escritores e pensadores que leva as pessoas a agir. Eles são os heróis do movimento ambientalista contemporâneo.

Ética, estética e valores

Na seção anterior examinamos diversos aspectos das causas dos problemas ambientais. Nós os interpretamos em suas formas extremas, oferecendo explicações decisivas, de fator único. Cada um desses aspectos é revelador, mas nenhum é tão convincente quanto a história completa – aquela que se deveria aceitar para a exclusão de todas as outras. Para nossos propósitos, é suficiente ver essas diferentes explicações proporcionar recursos que possam ser usados para o entendimento de aspectos de problemas particulares e o alcance das possíveis soluções. Não temos nenhuma necessidade de nos esforçar para forjar uma teoria unificada dos problemas ambientais. Na verdade, tal explicação não será bem-vinda.

Geralmente, pensamos em problemas ambientais e suas possíveis soluções como multidimensionais. Se estamos preocupados com a poluição do ar, por exemplo, podemos aduzir uma série de considerações ao discutirmos por que ela é ruim, quais são suas causas e quais poderiam ser as soluções. Podemos conversar sobre os efeitos da poluição do ar na saúde e na economia, a perda de valores estéticos que ela acarreta, tais como a poluição do céu claro e a erosão das grandes paisagens, seu impacto nos sistemas naturais e um largo espectro de outras consequências. Ao explicar suas causas, podemos mencionar os perversos incentivos que encorajam a utilização de veículos privados em vez de transporte público, as tecnologias impróprias envolvendo aquecimento e resfriamento, e as atitudes das pessoas que colocam seus interesses mesquinhos acima de todo o resto. Podemos considerar possíveis soluções desde campanhas públicas visando a mudança de conduta até impostos sobre emissão de carbono, taxas sobre congestionamentos e desenvolvimento de tecnologias alternativas. Podemos discordar a respeito da importância comparativa de vários fatores, mas seria estranho pensar que qualquer um deles esteja além do ponto, seja irrelevante ou completamente fora dos limites.

Em resumo, somos pluralistas quanto à natureza dos problemas ambientais, suas causas e soluções. Na tomada de decisões públicas e privadas, não somos primariamente motivados por uma preocupação com o rigor teórico ou explicação definitiva, mas pelo que poderá contribuir para resolver nossos problemas. Adotamos os vocabulários que são úteis, que estabelecem uma conexão entre como nós e como os outros refletem sobre esses problemas, e os tipos de considerações que levam a nós e aos outros à ação. Quando se trata de problemas ambientais, está claro que eles incluem questões científicas, tecnológicas e econômicas, mas também incluem considerações sobre ética, valores e as dimensões estéticas do meio ambiente. Talvez um dia sejamos capazes de descobrir que essa vasta gama de preocupações pode ser reduzida a um único conceito, mas saber se esse é ou não o caso é de pouca relevância para cuidar de nossos problemas atuais.

Consideremos um exemplo: Suponha que eu tenha um amigo que tem dificuldade de completar projetos, e que isso acarrete todo tipo de problemas tanto em sua vida pessoal quanto profissional. De fato, estes estão interligados: sua dificuldade em completar projetos inibe o avanço profissional, o que gera uma séria pressão sobre seu casamento, tornando difícil cuidar adequadamente de seus filhos. Como seu amigo, de que maneira eu deveria pensar sobre esses problemas? O que não deveria fazer era gastar tempo demais imaginando se há uma única explicação para tudo o que está errado com a vida dele. Consideremos a vasta série de candidatos. Talvez a genética seja a resposta, ter desmamado muito cedo, o reforço negativo que recebeu na escola, sua tendência a devaneios ou seu sentimento de inutilidade. Talvez o problema sejam seus genes, sua química cerebral, sua incapacidade de tomar decisões autênticas e autônomas ou de agir baseado em regras morais. Como seu amigo, eu deveria me preocupar com as causas para me ajudar a pensar em intervenções, não porque eu esteja interessado em fornecer uma explicação elegante para seus problemas. As intervenções que poderiam ajudá-lo são bastante diversas, variando desde silenciosamente encorajá-lo a finalizar seus projetos até auxiliá-lo a procurar assistência médica. Elas podem implicar ficar a seu lado em disputas no ambiente de trabalho, dando-lhe dicas de como fazer seu trabalho com mais eficiência, ou mesmo encorajá-lo a mudar de profissão. Explicar de forma simpática seu comportamento para seus colegas e até mesmo para sua esposa poderia ajudar. Da mesma forma, poderia ajudar ao estimulá-lo, bem como sua mulher, a procurar aconselhamento matrimonial. Até mesmo levar seus filhos ao jogo de futebol poderia ajudar a aliviar um pouco da pressão. Deselegante, porém é como se resolvem os problemas na vida real. Ainda que exista uma única explicação para o comportamento de meu amigo, provavelmente eu não saberei qual é nem preciso saber para tentar ajudá-lo com seus problemas. O fato de escolher uma abordagem particular para tentar ajudá-lo não exige que eu rejeite todas as outras. Fazemos o que podemos, quando podemos. Como seu amigo, tentarei diferentes abordagens em momentos diferentes, tentando encontrar algo que funcione para a compreensão de seu comportamento e para ajudá-lo com seus problemas.

Minha opinião é que, muitas vezes, o mesmo acontece com relação aos problemas ambientais. Eles aparentam ser complexos e multidimensionais. Podemos descrevê-los utilizando diferentes palavras e explicá-los de variadas maneiras. Talvez algum dia tenhamos uma explicação que mostre que eles são "assim e assim" e podem ser mais bem resolvidos fazendo "assim e assim". Contudo, está longe de ser certo que tais explicações existam e, se existirem, estamos muito longe de as termos à nossa disposição. De toda forma, a questão tem pouca importância para nós agora. Meu objetivo não é insistir que os problemas ambientais na verdade são éticos, em vez de econômicos, tecnológicos ou qualquer outra coisa, mas sugerir que esses problemas se apresentam a nós dotados de importantes dimensões éticas. Podem ser pensados e discutidos nesses termos, e, em vez de tentar explicá-los, devemos seguir em frente e ver até onde chegamos.

E isso é exatamente o que farei no restante deste livro. Vou assumir que, dentre suas muitas dimensões, os bens ambientais envolvem valores moralmente relevantes, e que os problemas do meio ambiente derivam de falhas morais de algum tipo. Para firmar meu propósito de modo mais claro: explorarei a ideia de que os problemas ambientais desafiam nossos sistemas ético e de valores. Se eu estiver certo sobre isso, nossa reflexão a respeito do meio ambiente, ao pensarmos nele dessa maneira, e nossas próprias concepções morais e políticas tornar-se-ão mais sofisticadas como resultado de suas confrontações com os reais problemas ambientais. Agora, vamos ao *show*.

2. Moralidade humana

Natureza e funções da moralidade

Muitas pessoas reagem mal à própria ideia de moralidade. Ela parece estar intimamente associada à religião, e a culpa aparenta ser o deus que ela está mais interessada em servir. Moralidade significa, principalmente, obedecer às regras promulgadas por pais ou outras autoridades, não importa quão sem sentido ou estúpidas possam ser. A própria linguagem da moralidade tem aparência de absolutista ou dogmática. Na melhor das hipóteses, carrega o mofo de um velho sótão; na pior, é perigosa.

Tendo crescido numa escola luterana, nutro grande simpatia por essa reação. De fato, os perigos expostos pela linguagem da moralidade estão se tornando mais aparentes a cada dia. Muitos líderes políticos acham que há no mundo uma luta entre o bem e o mal absolutos, e os identificam com suas próprias convicções religiosas. Eles exploram os medos e preconceitos das pessoas com declarações categóricas de "nossa" virtude e denúncias simplistas da venalidade "deles". Moralizadores desonestos buscam poder e dominação por meio de atrozes condenações daqueles cujas práticas sexuais são diferentes das deles, dos que têm opiniões distintas de quando a vida se inicia ou o que significa morrer com dignidade.

Na minha opinião, a melhor maneira de remediar essa apropriação da moralidade é não permitir que a linguagem seja usada em favor dos que abusam dela, mas retornar à fonte e examinar os conceitos e instituições da moralidade desde o alicerce. Tão intensa investigação não apenas irá lançar luz sobre por que é sensato pensar o meio ambiente de um ponto de vista ético, mas também ajudar a nos libertar dos estereótipos acerca da moralidade que nos impedem de refletir eticamente sobre muitos problemas graves de nossa era.

O que é, então, moralidade? É claro que diferentes definições podem ser dadas, porém vamos começar com esta. Como primeira abordagem, moralidade é um sistema comportamental, com um certo tom apaziguador, que evoluiu entre determinados animais sociais com o propósito de regular suas interações. Tais sistemas são característicos de animais sociais vivendo sob certas condições, tais como escassez, porque, nessas circunstâncias, se cada um agir apenas por si e para si pode ocorrer um desastre para todo mundo.

Isso foi absolutamente demonstrado por Thomas Hobbes, filósofo do século XVII, na descrição do que ele chamou de "o estado de natureza." Nesse estado, ninguém se dedica ao trabalho produtivo porque não pode ter certeza de que irá usufruir dos benefícios de seu trabalho. Como resultado,

> não há lugar para a atividade humana, pois o fruto dela é incerto: e, consequentemente, nenhuma cultura da terra; não há navegação, nem uso de matérias-primas que possam ser importadas por mar; não há acomodações confortáveis; não há instrumentos para mover e remover coisas que requeiram muita força; nenhum conhecimento da face da Terra, nem contagem de tempo; não há arte; nem literatura; nem sociedade.

Quando defrontada com tal "guerra de todos contra todos", é do interesse de cada pessoa atacar primeiro, antes de ser atacada. Mesmo aqueles que preferem a paz têm razões para atacar imediatamente, uma vez que podem ter certeza de que pessoas menos pacíficas do que elas atacarão primeiro se tiverem a chance. Assim, a vida no estado de natureza, de acordo com Hobbes, é "solitária, pobre, suja, brutal e curta".[1]

Hobbes acreditava que a única solução era formar um Estado governado por um monarca absoluto. O que quer que possamos pensar sobre essa solução, parece claro que estabelecer um sistema moral pode pelo menos ajudar a resolver os problemas apresentados pelo estado de natureza.[2] Posto que sistemas morais regulam e coordenam o comportamento, recompensando sistematicamente alguns e sancionando informalmente outros, eles podem complementar (ou servir como alternativas) ao controle social pelo exercício direto do poder ou autoridade. Portanto, não é surpresa que sistemas morais existam em todas as sociedades humanas conhecidas. Se semelhantes sistemas existem entre outros animais é controverso, mas é claro que precursores desses sistemas existem em muitas espécies de mamíferos sociais, inclusive os outros grandes símios e canídeos.[3]

Variados elementos figuram na construção das moralidades existentes, incluindo simpatia, empatia, generosidade e habilidade de avaliar as situações dos outros. A capacidade de controlar o próprio comportamento, suprimindo impulsos e desejos, também é impor-

---

[1] As citações são de Thomas Hobbes, *Leviathan*, capítulo 13, disponível em muitas edições, e *on-line* em http://oregonstate.edu/instruct/ph1302/texts/hobbes/leviathan-c.html#CHAPTERXIII.

[2] O próprio Hobbes negou isso por razões ligadas à sua concepção de moralidade, mas esse pormenor não será discutido aqui.

[3] Para discussões, ver Frans de Waal, Stephen Macedo & Josiah Ober (orgs.), *Primates and Philosophers: How Morality Evolved* (Princeton: Princeton University Press, 2006).

tante. A disposição para comportamento recíproco, um traço muito profundo em nossa natureza, é especialmente relevante. Juntas, tais habilidades e disposições guardam o potencial para nos mover do estado de natureza de Hobbes para sociedades cooperativas capazes de realizar grandes feitos.

Imagine uma população de organismos em que cada indivíduo, diante de estranhos, coopera ou não, aleatoriamente. Se estranhos se encontram e inicialmente cooperam, então estamos bem perto de estabelecer um padrão de comportamento em que a cooperação se torna bem provável. O fato de eu cooperar com você torna mais provável que você irá cooperar comigo, tornando mais provável que eu vá cooperar com você, e assim por diante. Essa é a estrutura comportamental que torna as instituições sociais possíveis. Compare isso com organismos que não possuem tendência à reciprocidade. Eles podem experimentar incidentes aleatórios de cooperação, mas, uma vez que isso não irá aumentar a probabilidade de cooperação, esses organismos não irão dividir os benefícios da cooperação sustentada e mutuamente reforçada. Aqueles que se comportam visando apenas ao próprio interesse imediato farão ainda pior. Ficarão presos ao estado de natureza no qual a vida é "suja, brutal, e curta".

Podemos entender por que a mãe natureza favorece crianças que têm tendência à cooperação e à reciprocidade, assim como uma tendência a perseguir seus próprios interesses. Sob uma série de condições, inclusive aquelas mais características da vida humana, essas crianças farão melhor do que aquelas que não possuem essas tendências.

Muito mais ainda precisa ser dito sobre como essa história da construção da moralidade continua, mas já podemos ver sua definição básica. Amabilidade gera amabilidade, que gera amabilidade, que gera amabilidade, e assim por diante. A partir daí, está aberto o caminho rumo à moralidade plena.[4]

Uma vez funcionando satisfatoriamente, as moralidades, como muitas outras instituições, adquirem a tendência de tornar-se autônomas. Identificação por afinidade e disposição à reciprocidade tornam as moralidades possíveis, mas, logo que estas passam a existir, têm o poder de se fortalecer por si mesmas. Nossa afinidade se torna cada vez mais nítida e, conforme crescem nossas expectativas, a reciprocidade passa a ser normativa. A razão também entra no jogo, talvez no início como um instrumento para trabalhar os detalhes da reciprocidade em implementação, servindo mais tarde, no entanto, como mecanismo para imposição de ordem e coerência. Esses desenvolvimentos tornam possível, e em alguns casos irresistível para nós, a preocupação com outros que não têm condições de corresponder a nosso comportamento. Uma vez que a razão, a reciprocidade normativa e a nítida identificação por afinidade nos fazem exigências, assim como aos outros, a moralidade torna-se ambiciosa e crítica de uma maneira que outros sistemas de controle social não conseguem acompanhar. Ela faz surgir questionamentos como: que tipo de pessoa eu deveria ser? Em que espécie de sociedade eu gostaria de viver? Estou fazendo o melhor que posso? De que modo a sociedade a que pertenço pode melhorar? Esses são também os meios que nos permitem realizar julgamentos trans-históricos e interculturais, projetar-nos além da condição presente, e fazer conjeturas sobre como deveríamos agir se nos encontrássemos sob outras circunstâncias. Perguntamos às crianças como se sentiriam se fossem tratadas da mesma maneira como tratam os outros. A um conhecido

---

[4]   Para saber mais sobre a evolução da moralidade, ver Dale Jamieson, *Morality's Progress: Essays on Humans, Other Animals, and the Rest of Nature* (Oxford: Oxford University Press, 2002), capítulo 1 e as referências citadas ali.

afirmamos que não custaria visitar o pai ou a mãe doente, e, a estes, tal ato faria extremamente bem. Condenamos um amigo por não agir como amigo.

Uma vez alcançado esse ponto, entramos no domínio das moralidades plenas, como a nossa própria. Possuímos um sistema particular de controle social que detém os meios de criar padrões pessoais. Ele também contém a possibilidade de sua própria crítica e o necessário para projetar nossos julgamentos através do espaço e do tempo. Diferentemente de outros sistemas de controle social, como o costume, quando se trata de moralidade, a demanda pelos motivos está sempre ativa. Portanto, podemos dizer que a moralidade sempre envolve fazer algo que temos uma boa razão para fazer.[5]

Neste momento nos situamos no limiar do que se pode dizer, de forma geral, a respeito da moralidade, e encontramos aqui uma advertência a que devemos atentar. Os filósofos tendem a deslocar suas impressões particulares acerca de um assunto controverso para a própria definição do objeto sob investigação. Por exemplo, os que teorizam sobre justiça frequentemente a conceituam nos termos de sua teoria favorita, em vez de defender sua superioridade fatual ou normativa sobre as teorias alternativas. Eles definem justiça como uma versão da reciprocidade, igualdade ou vantagem mútua, em lugar de arguir, em base sólida, que uma dessas teorias da justiça é superior às outras. Não tenho intenção de ganhar por definição o que deve ser obtido somente através de trabalho duro e de discussão honesta, embora alguns possam dizer que já tentei fazer isso ao caracterizar a moralidade da maneira como fiz. De toda forma, é importante deixar

---

[5] A moralidade envolve sempre fazer o que temos mais razões para fazer? Alguns filósofos, como o alemão Immanuel Kant, do século XVIII, responderiam afirmativamente. Outros, tais como o escocês David Hume, também do século XVIII, diriam que eu exagero a importância da razão para a moralidade.

em aberto um bom número de questões que possam ser debatidas pelos defensores das várias teorias morais. Por exemplo: o que pode ser considerado uma razão? As razões precisam ser imparciais? Existe alguma classe de razões morais distintivas? As razões morais são decisivas? Diferentes respostas a essas perguntas virão de diversas teorias morais e elas devem ser avaliadas, de modo geral, com base na plausibilidade dessas várias teorias. Esse é o gênero de questionamentos que iremos investigar nos próximos dois capítulos. Primeiro, contudo, precisamos responder a algumas objeções à moralidade.

Objeções à moralidade

Na seção anterior, esbocei uma ideia plausível da natureza e das funções da moralidade. Em si mesma, ela não será suficiente para mudar a opinião dos que acham a moralidade desagradável. É claro que agora estamos em melhor posição para entender com mais clareza as vagas e incipientes objeções à moralidade, evocadas no início deste capítulo. Vou chamar essas novas e melhoradas versões de objeções de amoralismo, teísmo e relativismo.

É importante compreender desde o princípio que associo significados especiais a esses termos. Embora eu possua dúvidas acerca dos amorais, é evidente que muitos teístas e alguns relativistas não objetariam à moralidade das maneiras por mim sugeridas. Por "teísta", neste capítulo, não quero dizer apenas uma pessoa religiosa que crê em Deus, mas alguém que tenha uma visão bem específica das relações entre seus compromissos religiosos e moralidade. Obviamente, nem todos os teístas compartilham dessa visão. De modo semelhante, existem muitos relativistas que não caem nas armadilhas de que trato aqui. Devem ser levadas em conta essas advertências, ao considerar minhas respostas a essas objeções.

Amoralismo

O amoral é alguém que ouve o que eu disse sobre a natureza e funções da moralidade e diz que o que essa história realmente mostra é que não existe essa coisa de certo e errado. Aceita minha explicação de por que as moralidades emergiram nas sociedades humanas, porém não vê nenhum motivo para se vincular a alguma delas. Ele consegue entender a moralidade, assim como consegue entender a religião dos astecas ou a ciência dos babilônicos, mas acha que não há nenhuma razão a mais para se sentir obrigado pela moralidade do que adorar os deuses astecas ou crer que as leis da ciência babilônica são verdadeiras. O amoral escolhe abandonar completamente a moralidade. Recusa-se a ter qualquer parte dela. A moralidade nada tem a ver com o modo pelo qual ele vai viver sua vida. Ele vai agir como lhe agradar, sem se preocupar com o estado de natureza, regras morais ou coisas do tipo. Até onde lhe diz respeito, nada do que eu disse serve de justificativa para se prestar atenção à moralidade, muito menos lhe mostra por que é necessário.

De início, o amoralismo parece romântico. Invoca a imagem de um herói existencial vivendo sua própria vida, de acordo com seus próprios padrões, não dando atenção ao que a sociedade "quadrada" possa pensar. Ele é James Dean rejeitando seus pais em *Juventude transviada*; Bonnie e Clyde assaltando bancos no Sul dos Estados Unidos e depois fazendo amor no acostamento da estrada; ou o incompreendido chefe da Máfia Joey Gallo, assim retratado por Bob Dylan em seu álbum *Desire*. De fato, essas são imagens românticas, e dependendo do estado de espírito, especialmente após uma reunião acadêmica particularmente entediante, até eu me sinto atraído por elas. No entanto, em vez de amoralistas, esses personagens são, na verdade, moralistas. O amoral é alguém que rejeita a ideia de que existe o certo e o errado. Todas essas figuras possuem uma moralidade, muito embora esta possa ser conflitante com a moralidade daqueles que os cercam.

James Dean é um romântico frustrado. A queixa contra seus pais e a sociedade "quadrada" é que eles são hipócritas que não seguem seus próprios preceitos. Ele tem integridade; eles não. Ele defende seus amigos; eles abandonam seus filhos. Bonnie e Clyde são, basicamente, figuras ao estilo Robin Hood hedonisticamente motivadas. Roubam bancos porque é excitante, paga pelo conforto e permite-lhes distribuir dinheiro aos que dele precisam. Matar pessoas é parte da diversão, mas geralmente estão dispostos a deixar o mocinho escapar, a não ser que ele seja um policial sério demais, ou alguém que realmente precisa morrer. Mantêm entre si uma lealdade que os acompanha até o túmulo. O Joey de Bob Dylan pode fazer um "serviço" num membro de outra família criminosa ou agredir um jogador que lhe deve dinheiro, mas são apenas negócios. Você pode estar certo de que ele é um filho amoroso, carinhoso com suas crianças e leal à sua família. A igreja provavelmente também se beneficia com suas contribuições.

Todos esses personagens possuem moralidades. Eles julgam que determinadas coisas são certas, outras são erradas, e outras, ainda, não têm real importância. Acreditam ser relevante o tipo de pessoas que são. Querem dar exemplo de todo um conjunto de virtudes. Longe de serem amorais, eles mais parecem heróis existencialistas que atribuem um alto valor à autenticidade. Bonnie, Clyde e Joey possuem todos seus próprios códigos de conduta. Roubam os ricos e ajudam os pobres, mas o que importa essencialmente é sua própria integridade como eles a entendem. Desejam ser verdadeiros consigo mesmos. Foi com tais pessoas em mente que Bob Dylan escreveu em outra canção que "para viver fora da lei você precisa ser honesto".

É essa preocupação com a honestidade que mais claramente separa esses personagens dos pais, policiais e outras figuras de autoridade.

Quem, então, é amoral? Por ser difícil localizar algum amoral famoso, vamos inventar um, que chamaremos de "Dirk", e descrever como ele deveria ser para agir como um verdadeiro amoral. Nem todos os fatos relativos aos interesses de outras pessoas, mesmo suas aflições, são capazes de fornecer motivos para Dirk agir de certa maneira em vez de outra. Quando Dirk vê, no acostamento de uma estrada, um homem que acabou de ser atropelado, para ele é indiferente prestar-lhe assistência, chutar sua cabeça ou simplesmente ir embora. Em um particular instante, ele pode sentir vontade de fazer uma coisa ou outra, mas não sente que uma delas seja a atitude correta, ou que deveria ser coerente no que está fazendo. Sem dúvida, ele pode, no início, querer ajudar o homem e, em seguida, decidir chutá-lo; ou outra alternativa possível. De fato, não importa qual seja. Ainda que o homem seja o pai de Dirk ou seu melhor amigo, ele não acha que tem uma razão para agir de uma maneira ou de outra. Se imaginasse ou sentisse que realmente deveria ajudar seu pai, então Dirk teria uma moralidade. Talvez fosse uma moralidade restrita de "piedade filial" que não é muito atraente ou plausível, mas, se Dirk é de fato um amoral, nem isso ele possui. Aliás, nem está claro em que sentido Dirk poderia ter um amigo, em vez de alguém a quem ele se juntou para algum propósito particular. Suponhamos que seja Dirk quem está deitado no acostamento depois de ser agredido e roubado. Entre os intervalos de uma dor terrível, ele pode lamentar estar nessa condição, ter escolhido essa estrada em vez de outra, não ter atirado primeiro, e assim por diante. Mas não consegue sentir que foi tratado injustamente ou que os assaltantes fizeram algo de errado ao atacá-lo e roubá-lo. Da mesma forma, ainda que o torturassem por diversão, Dirk não conseguiria se ressentir deles de modo consistente, culpá-los ou odiá-los por isso, pois essas são emoções morais indisponíveis para Dirk, se ele realmente for um amoral.[6] Se Dirk for portador dessas emoções, então conserva uma moralidade. Ele pode ser profundamente imoral se mantiver esses sentimentos voltados apenas para si mesmo e não aos outros, ou se não agir segundo eles. Mas, se Dirk for um amoral genuíno, então não existe nele lugar para tais sentimentos.

Conforme construímos o perfil de Dirk, o amoralismo vai se tornando cada vez menos interessante. No lugar do retrato de um herói existencial, começa a parecer a descrição de um sociopata. Também começamos a perceber como é difícil optar pelo amoralismo e desistir da moralidade. As próprias amarras que nos atam a uma sociedade entrelaçam-nos numa moralidade. A moralidade está em toda parte; os adeptos do amoralismo são raros. Aliás, é de se perguntar se eles existem fora da sala de aula.

Teísmo

Assim como os amorais, alguns teístas entendem minha história sobre a natureza e funções da moralidade, mas afirmam que nada têm a ver com isso. Diferentemente dos amorais, eles assim dizem não por rejeitar a moralidade, mas por rejeitar minha concepção de moralidade. A moralidade vem exclusivamente de Deus, dizem eles, e Deus não tem lugar na minha história. Como expliquei, a moralidade é uma construção humana que emerge num mundo controlado pela seleção natural. Para um teísta, qualquer que seja essa constru-

---

[6]   Mas não existe uma certa noção de ódio "cego" ou "animal", na qual os indivíduos podem odiar a causa de seu sofrimento sem implicar, de modo algum, que esse sofrimento é injustificado? Se assim for, então, nesse sentido, Dirk é capaz de odiar seus torturadores.

ção humana, não pode ser a moralidade. Porque Deus e somente ele é o autor da moralidade.

Essa convicção é extremamente comum nos Estados Unidos, do presidente para baixo. De fato, além de alguns poucos bolsões nos quais os ideais do iluminismo continuam a florescer, aquela é a visão predominante no mundo. Jean-Paul Sartre, filósofo do século XX, expressou a objeção proposta nessa concepção quando escreveu que, "se Deus está morto, então tudo é permitido".[7]

Há duas razões distintas que explicam por que alguém poderia pensar que, sem Deus, tudo é permitido. A primeira razão é que, sem Deus, a moralidade seria desprovida de conteúdo. A segunda é que, sem Deus, não seríamos motivados a agir moralmente.

Consideremos primeiro a segunda razão. Por que poderia alguém crer que, se não estivermos motivados a agir moralmente, então tudo é permitido? A discussão poderia desenvolver-se da seguinte maneira. Suponhamos, a título de argumentação, que:

(1) O conteúdo da moralidade é um conjunto de requisitos R; tudo o mais é permitido.

Agora suponhamos que

(2) Não estamos motivados a fazer R,

em que "fazer R" é uma abreviação para algo como "obedecer aos requisitos contidos em R". Se

(3) Uma condição necessária para fazer R é que estejamos motivados a fazer R,

---

[7] Essas palavras são da palestra de Sartre, de 1946, "O existencialismo é um humanismo", disponível em http://www2.cddc.vt.edu/marxists/cd/cd2/Library/reference/archive/sartre/works/exist/sartre.htm. De forma curiosa, Sartre falsamente atribui essas palavras ao novelista russo do século XIX, Fiodor Dostoiévski, embora seja verdade que o pensamento é desse autor russo.

então, dado (2),

(4) Não podemos fazer *R*.

Se

(5) Uma condição necessária para sermos obrigados a fazer *R* é que possamos fazer *R*,

então, dado (4),

(6) Não somos obrigados a fazer *R*.

Mas se (6), então

(7) *R* é um conjunto vazio.

Mas se (7), então, dado (1),

(8) Tudo é permitido.

O raciocínio nesse argumento é válido: se não estivermos motivados a agir moralmente, então tudo é permitido. No entanto, para que a objeção do teísta à moralidade tenha sucesso, uma segunda hipótese, expressa no passo (2), também precisa ser verdadeira: que, sem Deus, não somos motivados a agir moralmente. Esta é a premissa que desejo refutar.[8]

Observemos, inicialmente, que essa declaração é ambígua, pois pode significar:

(9) Se Deus não existe, então não somos motivados a agir moralmente;

ou

(10) Se não acreditamos em Deus, então não somos motivados a agir moralmente.

---

[8] Alguns poderiam também contestar a premissa (3). O sucesso dessa contestação dependeria precisamente do que queremos dizer com "fazer" e "motivados". Mesmo que tal objeção obtivesse êxito, o argumento poderia ser revisto de modo a satisfazê-la.

Se (9) fosse verdade, então um ateu certamente estaria de acordo com a perspectiva de que tudo é permitido. Contudo, existem poucos motivos para acreditarmos que (9) seja verdade, porque é difícil ver como o simples fato da existência de Deus pode afetar as motivações das pessoas.

Imaginemos os seguintes casos. No primeiro, que chamarei de "ponto de partida",

(11) Deus não existe e ninguém acredita que ele exista.

No segundo caso,

(12) Deus existe, mas ninguém acredita que ele exista.

No terceiro,

(13) Deus não existe, mas todos acreditam que ele exista.

É difícil perceber por que haveria maior prevalência de motivação moral em (12) do que no ponto de partida, (11). As crenças das pessoas são as mesmas nos dois casos, apesar de os fatos sobre o universo serem diferentes. É difícil enxergar como os fatos sobre o universo influem na motivação das pessoas, exceto mediante estados psicológicos, tais como suas crenças. Sem dúvida, o poder das crenças das pessoas, quanto ao efeito sobre a motivação, está destacado em (13). Parece razoável supor que haveria uma maior incidência de motivação moral em (13) do que em (12), exatamente porque existe maior predominância da crença em Deus em (13) do que em (12), embora Deus exista em (12) e não em (13). Portanto, parece plausível crer que há alguma correlação positiva entre a crença em Deus e a existência de motivação moral. Além disso, se romancistas russos e presidentes americanos estiverem expondo suas concepções pessoais com exatidão e não apenas especulando sobre outras pessoas, então teremos evidência testemunhal da existência dessa correlação.

Vamos então admitir que a incidência de motivação moral possa ser maior em sociedades como a nossa, na qual as pessoas creem em Deus, do que onde as pessoas não creem. Isso mostra que, se não acreditássemos em Deus, então (2) seria verdade? Não. Numa sociedade em que as pessoas não acreditassem em Deus, alguns ainda estariam motivados a agir moralmente, enquanto outros não estariam tão motivados. Conforme explicarei em detalhes no próximo capítulo, crenças morais são distintas de motivações morais. Na verdade, isso ajuda a esclarecer por que há tão poucos amorais genuínos, apesar da aparente popularidade da concepção. Para nossos propósitos presentes, o que interessa é que esse argumento "confuso", em que algumas pessoas estariam motivadas a agir moralmente na ausência da crença em Deus enquanto outras nem tanto, não é suficientemente sólido para sustentar a verdade de (2). O fato de que alguns estariam motivados a agir moralmente mesmo se acreditassem que Deus não existe mostra que (2) não pode ser verdadeira no sentido necessário para sustentar (4).

Por que deveríamos esperar que muitos estariam motivados a ser morais ainda que acreditássemos que Deus não existe? Porque é fato que muitas pessoas hoje em dia não acreditam na existência de Deus, e, mesmo assim, são motivadas a agir moralmente. É claro que muitos filósofos morais se enquadram nessa categoria. Por essa razão (e por outras), existem motivos para se acreditar que a motivação moral de pelo menos alguns daqueles que creem em Deus não enfraqueceria, mesmo que perdessem sua fé. Talvez pudessem ser levados a entender as conexões entre a motivação moral e as outras coisas com que se importam, como seus próprios interesses de longo prazo, suas famílias, as sociedades a que pertencem, assim como outros bens que valorizam. Além do mais, como vimos em nossa discussão sobre Dirk, o amoral, é bastante difícil para alguém que vive em sociedade escapar dos tentáculos da moralidade, não importa o quanto esse alguém alegue que está fazendo isso. A imoralidade está em todo lugar, mas o amoralismo é raro.

Foi a outra versão da objeção teísta que se tornou historicamente influente.[9] Nessa versão, Deus é quem fornece conteúdo à moralidade através de seus mandamentos divinos. O certo é obedecer a seus mandamentos e o errado é desobedecer-lhes. Assim, sem Deus, não pode existir nada que seja certo ou errado.

Essa visão também é ambígua. Obedecer aos mandamentos de Deus pode ser certo porque

(14) As ações são certas porque foram ordenadas por Deus,

ou porque

(15) Deus nos manda fazer somente aquilo que é certo, não importa que ordens sejam.

Na ideia expressa em (14), ou seja, obedecer aos mandamentos de Deus é certo porque as ações que ele ordena são certas, pois é ele quem as ordena, a noção do que é certo é limitada apenas pela vontade de Deus. Assassinato, estupro, tortura ou o que quer que seja é certo desde que seja Deus quem assim ordene. Esta não é a concepção dos bons religiosos, mas é a dos seguidores do *jihad*, cruzados, terroristas e ritualistas que praticam atos terríveis a título de seguir os mandamentos de Deus.

A resposta natural é dizer que essas pessoas abomináveis estão erradas a respeito do que Deus ordena. Mas como sabemos isso? Pessoas religiosas discordam sobre o que Deus ordena, e quase todo tipo de atrocidade que se possa imaginar tem sido cometida em seu nome em algum lugar, em algum momento. Somos criaturas finitas

---

9   O *locus classicus* (fonte clássica) dessa discussão é o *Eutifro*, de Platão.

e possuímos pouco entendimento da mente de Deus. Como alguém pode afirmar ter mais compreensão acerca de seus mandamentos do que qualquer outra pessoa?

Isso nos leva a uma segunda resposta, não muito melhor que a primeira. Visto que Deus é bom, diz o simpático religioso, não pode nos ordenar a fazer o mal. Então não precisamos nos preocupar com Deus nos mandando fazer coisas horríveis. Até esse ponto é verdade que não temos que nos preocupar com Deus ordenando-nos a fazer o mal, mas isso não descarta que ele possa nos ordenar a cometer atos que consideramos horríveis. Na visão sob exame, a bondade dos mandamentos de Deus está garantida por definição. Já que qualquer coisa que Deus nos mande fazer é certo em razão de ser uma ordem Dele, se ele nos ordenar a cometer atos de genocídio, isso implica que tais atos serão tão certos quanto o que a maioria de nós imagina ser alimentar os famintos. É claro que, se Deus nos mandar não alimentar os famintos, então seria errado fazê-lo. O apelo à bondade de Deus não tem força independente, uma vez que a bondade é definida por qualquer coisa que ele ordenar. Em vez de consultar alguma concepção de bondade independente, somos levados a contar com nossa ignorância da mente de Deus para descobrir o que é bom.

Um desdobramento dessa perspectiva é a tradicional ideia de que uma importante e consistente verdade sobre Deus é que ele é bom. Sim, Deus é bom, mas isso é verdade por definição, não em virtude do comportamento consistente de Deus segundo qualquer entendimento normal de bondade. Descobrir que Deus é bom, nessa concepção, é como descobrir que o metro padrão é uma medida de comprimento, ou que uma grama de ouro pesa uma grama. Isso dificilmente representa algum auxílio para aqueles que poderiam desejar conhecer a natureza de Deus.

Existem outras consequências indesejáveis dessa visão, mas a pior é essa. Suponhamos que Deus ordene que levemos a cabo os mais terríveis atos que se possam imaginar. Que seríamos forçados a realizá-los já é suficientemente ruim. Contudo, ainda pior é a ideia de que, por causa de sua ordem, esses atos terríveis de alguma forma se transformariam de más ações em atos de bondade. Se tivéssemos certeza de que nosso universo fosse governado por uma criatura desse tipo, a coisa certa a dizer não seria que Deus é bom, mas que estamos nas mãos de um maníaco genocida onipotente, talvez até mesmo um gênio maligno (*malignus genius*).*

Consideremos a ideia alternativa, (15), que Deus nos manda fazer o que é certo de acordo com um critério independente de suas ordens. Segundo esse ponto de vista, é o critério de bondade independente, não as ordens de Deus, que fornece conteúdo à moralidade. Deus ajusta seus mandamentos à moralidade; Ele não molda a moralidade através de seus mandamentos. O certo é algo independente de Deus, assim como é independente de nós. Mesmo se Deus existir e nos mandar fazer o que é certo, ainda depende de nós descobrir o que é o certo. Deus, nessa visão, em vez de propiciar objeção ao conceito de moralidade que desenhei, vê-se obrigado a segui-lo. Seu papel mais importante é providenciar um pouco mais de motivação, para agirem moralmente, àqueles que acreditam nele. Assim, a segunda versão da objeção teísta é derrotada, seja qual for o modo como a entendamos.

---

*   *Evil demon*, ou *evil genius*, conceito discutido por René Descartes em *Meditações sobre filosofia primeira* (1641). Fonte: http://en.wikipedia.org/wiki/Principles_of_Philosophy. (N. T.)

Relativismo

A terceira objeção à moralidade é de gênero diferente. As duas objeções anteriores se somaram para afirmar que, embora concordem que haja uma instituição onipresente de controle social do tipo por mim descrito, rejeitam a ideia de que essa instituição exerça alguma autoridade sobre eles. A objeção teísta nega que a instituição social que descrevi seja de fato a moralidade, embora aceite a autoridade desta. O amoral admite que a instituição descrita seja a moralidade, mas rejeita sua autoridade.

A relativista é distinta das outras duas. Aceita ambas as afirmativas: que o que eu descrevi é a moralidade, e que a moralidade possui autoridade sobre ela. O que rejeita, no entanto, é um importante aspecto de minha concepção de moralidade: a ideia de que a moralidade conta com os meios para avaliar criticamente nossas convicções e as dos outros, e que, em certas ocasiões, pode projetar seus julgamentos através dos tempos e das sociedades. O que o relativista nega é a possibilidade de as pretensões morais transcenderem o sistema moral da sociedade do próprio indivíduo. O relativismo é uma objeção à moralidade como eu a entendo porque ameaça privá-la de sua margem crítica, assimilando-a, desse modo, a outras práticas sociais cujas ambições são muito mais modestas, como "tipos de comportamento",* "costumes" ou "padrões de etiqueta". Ao fazer das culturas o *locus* da moralidade, o relativismo não apenas ameaça nossa capacidade de produzir julgamentos morais que atravessam comunidades e épocas, como diminui a autonomia e a responsabi-

---

* *Folkways*: termo da sociologia criado por William Graham Sumner, refere-se aos padrões de comportamento convencional numa sociedade. Fonte: http://en.wikipedia.org/wiki/Folkways. (N. T.)

lidade dos indivíduos, características igualmente importantes para a moralidade.

O relativismo nasce do simples reconhecimento de que diferentes sociedades e épocas históricas julgam diferentes ações como certas ou erradas. Os exemplos são abundantes e podem ser encontrados em diversas áreas, tais como moralidade sexual, julgamentos de assassinato e no tratamento dado a animais e à natureza. As preferências alimentares, quase sempre altamente moralizadas, servir-nos-ão de exemplo.

A maior parte dos norte-americanos acha estranho comer cabras, perturbador comer cavalos, errado comer cães e baleias, e absolutamente terrível comer gorilas e chimpanzés. Por outro lado, não veem nada de estranho, perturbador, errado ou terrível em comer vacas, porcos, galinhas, carneiros, peixes, camarões e várias outras criaturas marítimas. Os europeus dividiriam amplamente essas preferências, embora a variedade de animais que poderiam comer sem nenhuma ressalva pudesse ser um tanto maior, incluindo, por exemplo, cavalos e lesmas. Judeus e muçulmanos praticantes ficam horrorizados com a ideia de comer porcos, mas têm pouca dificuldade com a maior parte dos outros animais da lista. Hindus e jainistas se recusariam a comer qualquer um desses animais, especialmente as vacas. A maioria dos orientais veem pouca diferença entre comer qualquer deles, e muitos africanos consideram a carne dos gorilas e chimpanzés uma iguaria.

Diante de tanta diversidade, pessoas esclarecidas frequentemente tendem a imaginar que isso demonstra que as regras morais exercem domínio somente em determinadas sociedades, em determinadas épocas. Essa visão é apoiada, poder-se-ia julgar, no retrato da moralidade que apresentei. Uma vez que, de meu ponto de vista, a moralidade é voltada para regular o comportamento de uma comunidade, há pouca razão para se pensar que as mesmas prescrições e proibições seriam apropriadas a todas as comunidades em todas as circunstâncias. De acordo com o relativista, alguém que afirma ser sua moralidade a certa e a moralidade de outras comunidades errada não consegue entender a relatividade essencial dos julgamentos morais. Uma coisa é o indivíduo submeter-se aos padrões morais da sociedade a que pertence; bem diferente, no entanto, é ele condenar os padrões morais de outras sociedades. Ainda pior é qualquer tentativa de impor sua própria moralidade aos outros.

O que dizer das pessoas que tentam impor sua moral aos outros? Uma coisa natural seria dizer que elas são imorais, mas esse é um terreno traiçoeiro para o relativista, porque a tendência de exportar a própria moral pode ser intrínseca à moralidade dos que a exportam, como certamente foi o caso da moral vitoriana da Inglaterra do século XIX, e pode-se dizer que é o caso da moral, de influência cristã, predominante nos Estados Unidos contemporâneos. Sem dúvida, é óbvio que muitos norte-americanos pensam que têm a obrigação moral de "partilhar" sua moralidade com os outros. Mas, se a tendência de exportar a própria moralidade for parte da cultura de quem assim age, então acusar tais tentativas de serem imorais parece requerer a mesma espécie de julgamento moral intercultural que o relativista não gosta que façamos. Então, qual é a alternativa? Se não podemos denunciar as tentativas de imposição da própria moralidade aos outros em termos morais, o que poderemos dizer sobre elas? Criticá-las em linguagem não moralista – como sendo rudes, insensíveis, ou de mau gosto – parece totalmente inapropriado à ofensa. Afirmar ser "insensível" a tentativa de um missionário em fazer um povo tribal adorar Jesus, adotar critérios ocidentais para o casamento e se comportar como verdadeiros ingleses é o mesmo que dizer que Hitler tinha um problema com seus impulsos agressivos.

A objeção relativista parece aprisionada por sua própria teoria. Sua meta é que evitemos tentar impor nossa moral a outros. Mas, na medida em que essa tentativa é uma expressão da cultura de quem a faz, resulta que a objeção relativista é impedida, por sua própria teoria, de denunciar moralmente tal tentativa.

Poder-se-ia utilizar a seguinte manobra. Assim como impor a moral cristã aos nativos era uma expressão da moralidade da Inglaterra vitoriana, da mesma forma, a denúncia desse evento pelo relativista é uma expressão da moral tolerante e secular de sua cultura. Em outras palavras, no que diz respeito a julgamentos interculturais, qualquer um, inclusive o relativista, está autorizado a "fazer o que sabe", enquanto se tratar de uma autêntica expressão de sua própria cultura e não se reivindicar qualquer privilégio universal, exceto, é claro, se provier de seu próprio ponto de vista.

Esse artifício traduz uma sutil sujeição por parte do relativista, pois situa a objeção à tentativa de um grupo de impor sua moral sobre outros no mesmo nível dessa própria tentativa. Cada qual é expressão igualmente genuína da moralidade da cultura de que se origina o impulso. O que começou como uma nobre, ainda que mal orientada, tentativa de usar linguagem moral para evitar que culturas dominantes impusessem sua moral a outras, sob pressão, degenerou na visão de que, quando se trata de moralizar, devemos deixar as ideias florescer,* reconhecendo que, enquanto forem todas expressões autênticas de uma cultura, nenhuma dessas concepções pode exigir aceitação especial além da cultura da qual se origina. O que se perdeu foi um princípio, método, critério ou abordagem

---

* "Let a thousand flowers bloom": segundo o *site* http://www.phrases.org.uk, corruptela da citação de Mao Tse Tung, "Let a hundred flowers blossom", parte de um discurso proferido pelo dirigente chinês em 1957, de interpretação dúbia, aqui empregado para reforçar o tom irônico específico do capítulo e geral do texto. (N. T.)

para se decidir quando as reivindicações culturalmente relevantes são apropriadas, inteligentes, verdadeiras ou corretas. Em vez disso, somos abandonados em meio a um conflito de culturas rivais, sem nenhuma orientação sobre como resolver o problema. Esse tipo de relativismo deixa de ser uma objeção séria a qualquer coisa. Transformou sua própria crítica em apenas mais uma voz provinciana, sem nenhuma preocupação além de seus próprios interesses.

Além dessa objeção teórica, surgem sérias dificuldades na implementação da visão relativista no mundo amplamente globalizado em que vivemos. O relativismo vê nas culturas o *locus* primário da autoridade moral, porém não é fácil determinar a filiação cultural das pessoas e, assim, identificar as normas pelas quais seu comportamento deve ser avaliado. O caso seguinte aborda essa questão com clareza.

Em 1996, uma garota de 17 anos, Fauziya Kassindja, chegou aos Estados Unidos, vinda do Togo, e pediu asilo político.[10] Ela havia fugido para escapar de um complexo ritual que marca o início da fase adulta em jovens mulheres de sua tribo. Parte desse ritual envolve um procedimento conhecido por diversos nomes: "excisão", "circuncisão feminina", "corte genital feminino", "mutilação genital feminina". Há muita coisa para se dizer de casos desse tipo, mas a questão que desejo levantar aqui é bastante restrita. Os padrões morais de qual sociedade devem ter prioridade nesse caso? Os padrões da tribo de Kassindja, os da Togo urbana, os da África ocidental, os do continente africano de modo geral ou os dos Estados Unidos, aonde ela veio buscar asilo? É claro que cada uma dessas sociedades possui diferentes atitudes em relação a esse procedimento e produziria dife-

---

[10] Tomei esse exemplo emprestado de James Rachels, *The Elements of Moral Philosophy* (Nova York: McGraw Hill, 2003).

rentes julgamentos morais sobre o caso. Minha pretensão aqui não é discutir um ponto de vista particular, mas assinalar como é difícil, no mundo contemporâneo, considerar as pessoas como pertencentes às culturas que deveriam exercer autoridade moral sobre elas.[11]

De fato, o problema assim apresentado nos revela como o relativismo aponta na direção errada quando se trata de localizar as bases dos julgamentos morais. O essencial nos julgamentos morais é que suas razões refletem uma série de preocupações envolvendo interesses em jogo, danos que seriam causados, precedentes que seriam gerados, e assim por diante. A filiação cultural pode influir indiretamente em como realizamos nossas ponderações, mas, em si mesma, não tem importância moral central. Ao tornar as culturas o *locus* da moralidade, o relativismo se afasta dos motivos que fundamentam e justificam os julgamentos morais.

Existem outros problemas com o relativismo. Ao enfatizar as culturas como *loci* das moralidades, parece haver pouco espaço para desentendimentos morais dentro das culturas. Surgem, então, os riscos de se colocarem além da crítica atos deploráveis de racismo e brutalidade, contanto que ocorram dentro de uma sociedade e não entre elas. Por exemplo, o que dizer das pessoas que se opõem à teocracia, escravidão ou patriarcado nas sociedades em que tais práticas são amplamente aceitas? Se o conteúdo da moralidade é determinado pelos padrões morais da sociedade, então essas pessoas evidentemente estão erradas. Por outro lado, alguém que simplesmente se ajusta à moral predominante de sua sociedade estaria fazendo a coisa certa, pouco importando quão terrível essa moral fosse. Dessa perspectiva, um abolicionista numa sociedade escravocrata estaria erra-

---

[11] Amartya Sen, *Identity and Violence: the Illusion of Destiny* (Nova York: Norton, 2006), sustenta veementemente que é imoral atribuir às pessoas tais identidades, mesmo quando é possível fazê-lo.

ÉTICA E MEIO AMBIENTE

do em relação à moral escravista, ao passo que um proprietário de escravos estaria certo. Mas certamente não é o abolicionista que está errado, e sim o relativista. Toda sociedade possui excêntricos, transviados e rebeldes, e eles são, na maioria das vezes, os revolucionários que tornam possível o progresso moral. Mesmo assim, o relativismo parece empenhado na condenação moral deles. É de se perguntar se o progresso moral seria possível nesse sistema, e, se for, qual é seu mecanismo.

Com relação ao relativismo, existe ainda um ponto a ser discutido e, antes de seguir em frente, devemos nos certificar de que entendemos o que é. Certamente uma das contribuições do relativismo é que ele nos chama atenção para o fato de que existe muito mais diversidade nas práticas morais do que as pessoas estavam antes em posição de reconhecer, e muito mais do que muitas pessoas hoje em dia estão dispostas a aceitar. De toda forma, é fácil exagerar a extensão e profundidade da diversidade moral.

Consideremos, por exemplo, a sociedade esquimó tradicional, na qual o infanticídio feminino era amplamente praticado e aceito. Meninas perfeitamente saudáveis eram, às vezes, mortas ao nascer. Antes de tirarmos conclusões acerca das moralidades profundamente diferentes das sociedades esquimó tradicional e americana contemporânea, consideremos as circunstâncias da vida esquimó tradicional. O meio ambiente em que viviam era inóspito, a comida era escassa, e a margem de segurança, pequena. Nessa sociedade, as mães amamentavam por muitos anos, limitando assim o número de crianças que podiam sustentar num dado período. Os esquimós tradicionais eram nômades, e as crianças eram carregadas pelas mães enquanto elas realizavam suas tarefas. O alimento era obtido sobretudo pela caça, o que era extremamente perigoso sob as condições do Ártico. Os homens eram os principais provedores de alimento, e muitas vezes presentes em pequeno número por causa da morte prematura. Na sociedade esquimó tradicional, o infanticídio feminino não era o primeiro mas o último recurso, com frequência perpetrado depois que as tentativas de manter a criança falhavam. De toda forma, estimou-se que, sem a prática do infanticídio feminino, um grupo esquimó médio teria tido 50% mais mulheres que homens, os provedores de alimento.[12]

O que poderíamos dizer sobre as diferenças morais com relação ao infanticídio entre os esquimós tradicionais e os americanos contemporâneos? Certamente existem diferenças, pois pode-se dizer, ainda que de modo superficial, que os americanos contemporâneos acreditam ser errado o infanticídio feminino, ao passo que os esquimós tradicionais não. Mas, se tentarmos dizer algo mais profundo ou mais preciso, as coisas ficam bastante nebulosas. Nenhuma das duas sociedades aprova assassinato, nenhuma das duas sociedades aprova morte gratuita de pessoas inocentes, nenhuma das duas sociedades acredita que crianças são descartáveis, nenhuma das duas sociedades acredita que, em condições normais, homens são preferíveis a mulheres. Embora americanos contemporâneos e esquimós tradicionais discordassem sobre quais regras gerais aprovariam no que diz respeito ao infanticídio, não está claro que discordem sobre algum princípio moral profundo ou mesmo que discordariam em casos particulares. Pessoas e comunidades encontram-se em situações distintas, e alcançar propósitos comuns às vezes requer estratégias distintas.

---

[12] Meu cálculo sobre o infanticídio esquimó é baseado em James Rachels, *The Elements of Moral Philosophy* (Nova York: McGraw Hill, 2003), que, por sua vez, apoia-se em Peter Freuchen, *The Book of the Eskimo* (Cleveland: World Publishing, 1961); e E. Adamson Hoebel, *The Law of Primitive Man: a Study in Comparative Legal Dynamics* (Cambridge: Harvard University Press, 1954).

Não é surpresa que, de modo bem geral, haveria ampla concordância sobre moralidade entre as sociedades. Os humanos formam uma espécie única e enfrentam problemas comuns de sobrevivência; a moralidade é uma instituição cujo papel é ajudar a resolver esses problemas. Os humanos, contudo, são extremamente adaptáveis e vivem numa vasta gama de condições ambientais e em sociedades caracterizadas por formas muito diferentes de organização social. Portanto, é compreensível que haja diversidade em suas expressões morais, especialmente com relação a princípios "intermediários".

Apesar de a extensão do relativismo seja quase sempre exagerada, não há como negar a existência e a importância das diversificadas moralidades. Embora a consciência da diversidade e da diferença deva ser parte do conhecimento comum de nossa época, continua a haver ignorantes e arrogantes tentativas de se refazer o tecido moral das antigas sociedades. Estados cujos armamentos ultrapassam, de longe, seu respeito pelos outros, comportam-se de maneira quase tão rude quanto seus predecessores imperiais. É difícil avaliar completamente as moralidades dos outros, e geralmente exige bastante trabalho reformar a própria sociedade de origem, mesmo para o mais comprometido dos ativistas morais. Os fatos do relativismo deveriam nos tornar humildes quanto à nossa capacidade de entender, ou de querer melhorar, a moralidade dos outros.

O relativismo moral é uma doutrina que pode ser educativa, mas falha enquanto objeção à moralidade. O relativismo erra quando vai além de uma série de observações acerca da diversidade de práticas culturais e começa a promulgar sua própria ética. Essa falha se localiza precisamente no ponto em que se move da descrição de como a moralidade pode ser exemplificada no mundo para a visão normativa de que a moralidade de uma sociedade não pode ser criticada moralmente. Ela comete a falácia de derivar "deveria" de "é" – de traçar uma conclusão normativa de uma série de posições descritivas. Em sua forma mais crua, beira a inconsistência. Em versões mais sofisticadas, permanece improvável, enquanto seu propósito de ser um objeção à moralidade se perde.

O que essas objeções nos ensinam

Há muito que se aprender dessas objeções à moralidade. Isso inclui o seguinte: a moralidade é onipresente, e fugir dela é difícil até mesmo para o mais obstinado dos homens (tal como Dirk); não necessita do apoio de Deus para ter conteúdo ou para gerar motivação e não é vinculada à cultura.

Ao mesmo tempo, nada se disse que sugira existir uma única e verdadeira moralidade, e que a existência de discordâncias morais deveria nos tornar sensíveis à dificuldade de interpretar e avaliar as concepções dos outros. Além disso, não há nenhuma exigência na moralidade ou em qualquer outra área que nos obrigue a fazer um julgamento sobre todas as coisas. Nada foi dito que insinue ser a crença em Deus inconsistente com a moralidade, ou que rejeite a ideia de que a crença em Deus possa inclusive dar suporte à moralidade. Finalmente, a objeção do amoralista destaca o fato de que o conflito entre moralidade e desejo individual é permanente, embora seja geralmente mais um conflito dentro da moralidade do que uma objeção a ela.

Assim, caracterizada a moralidade humana e respondidas algumas objeções, podemos voltar nossa atenção para determinadas questões importantes em teoria ética.

3. Metaética

Estrutura do campo

A teoria ética é convencionalmente dividida em dois grandes campos: metaética e ética normativa. A metaética ocupa-se do significado e do *status* da linguagem moral. A ética normativa se divide entre teoria moral e ética aplicada ou prática. A teoria moral se preocupa em saber que tipos de coisas são boas, que atos são certos e quais as relações entre o certo e o bom. A ética prática está interessada no exame de coisas particulares como sendo boas e más, e de diversos atos, práticas ou instituições como sendo certas ou erradas.

As distinções entre essas áreas podem ser ilustradas por um exemplo. Consideremos a sentença

(1) É errado matar animais para comer.

Ao ponderarmos se essa sentença representa uma afirmação ou apenas expressa uma postura, estamos fazendo uma pergunta metaética. Se nos indagarmos que espécies de considerações teóricas poderiam nos dar uma razão para aceitar ou rejeitar tal sentença, estaremos lidando com teoria moral. Se quisermos saber se a prática de matar animais para comer é certa ou errada, então nos veremos diante de uma questão de ética prática.

Embora essa explicação não seja ruim como primeira abordagem, existem muitas complicações.

Podemos nos perguntar como sabemos o que é considerado linguagem moral. Ocorrências de palavras como "certo", "errado", "bom", "mau", "cruel", "amável", "arrogante", "generoso", "mentiroso", "ladrão", "herói", "covarde", são frequentemente indicadoras de linguagem moral. Mas a linguagem é um instrumento engenhoso; contexto e entonação podem, às vezes de forma efetiva, cancelar as conotações morais de palavras aparentemente morais, e podem também permitir-nos dizer algo de significância moral utilizando apenas palavras aparentemente não morais.

Surpreendentemente talvez existam também questões não apenas a respeito da distinção moral/não moral, mas também sobre com que aspectos da linguagem estamos preocupados. (1) é uma sentença. Quando digo (1), uma elocução ocorre. Quando digo (1) sinceramente, realizo o ato de fala da asserção. As distinções entre as sentenças, elocuções e atos de fala seriam triviais talvez, se não tivessem diferentes propriedades. Sentenças são entidades abstratas atemporais, ao passo que elocuções ocorrem num dado momento e lugar. Atos de fala são ações humanas finamente individualizadas, enquanto elocuções são apenas elocuções, e sentenças não são, absolutamente, ações humanas. Peixes importantes nadam nessas águas, mas deixaremos que nadem livremente.[1] Em vez de tentar elaborar uma explicação completa da linguagem moral, direi apenas que, as-

---

[1] Dois peixes menores podem valer um breve comentário. Primeiro, alguns negariam que sentenças são atemporais, já que são criadas por pessoas. Atemporais, eles poderiam dizer, são as proposições que as sentenças expressam. Segundo, alguns teóricos podem dizer que as elocuções, como os atos de fala, são ações; outros diriam que não são de forma nenhuma ações, mas eventos. Essas estão entre as inúmeras questões metafísicas que não serão estudadas aqui.

sim como a arte, nós a reconhecemos quando a vemos (pelo menos na maior parte do tempo).

Uma outra complicação é que as diferenças entre metaética e ética normativa não são sempre nítidas. Muitos dos grandes nomes da teoria ética transitaram sem esforço entre tópicos de metaética e ética normativa, quase sempre sem observar essas distinções.

Além do fato de que questões particulares nem sempre cabem perfeitamente numa categoria ou noutra, as razões para se aceitarem pontos de vista numa área podem depender, em parte, de pontos de vista em outras áreas. Por exemplo, se uma tese, em metaética, não consegue explicar o que já sabemos ser o caso de nossas discordâncias morais práticas, então esse seria um motivo para rejeitá-la. Similarmente, se um lado num discussão moral prática apoia-se numa consideração de que nosso melhor entendimento do que a teoria moral sugere é irrelevante, então devemos rejeitar a força dessa consideração.

Questionamentos acerca das exatas relações entre metaética e ética normativa podem ser bastante tensos. Muitos filósofos ambientais creem que existam importantes conexões entre metaética e ética normativa.[2] Eles julgam (como alguns religiosos fundamentalistas e outros) que falsas concepções em metaética conduzem a falsas concepções em ética prática. Como veremos na seção "Valor intrínseco" deste capítulo, debates sobre valor intrínseco são muitas vezes o *locus* de tais discordâncias. Mas isso está se antecipando à nossa história.

A metaética estuda o significado e o *status* das asserções morais. Isso envolve questões de filosofia da linguagem, metafísica e epistemologia.

---

[2] Por exemplo, Holmes Rolston III, *Environmental Ethics: Duties to and Values in the Natural World* (Filadélfia: Temple University Press, 1988).

Geralmente, questões metaéticas que brotam da filosofia da linguagem tratam do significado da linguagem moral; se ela é assertiva, cognitiva e "suscetível de verdade". Consideremos novamente a sentença (1). À primeira vista, é uma sentença declarativa; sentenças declarativas são tipicamente empregadas para se fazer asserções, e asserções são verdadeiras ou falsas. Mas, por razões que discutiremos na seção "Subjetivismo", deste capítulo, alguns têm sustentado que, independentemente do que a gramática superficial possa sugerir, sentenças morais são de fato imperativos disfarçados e, portanto, não suscetíveis de verdade. Sob essa perspectiva, uma leitura clara de (1) é

(2) Não mate animais para comer!

A questão metafísica em jogo pode ser definida essencialmente como a problemática de se descobrir se existe alguma coisa que possa ser chamada "realidade moral"; e, em caso positivo, se ela consiste num domínio de fatos morais distintivos. A mesma questão pode ser abordada mais sobriamente da seguinte maneira. Assumindo que asserções morais sejam verdadeiras ou falsas, o que são os "fazedores de verdade" (*truth-makers*) para tais asserções?

As questões epistemológicas em jogo podem se determinar em relação à possibilidade de conhecimento moral, à ameaça de ceticismo moral, e assim por diante, mas também podem ser expressas de forma mais sóbria. Supondo que sentenças morais são usadas para se fazer declarações, podemos indagar o que conta como evidência para tais declarações e quais são as condições para racionalmente aceitá-las ou rejeitá-las.

Superadas algumas preliminares, podemos agora nos concentrar em algumas concepções substanciais na metaética.

Realismo

O realismo é, em linhas gerais, a visão de que a linguagem moral relata fatos do mundo em vez de apenas expressar as atitudes dos falantes. Desde o nascimento da ética ambiental, tem havido uma forte tendência de se abraçar o realismo.[3] Para entendermos por quê, seria útil recuperar um pouco do contexto histórico.

Nos anos 1970, quando os primeiros cursos de ética ambiental estavam sendo ministrados, o campo da ética era dominado por temas como a dignidade das pessoas, a importância de obedecer às regras e o significado da palavra 'dever'. Os animais e o restante da natureza eram quase completamente invisíveis. Isso foi especialmente impertinente porque o período pós-Segunda Guerra Mundial havia experimentado um crescimento radical do consumo, o que estava resultando em níveis de destruição ambiental sem precedentes. Houve também um aumento enorme do número de animais usados em criadouros industriais (*factory farms*), sem virtualmente nenhuma preocupação com seu bem-estar. Os crescentes movimentos pelos direitos ambientais e dos animais estavam questionando as práticas que originavam essas consequências, mas mal geravam eco no discurso filosófico. Filósofos morais estavam aparentemente mais interessados em saber se era admissível atravessar um gramado (pisar na grama) do que com a ética do abate de florestas inteiras.

Nessas circunstâncias, adotar o realismo no que diz respeito ao valor da natureza parecia ser uma reação natural por dois motivos. Primeiro, o realismo aparentemente oferecia o embasamento mais seguro possível para nossas obrigações com a natureza. Segundo, se o

---

[3] Por exemplo, na obra de Holmes Rolston III, *Environmental Ethics: Duties to and Values in the Natural World*, cit.

realismo era considerado uma concepção plausível no que concerne ao valor dos humanos, então parecia razoável para muitos filósofos ambientais que ele deveria ser também uma concepção plausível com relação ao valor da natureza.

O realismo possui uma forte pretensão de ser o posicionamento "padrão" em metaética porque considera a linguagem moral em seu valor de face. Consideremos, por exemplo, as seguintes sentenças acerca dos gorilas-das-montanhas.

(3) Gorilas-das-montanhas são vegetarianos.

(4) Gorilas-das-montanhas são valiosos.[4]

Gramaticalmente, ambas as sentenças são declarativas, e é natural pensar que a função de tais sentenças é relatar fatos sobre o mundo, que são verdadeiras quando conseguem fazer isso e falsas quando não, e que seus fazedores de verdade são propriedades ou estados do mundo.

Um realista pode ser imaginado como alguém que acredita que a linguagem moral é caracteristicamente assertiva, portanto verdadeira ou falsa, e, sem dúvida, quase sempre verdadeira.

A linguagem moral é verdadeira quando reflete adequadamente o estado do mundo e falsa quando não. Assim podemos dizer que (3) relata um fato sobre o mundo, nesse caso, sobre a dieta dos gorilas-das-montanhas, e, similarmente, que (4) relata um fato do mundo, nesse caso, sobre o valor dos gorilas-das-montanhas. Sob esse aspecto, (3) e (4) se igualam, pois são tipicamente usados para fazer asserções verdadeiras, se refletirem de forma apropriada como o mundo é, e falsas se não.

---

[4] A sentença (4) é ambígua quanto a diferentes tipos de valor (por exemplo, valor econômico e valor moral). Para os nossos propósitos, adotarei (4) como um paradigma de linguagem moral.

Surgem complicações quando começamos a imaginar com que exatidão podemos determinar se (3) e (4) refletem devidamente o modo como é o mundo. É fácil responder essa questão com relação a (3). Fazemos observações sobre o comportamento alimentar dos gorilas-das-montanhas, a estrutura de seus dentes, seu sistema digestivo e assim por diante. Pode ser difícil reunir tais informações, mas concordamos sobre os fatos que tornariam (3) verdadeira. Também sabemos o que poderia mostrar que (3) é falsa. Se observarmos um gorila-das-montanhas alimentando-se de um macaco ou entrando às escondidas no McDonald's, podemos estar certos de que (3) é falsa. Com relação a (4), contudo, o problema não é apenas a dificuldade de juntar as informações relevantes, mas o amplo espaço para desentendimentos acerca de que informações deveríamos coletar. Podemos imaginar duas pessoas concordando com uma série de fatos sobre os gorilas-das-montanhas – seu comportamento, história evolutiva, relações sociais, funções ecológicas, etc. – e ainda discordar sobre se (4) é verdadeira ou não. No caso de (3), a questão é se os fazedores de verdade prevalecem; no caso de (4), há o problema adicional de se determinar o que constitui os fazedores de verdade em primeiro lugar.[5]

Os realistas ofereceram dois tipos de respostas a perguntas sobre o que poderia servir como fazedor de verdade para sentenças morais. No primeiro tipo, os fazedores de verdade são fatos "naturais", enquanto no outro são fatos "não naturais". Os realistas conseguem manter diversas concepções complicadas sobre o que torna algo um fazedor de verdade para uma sentença moral – se é uma única pro-

---

[5] É claro que até as complicações têm complicações. Há espaço para se discordar sobre o que os fazedores de verdade são para certas sentenças não morais também. Consideremos, por exemplo, "John é um ávido esportista". Assistir à sinuca na televisão desempenha o papel de fazedor de verdade para essa sentença? Apesar da futilidade do exemplo, a questão que defendo aqui é válida.

priedade, ou se é um conjunto grande e disperso de propriedades complexas, por exemplo. Os filósofos vivem navegando no espaço lógico de cenários possíveis, desvendando as complexas relações entre fatos, conceitos, propriedades, estados de coisas, proposições e outras entidades abstratas. Não precisamos ir até lá para nossos propósitos.

Um realista que seja naturalista crê que há algum fato natural em razão do qual algo é bom. Consideremos uma versão simples de tal ponto de vista.

O hedonismo é uma antiga doutrina que no mundo moderno está associada ao filósofo do século XVIII, Jeremy Bentham. Existem muitas indagações sobre como exatamente formular essa doutrina, mas vamos dizer, para os propósitos presentes, que o hedonismo é uma concepção em que

(5) Bondade é prazer.

Se assumirmos que

(6) Jogar a dinheiro é prazeroso,

então segue que

(7) Jogar a dinheiro é bom.

Deixando de lado várias complicações acerca das relações entre bondade, ser prazeroso e causar prazer, podemos dizer que a verdade de (4), dentro dessa teoria, será provida se os gorilas-das-montanhas forem a espécie de algo que produz prazer. Se a resposta for positiva, então são valiosos.

O hedonismo, ao menos nessa forma simples, não é uma concepção muito plausível, mas quero que olhemos para além disso e vejamos por que o naturalismo, de modo geral, caiu em descrédito no início do século XX. Houve uma série de razões, porém a mais importante é que tal vertente, segundo se presumiu, teria sucumbido ao "argumento da questão aberta" proposto pelo filósofo de Cambridge G. E. Moore (1903). Moore julgou que afirmações que identificavam propriedades morais com fatos naturais eram significativamente diferentes de afirmações que identificavam propriedades não morais com fatos naturais. Existe sempre uma questão aberta com relação às primeiras afirmações acima descritas, o que não acontece quanto às últimas.

Consideremos as três sentenças seguintes.

(8) Triângulos são figuras de três lados.

(9) A escultura de John tem a forma de uma figura de três lados.

(10) A escultura de John tem a forma de um triângulo.

Se (8) e (9) são verdadeiras, então não há dúvida quanto a (10). Seria absurdo alguém dizer: "Sim, eu entendo que a escultura de John tem a forma de uma figura de três lados, mas será que possui de fato a forma de um triângulo?". Essa questão é encerrada pela identidade estabelecida em (8). No caso de (5), (6), e (7), no entanto, alguém poderia aceitar que a bondade consiste no prazer e que jogar a dinheiro é prazeroso, mas ainda ficaria ponderando se jogar a dinheiro é algo bom. Mesmo após as identidades consideradas terem sido definidas, a questão sobre a bondade de jogar a dinheiro é, aparentemente, aberta de uma maneira que a questão sobre a forma da escultura de John não é. Parece significativo perguntar se uma instância particular de algo que é prazeroso também é realmente bom, enquanto não parece significativo perguntar se uma figura particular de três lados é de fato um triângulo. Talvez porque pareça possível que uma instância de prazer não seja algo bom, enquanto não parece possível que uma figura de três lados não seja um triângulo.

Moore imaginou que esse argumento poderia ser utilizado para refutar todas as formas de naturalismo porque qualquer tentativa de identificar propriedades morais com propriedades naturais levaria invariavelmente a uma questão aberta. Entretanto, Moore não se afastou do realismo. Posto que o realismo é verdadeiro, se o naturalismo é falso, então segue-se que o não naturalismo deve ser a concepção correta. Os fazedores de verdade das sentenças morais, de acordo com Moore, não são fatos naturais, mas fatos não naturais. Por esse prisma, existe uma realidade moral distinta da realidade que a ciência investiga.

Para muitas pessoas, isso é simplesmente demais para engolir. A ideia de que existe um domínio de fatos além da possibilidade de investigação científica transgride pressupostos básicos sobre a natureza que vêm sendo largamente compartilhados por filósofos e cientistas desde o Iluminismo do século XVIII.

Além disso, se houvesse um domínio de fatos morais distintos de fatos comuns, então talvez fosse necessário, para se conseguir acesso a ele, algum aparato epistemológico especial – algo além ou acima de nossas capacidades comuns de raciocínio, percepção, dentre outras, que nos colocaria em contato com o mundo natural. É difícil imaginar no que consistiria tal aparato. Mais estranho ainda é imaginar que possuímos esse aparato e o empregamos em nossa vida diária sem ter ciência disso. A maioria de nós se convenceu de que sabemos algo acerca do que é bom, certo, etc., mesmo sem termos a menor ideia de que contamos com essa habilidade especial e que somos ignorantes a respeito do que ela poderia ser. Além do mais, justificamos nossas crenças morais não recorrendo a fatos não naturais, mas mediante considerações cotidianas. Se alguém nos pergunta por que achamos Pedro um homem bom, comentamos sobre o tempo e auxílio que ele dedica às organizações da comunidade, o dinheiro com que contribui para a Oxfam,* o amor que demonstra por seus amigos e família, e assim por diante. Se as propriedades morais fossem de fato tão sobrenaturais quanto Moore sugere, seria difícil enxergar por que elas se identificam tanto com fatos corriqueiros como esses.

O que quer que se pense da perspectiva de Moore, muitas pessoas acham o argumento da questão aberta convincente. De toda forma, existe um modo de o naturalista escapar de seu controle, ao menos nos termos em que a discutimos aqui. O argumento reside numa presunção que um naturalista não é obrigado a aceitar.[6]

O argumento da questão aberta supõe que o naturalismo é uma tese que se ocupa não apenas de saber em que consistem as propriedades morais, mas também dos significados dos termos morais. O hedonismo, por exemplo, é entendido como uma concepção que não apenas afirma:

(5) Bondade é prazer,

mas também:

(11) A palavra "bondade" significa "prazer".

Assim, sendo falsas tais sentenças sobre o significado dos termos morais, resulta que todas as tentativas de identificar a bondade com propriedades naturais parecem fracassar.

Voltemos à comparação entre bondade e triângulos. A verdade de (8) reside no fato semântico de que

---

* Oxfam (Oxford Committee for Famine Relief): organização internacional de ajuda humanitária presente em mais de cem países, fundada na Inglaterra em 1942. Fonte: http://pt.wikipedia.org/wiki/Oxfam. (N. T.)

[6] David Brink, *Moral Realism and the Foundations of Ethics* (Nova York: Cambridge University Press, 1989); e Peter Railton, *Facts, Values, and Norms: Essays toward a Morality of Consequence* (Cambridge: Cambridge University Press, 2003), parte 1, são dois realistas naturalistas contemporâneos que se esquivam do controle de Moore, *grosso modo*, da maneira descrita a seguir.

(12) "Triângulo" significa "figura de três lados".

Porque (12) é verdadeira, as questões sobre se triângulos reais, como a forma da escultura de John, são realmente figuras de três lados estão encerradas. Qualquer um que pensou que tais questões fossem abertas não entendeu o significado das palavras. Contudo, questões sobre se algo que é prazeroso é bom permanecem abertas, porque o hedonismo é uma asserção substantiva sobre a identidade de prazer e bondade, não uma asserção semântica sobre o significado de "prazer" e "bondade". É sempre possível negar asserções substantivas.

A diferença entre asserções substantivas e semânticas pode ser ilustrada levando-se em consideração um exemplo da química. Comparemos a asserção substantiva

(13) Água é H_2O,

com a asserção semântica

(14) "Água" significa "H_2O".

O termo "water" (água) é um dos mais antigos da língua inglesa, mesmo assim, somente a partir da obra de Cavendish, do final do século XVIII, tomou-se conhecimento de que água é o mesmo que H_2O. Durante séculos, as pessoas usaram o termo "água" basicamente do mesmo modo como hoje fazemos, apesar de ignorarem sua estrutura química. De fato, é provável que um grande número de pessoas atualmente desconheçam a verdade de (13), mas isso não põe em risco sua competência linguística, porque (13) e (14) não são equivalentes. A não equivalência de (13) e (14) é também demonstrada pelo fato de que não podemos substituir "H_2O" em qualquer sentença em que a palavra "água" aparece. Na melhor das hipóteses, é apenas por brincadeira que se diz

(15) Eu quero um copo de H_2O,

ou

(16) Houve dano causado por H_2O em minha casa em consequência da enchente.

As asserções substantivas de identidade não apenas não são equivalentes às asserções semânticas, mas (13) é verdadeira, embora (14) seja falsa.

Inspirados por tais exemplos, certos naturalistas contemporâneos alegaram que identificar a bondade com um conjunto de propriedades naturais é como identificar a água com H_2O.[7] É uma identidade "teórica", em vez de subscrita pelas convenções da linguagem. Nesse cenário, a palavra "bondade" não quer dizer a mesma coisa que qualquer palavra que se refira a um fato natural, mas, de toda forma, bondade é idêntica ao que remetem determinadas palavras que se referem a fatos naturais.

A inspiração por trás dessa ideia é a percepção de que significado e referência são distintos. Em vez de desenvolver o naturalismo como uma tese sobre significado, os naturalistas o constroem como uma tese sobre referência. "Água" e "H_2O" referem-se à mesma coisa, muito embora sejam bem diferentes em significado. Existe uma série de fatos que servem como fazedores de verdade tanto para sentenças envolvendo água como para sentenças incluindo H_2O. Como o argumento da questão aberta nos lembra, as identidades não fundadas em significado podem ser contestadas. Mas não resulta do fato de que uma identidade possa ser contestada que ela não prevaleça. A identidade entre água e H_2O foi estabelecida não por intuição semântica mas por investigação empírica. Esse é o modelo que está

---

[7] Por exemplo, Richard Boyd, "How to Be a *Moral Realist"*, em Sayre *McCord* (org.), *Essays on Moral Realism* (Ithaca: Cornell University Press, 1988).

sendo sugerido para reflexão a respeito da identidade das propriedades morais.

Neste ponto, as coisas se tornam difíceis para o naturalista. O que sustenta a tese da identidade entre H_2O e água é a teoria científica na qual a afirmação é baseada, além das virtudes que essa teoria revela quanto à explicação, previsão, e assim por diante. Mas qual é, em comparação, a defesa para a tese da identidade das propriedades morais e naturais? Rejeitar a identidade entre H_2O e água significaria sacrificar muita teoria científica de boa qualidade. No caso das propriedades morais, nem mesmo está claro o que as identidades propostas devem ser, muito menos quais teorias deveriam apoiá-las. Sem dúvida, no caso da ética, nem parece haver o correspondente aos procedimentos e metodologias que conduzem a identificações teóricas na ciência. Está longe de ficar definido como devemos estabelecer tais identidades teóricas na ética, muito menos o que devem elas ser.

Ainda mais importante, alguns pensam que mesmo essa versão do naturalismo não consegue escapar do principal propósito do argumento da questão aberta. Sob essa visão, o que é característico sobre asserções morais é que elas são práticas: expressam motivação e são direcionadas para a ação. O que o argumento da questão aberta de fato revela é que podemos aceitar uma série de fatos naturais e ainda perguntar por que isso deveria, de alguma forma, motivar-nos a agir.

Tal questão deveria preocupar especialmente os ambientalistas seduzidos pelo realismo porque ela parece fornecer o embasamento para uma postura ecológica profunda, na qual o valor da natureza é visto simplesmente como um fato bruto sobre o mundo, tal como qualquer outro. Mesmo que isso fosse verdade, enquanto uma questão de metafísica, não fica óbvio por que deveria levar qualquer pessoa a agir em nome da natureza.

Consideremos o propósito prático do realismo em seu lar natural nas ciências. Quando aprendemos fatos sobre o mundo, seja a estrutura de uma reação química, a geografia da Ásia, ou o número de estrelas do universo, não pensamos neles como nos motivando a respeitar, proteger ou promover a reação química, a Ásia ou o universo. Qual, então, deve ser a conexão entre acreditar que o Refúgio Nacional Ártico de Vida Selvagem é valioso e agir para protegê-lo? Se fatos morais são fatos naturais, por que deveriam ser diferentes de outros fatos naturais, em seu poder de motivar?

Em resposta, poder-se-ia negar que exista alguma relação especial entre linguagem moral e ação. Seria possível assinalar que sentenças morais podem ser usadas ironicamente, sarcasticamente, e de diversas outras maneiras que não envolvam intenção de produzir ação. Ou eu poderia louvar moralmente alguém que está morto há tempos, de quem você nunca ouviu falar, como forma de transmitir-lhe informações, na esperança de que você comece a levantar dinheiro para lhe construir um monumento. Ou, seguindo por outro caminho, afirmar que toda linguagem, não apenas a linguagem moral, é, de alguma forma, prática. Quando eu lhe digo, por exemplo, que

(17) Moscou é a capital da Rússia,

Eu poderia ser visto como orientador de suas ações nos contextos em que você estaria inclinado a dizer coisas sobre a Rússia ou Moscou. Contra isso, poderia ser dito que essa visão confunde a linguagem atuando de forma prática com alguém que age baseado numa crença.

Nenhuma dessas respostas seria recebida com simpatia pelos eticistas ambientais, que acreditam que os problemas ambientais apresentam desafios morais profundos, e que caracterizá-los da maneira correta em termos morais levaria naturalmente as pessoas a agir. Além disso, embora o objetivo prático da linguagem moral possa ser anulado ou cancelado, e outras formas de linguagem com esse atributo possam ser empregadas, parece haver, de fato, uma ligação especial entre linguagem moral e ação que o realismo não consegue captar. Na verdade, existe um distúrbio neurológico no qual os pacientes são capazes de fazer o que parecem ser julgamentos morais convencionais, mas não se sentem de forma alguma compelidos a agir em função deles.[8] O fato de ser considerado um distúrbio mostra quão profundamente estamos comprometidos com a ideia de que linguagem moral é, de alguma maneira, prática.

O problema fundamental que o realismo enfrenta quanto a esse respeito é que são os desejos que motivam; crenças sobre o mundo são inertes, pelo menos aparentemente. É claro que o realista é livre para tentar fazer o mesmo tipo de defesa de tese como discutido acima, ou alegar que os fatos morais, ainda que sejam fatos naturais, são diferentes dos outros fatos porque funcionam como motivadores. Eles são peculiares somente dessa forma. Isso, no entanto, não fornece nenhuma explicação, apenas mais mistério. Um trabalho sério teria que ser empreendido para tornar plausível tal perspectiva.

Subjetivismo

A pretensão do realismo de ser o posicionamento padrão na metaética é baseada no fato de que considera a linguagem moral em seu valor de face. Entretanto, os subjetivistas julgam que afirmações so-

---

[8]   Tais casos são discutidos por Antonio R. Damásio, *Descartes' Error: Emotion, Reason, and The Human Brain* (Nova York: Putnam, 1994).

bre a existência de uma realidade moral – seja natural ou não natural – não são convincentes. Eles também creem que existam importantes diferenças entre sentenças como

(3) Os gorilas-das-montanhas são vegetarianos

e sentenças como

(4) Os gorilas-das-montanhas são valiosos.

A interpretação mais plausível de sentenças como (4), de acordo com os subjetivistas, é que, em vez de atribuir propriedades aos gorilas-das-montanhas, elas expressam ou relatam as atitudes do falante. Enquanto sentenças como (3) são sobre os gorilas-das-montanhas, sentenças como (4) são do falante que enuncia a sentença.

O subjetivismo pode, em termos gerais, ser caracterizado como a concepção de que a linguagem moral expressa as atitudes dos falantes em vez de afirmar fatos sobre o mundo.[9] O sucesso do subjetivismo em explicar a conexão entre linguagem moral e motivação – uma notória fraqueza do realismo – é o mais poderoso argumento em seu favor. Posto que a ideia básica do subjetivismo é que a linguagem moral funciona primariamente como um veículo para expressar aprovação ou desaprovação, a conexão entre linguagem moral e ação é direta. Se aprovo algo, desejo protegê-lo ou promovê-lo. Se desaprovo algo, pretendo desencorajá-lo ou suprimi-lo. Do ponto de vista subjetivista, a linguagem moral é prática, voltada mais para a ação do que para a crença. Assim, quando alguém enuncia (4), ex-

---

[9] O filósofo do século XVIII David Hume [*A Treatise of Human Nature* (Oxford/Nova York: Oxford University Press, 2000)] é geralmente considerado o patrono de tais concepções. Versões contemporâneas são tipicamente conhecidas como expressivismo, e sofisticadamente desenvolvidas em Simon Blackburn, *Ruling Passions* (Oxford: Clarendon Press, 1998); e Allan Gibbard, *Wise Choices, Apt Feelings* (Cambridge: Harvard University Press, 1990). O principal expoente dessa concepção em filosofia ambiental é Robert Elliot, *Faking Nature: the Ethics of Environmental Restoration* (Londres: Routledge, 1997).

prime uma conduta dos gorilas-das-montanhas que encontra sua expressão natural na ação em seu favor.

Agora as coisas começam a complicar. Uma coisa é ter uma ideia básica; outra é formular uma metaética defensável que a capture com sucesso. A tentativa de fazer isso levou ao desenvolvimento de variadas versões do subjetivismo.

O subjetivismo simples afirma que sentenças como (4) são mais bem compreendidas em sentenças como

(18) Eu aprovo os gorilas-das-montanhas.

Ironicamente, o subjetivismo simples é, na verdade, uma versão do realismo, embora uma especialmente implausível. Como outras formas de realismo, considera sentenças morais como declarativas suscetíveis de verdade: seus fazedores de verdade são estados ou propriedades do mundo. Contudo, nesse caso, as propriedades dos falantes é que são os estados do mundo que, por sua vez, são os fazedores de verdade das sentenças morais.

Apesar da elegância do subjetivismo simples, não se trata de uma tese plausível. Sua descrição de sentenças morais não respeita limitações razoáveis quanto à verdade e significado.

Suponhamos que alguém afirme (4) e nós queiramos saber se o que ele diz é verdade. O que precisamos investigar, nessa concepção, é a sinceridade do falante, e não alguma coisa sobre os gorilas-das-montanhas. Em vez de indagar por que o falante acha que os gorilas-das-montanhas são valiosos, precisamos descobrir se ele realmente os aprova.

A implausibilidade dessa teoria fica aparente se imaginarmos Sean e Kelly discutindo se os gorilas-das-montanhas são valiosos. Suponhamos que Sean afirme (4) e Kelly a negue. As asserções de ambos podem ser verdadeiras, contanto que estejam descrevendo suas opiniões com sinceridade. De fato, se ambos fossem sinceros, entre eles não haveria nenhum desentendimento, apesar do fato de que as sentenças que proferem são contraditórias.

Outra estranha consequência dessa ideia é que, enquanto os falantes forem sinceros ao relatar suas opiniões, eles são moralmente infalíveis. Algumas pessoas, sem dúvida, desaprovam os gorilas-das-montanhas, a preservação da vida selvagem e a proteção a espécies ameaçadas de extinção. Portanto, elas estão certas quando dizem que essas coisas não são valiosas. Estranhamente, quando pessoas com posturas opostas dizem o contrário, elas falam sinceramente. Falantes sinceros são infalíveis, mesmo quando se contradizem.

O erro fundamental do subjetivismo simples é que ele confunde a verdade de uma asserção moral com a sinceridade da afirmação de um falante. Assim, não consegue respeitar a função essencial da linguagem moral, discutida na seção "Natureza e funções da moralidade", do capítulo 2, centrada no papel de solucionar desentendimentos e possibilitar a cooperação.

Uma segunda versão do subjetivismo, o emotivismo, escapa a algumas das objeções ao subjetivismo simples por abandonar completamente a ideia de que sentenças como (4) são suscetíveis de verdade.[10] De acordo com o emotivismo, sentenças como (4) são mais bem construídas em sentenças como

(19) Viva a existência de gorilas-das-montanhas!

O emotivismo esquiva-se da objeção de infalibilidade ao negar que sentenças morais sejam suscetíveis de verdade. Não se pode ser infalível quando se enuncia sentenças que não são verdadeiras ou

---

[10] Uma versão simples do emotivismo foi proposta por A. J. Ayer, *Language, Truth, and Logic* (Londres: Gollancz, 1946), capítulo 6; e uma mais sofisticada por Charles L. Stevenson, *Ethics and Language* (New Haven: Yale University Press, 1944).

falsas. O emotivismo também escapa à objeção ao subjetivismo simples, a de que falantes sinceros não discordam, mesmo se eles formulam sentenças que estão em contradição direta, ao fornecer uma explicação de como pode haver discordância real na moralidade. Se Sean expressa sua aprovação aos gorilas-das-montanhas e Kelly expressa sua desaprovação, então eles têm uma discordância real. Sua discordância é uma discordância de postura, não da verdade de uma afirmação particular, como quer o realismo, mas é, ainda assim, uma discordância real.

Os enunciados morais buscam capturar a atenção dos outros, e até certo ponto conseguem atraí-la, mas tal questão ainda precisa ser explicada pelo subjetivista. Por que eu deveria me importar que você saia por aí dizendo "Viva" isso ou aquilo? Podemos tentar preencher a história dessa maneira. Eu poderia estar preocupado com suas atitudes porque me importo com você – ou porque gosto de você ou porque tenho medo de você. Mas, na maioria das vezes, estamos interessados no que as pessoas dizem sobre moralidade mesmo se não estivermos interessados nelas. Por exemplo, espero que você, leitor, esteja interessado no que digo neste livro, embora você tenha poucos motivos para gostar de mim, muito menos temer-me.

Uma terceira versão do subjetivismo, o prescritivismo, responde diretamente a essa preocupação.[11] Os prescritivistas entendem as sentenças morais como imperativos, e assim (4) é mais bem entendida como

(20) Promova a existência dos gorilas-das-montanhas!

---

[11] Uma versão simples do prescritivismo foi apresentada por Rudolf Carnap, *Philosophy and Logical Syntax* (Londres: Kegan Paul, Trench, Trubner, 1937), pp. 23-4, 29; e uma mais complexa por Richard M. Hare, *The Language of Morals* (Oxford: Clarendon Press, 1952). Para informações gerais sobre as teorias discutidas nesta parte, ver http://plato.stanford. edu/entries/moral-cognitivism.

Nessa perspectiva, as sentenças morais são do interesse de seu público por serem imperativos disfarçados. Quando alguém dirige-se a nós usando linguagem moral, está nos dizendo o que fazer sob pretexto de afirmar algo sobre o mundo.

Uma objeção que tem sido levantada contra toda teoria metaética que abandona a ideia de que sentenças morais são suscetíveis de verdade é que elas não conseguem explicar o raciocínio moral. A versão clássica dessa objeção vem de Peter Geach,[12] filósofo do século XX.

Geach nos pede para considerar o seguinte argumento, obviamente válido:

(21) Se atormentar o gato é ruim, incitar seu irmãozinho a fazê-lo é ruim.

(22) Atormentar o gato é ruim.

Portanto,

(23) Incitar seu irmãozinho a atormentar o gato é ruim.

A conclusão se justifica porque (21) é uma condicional da forma: se X, então Y, e (22) estabelece que o antecedente X é verdadeiro; assim, Y inexoravelmente se segue. Mas, se os prescritivistas ou emotivistas estão certos, então (22) é de fato um imperativo ou a expressão de uma atitude. Uma vez que os imperativos ou expressões de atitude não são suscetíveis de verdade, (22) não pode ser verdadeira ou falsa nessa teoria, e, sem a verdade de (22), não podemos inferir (23). Assim, parece que nem emotivismo nem prescritivismo conseguem fazer sentido até mesmo em simples casos de raciocínio moral.

Um grande número de trabalhos tem sido, em dias recentes, devotado a resolver esse problema.[13] Mesmo que uma solução téc-

---

[12] Peter Geach, "Assertion", em *Philosophical Review*, nº 74, 1965, p. 463

[13] Para uma análise, ver http://plato.stanford.edu/entries/moral-cognitivism.

nica possa ser encontrada, essa objeção destaca um problema que assombra todas as formas de subjetivismo. Esse problema é sobre como linguagem, pensamento e ação combinam-se em práticas que reconhecemos como distintivamente morais. Conseguimos enxergar esse problema quando retornamos à comparação entre realismo e subjetivismo.

De acordo com o realismo, a linguagem moral é limitada pelos fatos sobre o mundo que ela tem por objetivo relatar. Mas se o subjetivismo é verdadeiro e a linguagem moral é fundamentalmente um veículo para se expressarem atitudes, então parece que quase qualquer coisa se aplica. O que gosto ou desgosto, ou o que poderia usar como imperativo, não é restringido pelo que comumente consideraríamos boas razões ou pelos fatos do mundo. Quando perguntado, posso criar motivos ou fornecer explicações sobre por que tenho tais posturas, mas estas podem ser bastante idiossincráticas. Por exemplo, posso não gostar de gorilas-das-montanhas porque eles me fazem lembrar meu pai, ou porque uma vez vi um se comportando de uma maneira que julguei vulgar. Tais preocupações poderiam motivar-me a expressar opiniões ou utilizar imperativos, mas não são o que normalmente consideraríamos razões morais.

Posto que os subjetivistas são incapazes de encontrar no mundo restrições ao que fazemos ou dizemos, eles devem descobri-las no agente, a linguagem, ou no ato que é executado. R. M. Hare, filósofo do século XX, tentou resolver esse problema afirmando que o que distingue os imperativos morais de outros tipos de imperativos é que eles são universalizáveis. Quando um falante usa um imperativo moral, este deve aplicar-se a todos que se acharem numa situação significativamente semelhante, inclusive o próprio falante.

Tal limite é plausível, mas difícil de ser formulado de maneira que se cumpra a tarefa requerida. Ser capaz de universalizar um imperativo certamente não é suficiente para torná-lo moral. Posso universalizar o imperativo de que se deve evitar pisar em fendas na calçada, por exemplo, mas isso não o transforma num imperativo moral. Mais seriamente existem imperativos que claramente possuem conteúdo moral, que alguns podem estar dispostos a universalizar e que na realidade são imorais. Consideremos um nazista disposto a universalizar seu antissemitismo, inclusive aplicando-o a si mesmo caso descobrisse que é judeu.[14]

Façamos uma avaliação. Uma teoria moral plausível deve propor uma explicação sobre o que importa moralmente. Se a linguagem moral deve cumprir seu papel, tal explicação precisa, de alguma forma, ser de modo que todos a possam compartilhar. É difícil ver como alguma forma de subjetivismo possa satisfazer essa condição, já que a essência do subjetivismo é a crença de que a linguagem moral, fundamentalmente, diz respeito ao falante e não ao mundo. Assim, quaisquer que sejam as restrições que o subjetivismo possa encontrar, só podem estar localizadas no agente, e não parece plausível que elas sejam fortes o bastante para demarcar o domínio moral de forma que o entendamos normalmente.

Reunindo nossas discussões sobre realismo e subjetivismo, podemos ver de modo claro o desafio fundamental em metaética. Por um lado, a linguagem moral parece contar com algumas das características do discurso de asserção de fatos enquanto, por outro, parece possuir algumas das características de expressões ou imperativos.

---

[14] Hare discute especificamente esse caso [*Freedom and Reason* (Oxford: Oxford University Press, 1963), capítulo 9]. De modo geral, suas teorias metaéticas se desenvolveram de um forte prescritivismo relativamente irrestrito [*The Language of Morals* (Oxford: Clarendon Press, 1952)] para um prescritivismo fortemente limitado por uma particular compreensão da universabilidade [*Moral Thinking: its Levels, Method, and Point* (Oxford: Oxford University Press, 1981)]. Sua mais recente metaética o conduziu a uma teoria normativa particular, o utilitarismo, que será discutido na seção "Consequencialismo" do capítulo 4. Agradecimentos a Peter Singer por me ajudar a entender melhor as ideias de Hare.

Aparentemente, as sentenças morais são suscetíveis de verdade e as asserções morais são restringidas pelas razões; além disso, também parece que a linguagem moral é prática e indeterminada pelos fatos. As sentenças morais têm uma conexão especial com motivação e ação que a linguagem comum de asserção de fatos não tem. Enquanto as razões morais são limitadas e relevantes, nenhum conjunto de motivos implica um julgamento moral. Dessa forma, duas pessoas podem ser confrontadas com mesma série de fatos, e ainda assim produzir avaliações morais diferentes, internamente defensáveis. O desafio fundamental da metaética é fornecer uma explicação que possa justificar esse estranho quadro de características que parece descrever a linguagem moral.

O centro sensível

É sabido há séculos que a linguagem moral apresenta aspectos difíceis de se conciliar. Tentativas de resolver esse problema foram centrais na obras metaéticas de David Hume e Immanuel Kant, grandes filósofos do século XVIII. Mesmo os realistas e subjetivistas do século XX fizeram esforços para honrar as ideias de seus oponentes enquanto mantinham a clareza de suas próprias ideias iniciais.

Nos anos 1950, filósofos conhecidos como teóricos das "boas razões" tentaram superar questões técnicas em filosofia da linguagem e metafísica concentrando-se diretamente nas razões que utilizamos para sustentar asserções morais.[15] A ideia era que essa abordagem

---

[15] Para exemplos dessas teorias, ver Kurt Baier, *The Moral Point of View: a Rational Basis of Ethics* (Ithaca: Cornell University Press, 1958); W. D. Falk, *Ought, Reasons, and Morality: the Collected Papers of W. D. Falk* (Ithaca: Cornell University Press, 1986); e Stephen Toulmin, *Reason in Ethics* (Cambridge: Cambridge University Press, 1948).

revelaria uma "lógica do discurso moral" que iluminaria nossos conceitos morais. Por exemplo, uma análise cuidadosa de

(24) Jones é um homem mau

mostraria que, quando desafiado, alguém pode dar suporte a essa afirmação enunciando sentenças como

(25) Jones é um mentiroso compulsivo,

(26) Jones manipula pessoas,

(27) Jones trapaceia quando acha que pode se safar,

(28) Jones é cruel com outras pessoas,

e assim por diante. Enquanto nenhuma dessas sentenças é necessária ou suficiente, todas sustentam (24).

O panorama filosófico contemporâneo gerou muitas tentativas engenhosas de desenvolver uma metaética que honrasse tanto as ideias do realismo quanto as do subjetivismo. Essas teorias desfilam sob nomes como "construtivismo", "quase realismo", "expressivismo realista", "realismo moral naturalista internalista" e "subjetivismo sensível".[16] Embora não haja nenhum bom nome para essa família de concepções, chamo-a de "o centro sensível", já que ela reside entre os extremos do realismo e do subjetivismo. Tais concepções têm sido influentes entre filósofos que abandonaram o realismo "pesado" mas procuram conservar um tipo de ponto de vista que poderia ser pensado como "realismo leve".[17] Se esse espaço é realmente sustentável,

---

[16] Para exemplos dessas concepções, ver Christine M. Korsgaard, *The Sources of Normativity* (Cambridge: Cambridge University Press, 1996); Simon Blackburn, *Essays in Quasi-Realism* (Oxford: Oxford University Press, 1993); David Copp, *Morality, Normativity, and Society* (Oxford: Oxford University Press, 1995); Michael Smith, *The Moral Problem* (Oxford: Blackwell, 1994); e David Wiggins, *Needs, Values, Truth* (3ª ed. Oxford: Oxford University Press, 1998). Eles e seus seguidores provavelmente negariam ter tanto em comum.

[17] Em ética ambiental, tais visões são exemplificadas por J. Baird Callicott, *In Defense of the Land Ethic* (Albany: State University of New York Press, 1989).

ainda está por se descobrir. Tais teorias são sutis e variadas, e não conseguirei fazer-lhes justiça aqui. Contudo, para dar alguma ideia do que são essas visões centristas, discutirei brevemente uma versão de uma dessas concepções (que é em si mesma uma família de concepções), conhecida como "disposicionalismo".[18]

O disposicionalismo extrai sua inspiração da distinção, proposta no século XVII, entre as qualidades "primária" e "secundária" dos objetos. Qualidades primárias, como massa e posição, podem ser caracterizadas independentemente das respostas dos observadores. Qualidades secundárias, como cor e som, podem ser caracterizadas somente em relação aos observadores. Qualidades primárias são atributos diretos de objetos que podem ser descritos pela teoria física, ao passo que qualidades secundárias são quase sempre pensadas como poderes que os objetos têm de produzir experiências em criaturas com o aparato sensorial apropriado. Apesar dessa importante diferença, as duas espécies de qualidades são tipicamente consideradas qualidades reais dos objetos.

Consideremos como funciona essa distinção com respeito ao planeta Marte. Onde Marte está localizado e qual o seu tamanho são qualidades primárias do planeta; que ele possua essas qualidades nada tem a ver conosco ou com qualquer outra criatura. Que ele seja o "planeta vermelho", no entanto, de fato depende das experiências de criaturas como nós. Porque, se nossos sistemas sensoriais de distribuição da luz fossem diferentes, Marte não nos pareceria vermelho. Apesar do fato de que a cor tenha essa dimensão "subjetiva", não

---

[18] Para informações gerais sobre disposicionalismo em teoria do valor, ver John McDowell, "Values and Secondary Qualities", em Ted Honderich (org.), *Morality and Objectivity* (Londres: Routledge & Kegan Paul, 1985), pp. 110-129; e o simpósio em *Proceedings of the Aristotelian Society*, volume suplementar nº 63 (1989), com escritos de David Lewis, Mark Johnston e Michael Smith.

hesitamos em dizer que é fato que Marte seja o planeta vermelho, assim como é fato que a neve é branca e a grama é verde.

Chegamos então ao ponto culminante. Se as propriedades morais podem ser pensadas (significativamente) como propriedades secundárias, então talvez sejamos capazes de explicar por que o realismo é plausível enquanto o subjetivismo parece inevitável. O realismo é plausível porque nossas reações morais são causadas pelo mundo; o subjetivismo é inevitável porque nossas reações são a moeda da moralidade.

A metaética inspirada por tais observações sustenta que sentenças como

(4) Os gorilas-das-montanhas são valiosos

são verdadeiras em virtude de uma reação característica que os gorilas-das-montanhas provocam em quem os avalia. Enquanto essa parece ser uma constatação importante, não é fácil dizer exatamente o que seria a reação característica em razão da qual os gorilas-das-montanhas são valiosos. Pode-se conjeturar que o problema seja a natureza forçada e artificial de (4). Qualquer que seja a utilidade de tais sentenças para os propósitos do debate filosófico, em geral, aqueles que acreditam em (4) dirão coisas como

(29) Os gorilas-das-montanhas são extraordinários!,

(30) Os gorilas-das-montanhas merecem nosso respeito,

(31) Os gorilas-das-montanhas são sagrados.

Mas os mesmos problemas também emergem com essas respostas.

No caso da cor, por contraste, não é difícil especificar o que geralmente queremos dizer com uma reação característica que corrobore a verdade da afirmação de que Marte é o planeta vermelho. O planeta vermelho é vermelho por causa de uma generalização estatística sobre as experiências humanas com cor ocasionadas pelas imagens de Marte. Há espaço, é claro, tanto para uma maior precisão como para uma controvérsia sem fim, uma vez que Marte não nos parece vermelho sob todas as condições de luz, algumas pessoas são daltônicas, etc. No entanto, parece claro qual tipo de informação confirma a verdade de tais afirmações como a de que Marte é o planeta vermelho: fatos diretos acerca das experiências com cor que as pessoas tiveram como reação às imagens de Marte.

No caso da linguagem moral, contudo, não está claro que tais generalizações descritivas servirão. Vamos usar "X" como o nome da reação genérica, qualquer que ela seja, que torna (4) verdadeira. Isso poderia abranger reações específicas como cultivar pensamentos amistosos sobre os gorilas-das-montanhas, ler livros sobre eles, doar dinheiro e dedicar tempo para protegê-los, e assim por diante. Mas e se acontecer de a maior parte das pessoas não reagir aos gorilas--das-montanhas desse jeito? Isso implicaria então que os gorilas--das-montanhas não são valiosos? Sentenças como (4) seriam falsas? E se algumas comunidades experimentassem a reação X quanto aos gorilas-das-montanhas mas outras comunidades não? O que diríamos se a maioria das pessoas não tivesse uma reação positiva à paz mundial, honestidade ou igualdade racial? Se as sentenças morais são verdadeiras em virtude de generalizações descritivas sobre as reações das pessoas, então parece que o relativismo moral que tentamos aposentar na seção "Relativismo", do capítulo, 2 reapareceu. Além disso, se a moralidade é como a cor, então é difícil perceber como podemos dissuadir as pessoas de seu relativismo. Porque, quando se trata de cores, as pessoas ou sabem ou não; discutir é irrelevante.

Essas considerações sugerem um dilema. Suponhamos que os fazedores de verdade para sentenças como (4) sejam não morais; que sejam, por exemplo, os fatos sobre as reações das pessoas aos temas em questão. Se for esse o caso, então estamos mergulhados no relativismo e é difícil ver como poderemos fazer afirmações convincentes de que sexistas, racistas e pessoas que maltratam animais estão errados quanto à moral. Mas a alternativa parece ser que os fazedores de verdade para sentenças morais são em si moralmente sobrecarregados. Sem dúvida, alguns filósofos aceitaram essa alternativa. Eles dizem que a reações relevantes para confirmar (4) não são as que as pessoas de fato têm aos gorilas-das-montanhas, mas aquelas "dignas", "apropriadas" ou "merecidas".[19] Mas quais são elas? Teme-se que sejam somente aquelas reações que envolvem avaliar os gorilas-das-montanhas. Existe a preocupação de que o entendimento realista não mais esteja sendo honrado. Assim como o emotivista, corremos o risco de nos tornarmos um subproduto dentro de um mundo de reações morais livres que não são mais subordinadas a este mundo. É de se notar como as coisas operam de forma diferente no caso da cor. Não dizemos que Marte é vermelho em razão do fato de que as pessoas devem ter experiências do vermelho quando olham para esse planeta, ou que tais experiências são dignas, merecidas ou apropriadas. Em vez disso, dizemos que Marte é o planeta vermelho porque as pessoas de fato veem o planeta com a cor vermelha quando olham para ele.[20] Quando nos voltamos para a linguagem moral, especificando o fundamento de (4) numa tentativa de bater o relativismo, rompemos a analogia entre julgamentos morais e julgamentos quanto à cor. O que nos resta então? Parece que enfrentamos o seguinte dilema. Se os fazedores de verdade para sentenças como (4) são não

---

[19]   Uma concepção parecida com essa é endossada por John McDowell, "Values and Secondary Qualities", em Ted Honderich (org.), *Morality and Objectivity*, cit., pp. 110-129.

[20]   O simples fato de as pessoas verem Marte como sendo vermelho reside em muitos fatos, não tão simples, acerca da estrutura dos sistemas visuais humanos, das propriedades da luz em ambientes particulares, da constituição física de Marte, etc. Para os presentes propósitos, deixemos isso registrado e sigamos em frente.

morais, então estamos diante do relativismo; se forem morais, então encaramos a circularidade.

Os filósofos que são seduzidos por uma interpretação disposicionalista reagem, geralmente, de uma maneira, entre duas possíveis. Uma é tentar "abrir caminho" entre o que é moral e o que é não moral e caracterizar as reações que corroboram sentenças como (4) como aquelas que usaríamos se fôssemos adequadamente informados e racionais. A ideia é que as reações que tornariam (4) verdadeira não são nossas reações reais, mas hipotéticas. Isso afasta a ameaça de circularidade, porque essas reações hipotéticas são não morais. Outra abordagem é admitir a carga de circularidade, mas argumentam que essa não é de fato uma objeção à visão disposicionalista.

Algo que fica claro nessa discussão é que é mais fácil dizer como deve ser uma metaética aceitável do que esclarecê-la. Pretendo concluir esta seção com algumas observações sobre em que direção, na minha opinião, a busca por uma metaética adequada deve seguir, mas me detenho antes de tentar desenvolver e defender tal concepção aqui.

O disposicionalismo tenta incorporar as ideias do realismo e subjetivismo enquanto responde às suas falhas. O realismo e o subjetivismo fracassam porque situam as propriedades morais ou no mundo ou em quem avalia. Os disposicionalistas veem nas qualidades secundárias um modelo para se estimar como uma interpretação bem-sucedida de valor poderia incorporar ambos os elementos. Mas talvez o disposicionalismo não tenha avançado o suficiente ao rejeitar o modelo binário pressuposto por realistas e subjetivistas. Comecemos pela suposição de que o valor surge numa transação entre quem avalia e o mundo, e não é atribuível somente a um lado ou ao outro. Uma vez que vislumbremos a questão dessa forma, podemos achar mais natural considerar que o principal é a avaliação como uma atividade, em vez dos valores como entidades. Talvez, dessa perspectiva, os vários elementos de uma interpretação adequada fiquem mais nítidos.

Avaliar implica tanto um sujeito quanto um objeto.[21] A ideia de que avaliar pode ocorrer sem um sujeito não faz nenhum sentido. Nem faz sentido pensar num sujeito realizando uma avaliação sem nenhum objeto. Avaliar significa avaliar algo. Uma vez que entendamos o ato de avaliar como principal e sujeitos e objetos como essenciais a essa atividade, então o fato de ambos, sujeito e objeto, restringirem os episódios de avaliação torna-se visível. É muito mais fácil enxergar isso nos limites.

Consideremos primeiro o sujeito. Todo animal possui uma série de capacidades e limites de percepção. Por exemplo, os humanos são animais orientados pela visão; mesmo assim, são sensíveis apenas a comprimentos de onda de 400 a 700 nanômetros, uma pequena parte do espectro eletromagnético. As abelhas podem detectar luz na banda ultravioleta do espectro à qual somos insensíveis, e a acuidade visual das aves de rapina superam em muito a nossa. Quando se trata de percepção de sons e cheiros, somos muito mais limitados do que diversas outras criaturas. Os humanos podem ouvir sons somente até 20 mil Hz, enquanto cães conseguem ouvir até 50 mil Hz. Vacas e roedores possuem um alcance auditivo muito maior que os humanos. Quanto ao olfato, os cães superam os humanos ainda mais do que na audição. Eles podem sentir odores em concentrações quase cem milhões de vezes menores do que conseguem os humanos. De forma singular, em se tratando de cheiros, os coelhos são tão superiores aos cães quanto os cães são aos humanos.

---

[21]   Mas tem de ser um objeto real? Que tal objetos não existentes como a minha querida *spaniel springer* chamada Marilyn? Que tal objetos ficcionais como James Bond? Essas são boas perguntas para um outro dia.

Embora possamos avaliar coisas que não experienciamos diretamente, nossas capacidades sensoriais afetam profundamente que coisas nós avaliamos, como avaliamos e em que extensão avaliamos. Podemos avaliar as canções das baleias jubarte mesmo não conseguindo ouvi-las, mas o caráter da avaliação é claramente afetado por essa falha. E enquanto a maioria de nós acata os julgamentos de uma *gourmet* ou um especialista em vinhos cuja capacidade de provar aromas e sabores excede o nosso, poucos de nós estamos dispostos a privilegiar, da mesma maneira, as experiências dos cães, muito embora suas capacidades nesse particular superem de longe Robert Parker e Julia Child.* (Pense nisso da próxima vez que você vir um cachorro vasculhando o lixo. Ele pode realmente estar certo sobre o que cheira bem. De qualquer forma, você não está em posição de criticá-lo.)

Há muito espaço para discussão sobre quais são exatamente os limites e como eles afetam nossas experiências quanto ao valor, mas está claro que existem restrições e condições subjetivas acerca do que avaliamos. Um pouco disso tem relação com nossa natureza como seres humanos e um pouco tem relação conosco enquanto indivíduos. O que estrutura nossas capacidades enquanto indivíduos se deve em parte à variação biológica e em parte à cultura e à experiência. A incrível divergência nas preferências alimentares (observada na seção "Relativismo", do capítulo 2) revela isso muito claramente. A maioria dos norte-americanos sente repulsa à ideia de comer lesmas, baleias, pulmões de cordeiro ou cérebros de macacos. Apesar disso, esses alimentos são da preferência de muitas pessoas biologicamente indistintas dos norte-americanos. Assim, a explicação para essas di-

---

* Robert M. Parker, Jr. e Julia Child: respectivamente, *expert* em vinhos e *chef* especialista em culinária francesa, ambos norte-americanos. Esta última foi retratada no filme *Julie & Julia*. (N. T.)

ferenças de comportamento deve ser quase inteiramente cultural ou em razão da experiência individual.

Avaliar pode ser também uma ação fortemente afetada pelo contexto. Assim como é difícil avaliar um afresco do século XVI numa igreja bolorenta, fria e escura, também pode ser quase impossível avaliar a vida selvagem do Ártico quando se está sob o ataque de moscas-negras e mosquitos.

Mesmo assim, muitas pessoas afirmam valorizar a vida selvagem do Ártico, a maioria sem nunca ter estado lá, e isso revela a importância do objeto na atividade de avaliar. Esse é o entendimento que o realismo assimilou e que é captado em nossa linguagem moral. Eis também por que as razões que damos para avaliar tipicamente fazem referência ao objeto.

O que as concepções do centro sensível têm em comum é a tentativa de conciliar a perspectiva da relação com o objeto do realismo com a inspiração motivacional do subjetivismo. Para obter sucesso, tais teorias devem sustentar que a avaliação é contextual, voltada para o objeto, e limitada pela biologia, psicologia e história. É fácil dizer o que uma teoria bem-sucedida deve fazer, mas é difícil elaborar uma com detalhes convincentes. O fato de que a discussão é ainda muito viva demonstra que esses esforços não têm, no geral, obtido êxito.

Valor intrínseco

O conceito de valor intrínseco é a noção mais importante e mais contestada em teoria ética. Quase toda teoria moral atribui alguma função ao valor intrínseco, que, em algumas teorias, tem posição de destaque. Esse conceito tem sido especialmente importante em ética ambiental.

Desde seu início no começo dos anos 1970, uma questão estimulante para a ética ambiental tem sido se uma nova ética é necessária para regular nosso comportamento diante da ampla destruição ambiental.[22] Muitos eticistas ambientais têm no mínimo se inclinado a uma resposta afirmativa para essa questão, e assim a busca por uma nova ética ambiental vem sendo central para o desenvolvimento dessa área. Para muitos filósofos isso envolvia desenvolver uma teoria do valor intrínseco que abrangesse não só a humanidade e outros animais sencientes, mas a própria natureza. Tem havido também uma forte tendência a se ver o valor da natureza, não apenas como um em meio a outros, mas como um valor que tem precedência sobre os outros. Eles desejavam que essa nova ética ambiental fosse fundada na natureza das coisas, e não somente a expressão da atual, possivelmente passageira, preocupação com o ambiente. É portanto compreensível (conforme observei na seção "Realismo", deste capítulo) que o realismo tenha sido a metaética preferida por muitos filósofos ambientais. Em anos recentes, há uma reação contra esse projeto, com alguns filósofos ambientais argumentando que o foco sobre o valor intrínseco afastou esse campo da reflexão dos problemas ambientais práticos.[23] Ironicamente, a onipresença dessas críticas gera ainda mais evidência para a centralidade do conceito de valor intrínseco.

O que é valor intrínseco? Valor intrínseco é o "padrão ouro" da moralidade. Assim como o ouro é o que há de máximo valor monetário, o que é de valor intrínseco é de máximo valor moral. Nos casos

---

[22] Richard Routley, em "Is There a Need for a New, an Environmental Ethic?", em *Proceedings of the XVth World Congress of Philosophy,* 1 (6), 1973, Sofia, pp. 205-210, fez explicitamente essa pergunta. Esse texto aparece em várias antologias.

[23] Por exemplo, Bryan G. Norton, *Toward Unity Among Environmentalists* (Nova York: Oxford University Press, 1991). Para informações gerais sobre os conceitos de valor intrínseco na ética ambiental, ver O'Neill em Dale Jamieson, *A Companion to Environmental Philosophy* (Oxford: Blackwell, 2001).

do dinheiro e da moralidade, outras coisas adquirem seu valor pelas relações com aquilo que existe de máximo valor.

Embora essa seja uma boa abordagem inicial, avançando mais fundo descobrimos que a expressão "valor intrínseco" é utilizada de diferentes maneiras. Sem dúvida, podemos distinguir pelo menos quatro sentidos diversos dela.

O primeiro sentido acompanha intimamente nossa metáfora. Nesse sentido, valor intrínseco pode ser contrastado com valor instrumental. O que é de valor intrínseco é de máximo valor; o que é de valor instrumental é valioso apenas por ser favorável à percepção do que é de valor intrínseco. Por exemplo, suponhamos que o prazer é de valor intrínseco. Nessa hipótese, poderíamos pensar que esquiar é valioso, não em si mesmo, mas porque produz prazer, que tem valor intrínseco. (Falaremos mais sobre esse sentido de "valor intrínseco" na seção "Avaliação reconsiderada", do capítulo 6).

No segundo sentido, valor intrínseco é visto como o ingresso que admite algo à comunidade moral. Mais precisamente, ter valor intrínseco é necessário e suficiente para ser objeto de preocupação moral primária (o que os filósofos chamam de ter "estatuto moral" ou ser "moralmente considerável"). Suponhamos que a senciência – a capacidade de prazer e dor – tenha valor intrínseco nesse sentido. Segue-se que tudo o que for senciente será um membro da comunidade moral e seus interesses devem figurar em nossa tomada de decisão. Diferentes explicações podem ser oferecidas com relação a se e como os interesses dos membros da comunidade moral seriam permutados uns com os outros, mas atribuir valor intrínseco a eles, nesse sentido, marca importante distinção entre eles e "meras coisas" que são sem importância em si mesmas. Poderíamos nos importar com algumas dessas "meras coisas" (por exemplo, obras de arte, desertos, ecossistemas), mas seu valor é derivado de suas relações com aquelas coisas (para os presentes propósitos, estamos presumindo seres sencientes) que são objetos da preocupação moral primária.[24] Observemos que é consistente sustentar que a senciência tem valor intrínseco no segundo sentido considerado, mas não no primeiro. Porque alguém poderia consistentemente defender que a capacidade de experimentar prazer e dor é o ingresso de admissão à comunidade moral, mas que ter ou exercer essa capacidade não é o único ou máximo bem.

O terceiro sentido de valor intrínseco é às vezes chamado "valor inerente" porque, nesse caso, o valor de algo depende inteiramente do que é natural da coisa em si mesma. O filósofo de Cambridge, G. E. Moore, caracterizou essa noção de valor intrínseco da seguinte maneira: "Dizer que um valor é do tipo intrínseco significa meramente que a questão sobre se uma coisa o possui, e em que grau, depende unicamente da natureza intrínseca da coisa em questão".[25]

Imagina-se muitas vezes que essa concepção de valor intrínseco exclui tudo o que é relacional. Assim, poder-se-ia pensar que as experiências não podem ser de valor intrínseco por exigirem tanto um sujeito quanto um objeto. Por exemplo, embora minha experiência no Grand Canyon possa ser valiosa, pode-se negar que seja de valor intrínseco, uma vez que envolve uma relação entre mim e o Grand Canyon. No entanto, alguém poderia discordar, argumentando que

---

[24] Para discussões adicionais, ver Dale Jamieson, *Morality's Progress: Essays on Humans, Other Animals, and the Rest of Nature* (Oxford: Oxford University Press, 2002), capítulos 14 e 16.

[25] G. E. Moore, *Philosophical Studies* (Londres: Routledge & Kegan Paul, 1922), p. 260. O uso que Moore faz da expressão 'natureza intrínseca' é ambígua em formas que se exauriram na discussão subsequente. Alguns filósofos consideram que Moore está dizendo que o valor intrínseco de algo é o valor que ele tem em virtude de suas propriedades intrínsecas. Mas em outros lugares está claro que Moore está preocupado com o valor intrínseco das coisas em si mesmas, sem se referir a suas propriedades. Ignorei essa complicação no que se segue.

o valor é intrínseco à experiência, muito embora a experiência em si seja uma relação. Essa objeção nos mostra como é difícil traçar a distinção intrínseco/não intrínseco que é central a este terceiro sentido.

Um problema adicional é que os ambientalistas, com frequência, apelam às propriedades relacionais ao explicar o valor dos vários aspectos da natureza. Por exemplo, eles quase sempre fazem referência à exclusividade ou raridade de determinados animais ou ecossistemas ao fazer a defesa de seu valor. Mas, singularidade e raridade são obviamente propriedades relacionais. O que torna uma certa gorila-das-montanhas (vamos chamá-la de "Helen") rara é o fato de que existem muito poucos gorilas-das-montanhas. Se alguns gorilas-das-montanhas adicionais subitamente passassem a existir, então Helen não teria mais a propriedade de ser rara, assim, qualquer valor que ela pudesse ter não seria em virtude de sua raridade.[26]

Qualquer que seja a exatidão dos detalhes com relação a essa concepção de valor intrínseco, parece claro que algo pode ser de valor intrínseco no primeiro sentido sem o ser neste terceiro. Pois não há inconsistência em supor que o que é de máximo valor "depende somente da natureza da coisa em questão".

Finalmente, o quarto sentido de valor intrínseco é aquele no qual o que é de valor intrínseco independe de quem avalia. A ideia aqui é que existem certas coisas que são de valor, mesmo que ninguém nunca as valorize. Este sentido está intimamente relacionado ao anterior, mas não é idêntico. Neste quarto sentido de valor intrínseco, relações ou coisas que permanecem nas relações podem ser intrinsecamente valorizáveis, contanto que a relação não seja do tipo "avaliada por".

---

[26] Uma complicação adicional é que parece que algumas propriedades podem ser relacionais e intrínsecas. Como Brian Weatherson assinala (em http://plato.stanford.edu/entries/intrinsic-extrinsic), minha perna esquerda ser mais longa que meu braço esquerdo é uma propriedade relacional, ainda assim intrínseca a mim.

Por exemplo, um sistema ecológico que não envolva nenhum "avaliador" poderia ser intrinsecamente valorizável neste quarto sentido, embora possa não ser de valor intrínseco no terceiro sentido já que é necessariamente relacional. Valor intrínseco, neste sentido, é valor independente de quem faz a avaliação.

Preocupar-se demais com essas distinções pode parecer pedante, mas é importante, porque esses quatro sentidos de "valor intrínseco" estão quase sempre misturados. Por exemplo, o "argumento da regressão" para o valor intrínseco é amplamente aceito. Apesar disso, o máximo que faz é estabelecer a existência de valor intrínseco no primeiro sentido, embora seja muitas vezes usado como uma permissão para presumir a existência de valor intrínseco nos quatro sentidos. Eis o argumento.

(1) Vamos assumir que existe algo no mundo – que chamaremos de "x" – que é valioso.

(2) Ou x tem valor intrínseco, ou x é instrumentalmente valioso.

(3) Se x tem valor intrínseco, então o valor intrínseco existe.

(4) Se x tem valor instrumental, então x é valioso porque propicia o que é de valor intrínseco.

(5) Assim, se x tem valor instrumental, então o valor intrínseco existe.

(6) Então, se existe algo no mundo que é de valor, então o valor intrínseco existe.

(7) Uma vez que existe algo no mundo que é de valor, o valor intrínseco existe.

A premissa (2) é suspeita, na minha opinião, porque existem coisas valiosas que não se enquadram perfeitamente na categoria nem de valor intrínseco nem de instrumental. Por exemplo, valorizo a fotografia da minha mãe porque ela representa minha mãe. Valorizo o balançar da cauda do cachorro do vizinho porque me faz lembrar do espírito alegre do cachorro que tive na infância, Frisky. Valorizo o sorriso de minha amante porque expressa sua ternura e generosidade. Valorizo cada passo da subida ao monte Whitney porque é parte da valiosa experiência de escalar a montanha. Embora haja muito a dizer sobre esses exemplos, o ponto importante para os presentes propósitos é que nenhum deles parece simplesmente ser um caso de valor instrumental ou intrínseco.

A premissa (4) também é questionável, visto que não está claro por que, a princípio, não poderia haver um círculo fechado de itens tais que cada um é instrumentalmente valioso pelo fato de contribuir para o valor de outro, mas nenhum item é intrinsecamente valioso. Nesse quadro, A é instrumentalmente valioso porque propicia B; B é instrumentalmente valioso porque propicia C; e C é instrumentalmente valioso porque propicia A. Se o mundo fosse assim, alguém poderia querer dizer que o complexo inteiro A-B-C é de valor intrínseco, mas isso levaria à ulterior questão de como um item poderia ao mesmo tempo ser de valor instrumental e uma parte constituinte do que é de valor intrínseco.[27]

Mas não nos preocupemos. O ponto mais importante que quero mostrar é que, mesmo que esse argumento funcione, apenas mostra que o valor intrínseco existe no primeiro sentido. Mesmo com tudo o que vimos, há uma terrível tentação de supor que esse argumento prova a existência de valor intrínseco em todos os quatro sentidos.

Embora seja importante distinguir esses quatro sentidos de "valor intrínseco", é verdade que há relações interessantes entre eles.

---

[27] Para uma visão geral de tais preocupações, ver http://plato.stanford.edu/entries/value-intrinsic-extrinsic.

Os primeiros dois sentidos parecem estar acenando para uma ideia similar, e os outros dois sentidos parecem alcançar uma outra ideia.

O que parece estar em funcionamento nos primeiros dois sentidos, embora de diferentes maneiras, é a ideia de um "fim em si mesmo". No primeiro sentido, o que é de máximo valor é um fim em si mesmo, pois seu valor não depende de seu favorecimento a algo além. No segundo sentido, o que é moralmente considerável é um fim em si mesmo, por ser o objeto direto da preocupação moral.

O terceiro e quarto sentidos de valor intrínseco, embora distintos, também convergem para ideias similares. A ideia parece ser que o que é de valor intrínseco é de algum modo autossuficiente; não depende de mais nada para seu valor ou existência. No terceiro sentido, essa ideia é desenvolvida considerando o valor intrínseco como inerente à coisa em si mesma. No quarto sentido, a ideia é desenvolvida levando em conta a independência do valor intrínseco de quem avalia.

Esse quarto sentido é importante para os eticistas ambientais por ser o que conecta o valor intrínseco ao realismo. Pois, se o que é de valor intrínseco é valioso e independe de quem avalia, então se segue daí que o realismo é verdadeiro.

Mas qual é o argumento para o valor intrínseco nesse sentido? Já consideramos um argumento que, mesmo tendo sucesso, não estabelece a existência de valor intrínseco nesse quarto sentido. Contudo, outro estilo de argumento tem sido empregado e que, se bem-sucedido, provaria a existência do valor intrínseco nesse quarto sentido. Essa estratégia utiliza "testes de isolamento" e foi usada por G. E. Moore, filósofo do início do século XX. Ela tem exercido muita influência na literatura da ética ambiental, sob a rubrica de argumentos do "último homem", desde que foi introduzida pelos filósofos australianos Richard e Val Routley (1980). Uma versão do argumento é a seguinte.

Suponhamos que Fred é a última criatura senciente do planeta e ele sabe que, por qualquer razão, a vida senciente nunca mais irá aparecer no planeta. Pouco antes de deixar a cena, Fred destrói toda a geologia e biologia do planeta. O que destrói é de grande beleza e majestade, mas ele justifica sua ação dizendo que isso não importa, posto que tais coisas jamais seriam apreciadas ou avaliadas por alguém novamente. Aceitamos as justificativas de Fred ou pensamos que o que ele fez foi errado?

A maioria de nós diria que o que Fred fez foi errado, e isso parece nos comprometer com a ideia de que a natureza não senciente tem valor intrínseco em um ou nos dois últimos sentidos estudados. Porque a convicção de que o que Fred fez foi errado parece residir na presunção de que o valor intrínseco existe mesmo que não haja "avaliadores" ou "apreciadores". O cenário de fundo parece ser algo dessa forma. Uma lista completa do que seria perdido devido à ação de Fred incluiria uma longa relação de coisas que não são intrinsecamente valiosas, mas também incluiria coisas valiosas. Porque, se tais coisas não existissem no mundo, a ação de Fred envolveria uma mudança no estado do mundo, mas não seria errado. Então, assim como os fatos científicos do mundo não dependem, para sua existência, de ninguém que os aprecie, da mesma forma parece que o mesmo é verdade para o valor intrínseco.

Muitas pessoas acham esse argumento persuasivo, mas eu não (e, para deixar registrado, acho que nem os Routley). Sem dúvida, julgamos que há algo errado ou ruim acerca de Fred destruindo o mundo; a questão é por quê. Acho que existem mais explicações plausíveis sobre por que a ação de Fred de destruir o mundo é errada ou ruim do que uma que nos convença da ideia de que há um valor intrínseco independente de todos os que avaliam ou apreciam.

Embora o experimento mental exclua todos os avaliadores da existência, ainda existem alguns circulando por aí. Porque nós, que estamos contemplando o mundo sem avaliadores, também somos avaliadores, e sem dúvida contemplamos a perda de algo que achamos muito valioso. Mesmo se for estipulado que nunca mais experienciaremos este mundo, nem em seu estado preservado nem no destruído, já estamos experimentando esses estados na nossa imaginação, e parece plausível que é isso que governa nossa reação a esse experimento mental.[28] Além disso, nossa sensação de que algo está errado nesse caso também reflete um julgamento sobre o caráter de Fred. Fred teria que ser realmente um idiota arrogante e prepotente para destruir um mundo inteiro sem nenhuma razão. Que ato espantoso de vandalismo cósmico!

Onde isso nos deixa com os conceitos de valor intrínseco? Analisamos dois argumentos para diferentes concepções de valor intrínseco e achamos ambos insatisfatórios. O argumento da regressão não é persuasivo em estabelecer valor intrínseco no primeiro sentido, e o argumento do "último homem" não consegue provar a existência de valor intrínseco nos terceiro e quarto sentidos. Apesar dessas falhas, creio que teorias mais plausíveis deverão empregar alguma concepção de valor intrínseco do primeiro ou segundo sentidos. A teoria ética requer conceitos de valor, e na minha visão esses conceitos são construídos a partir de atos de avaliação. Como sugeri ao discutir o argumento da regressão, nossos padrões de avaliação são enormemente complexos e surpreendentemente desconhecidos. Alguma

---

[28] Robert Elliot, "Metaethics and Environmental Ethics", em *Metaphilosophy*, nº 16, 1985, pp. 103-117, oferece uma explicação semelhante de como esse experimento mental está errado.

noção de valor intrínseco provavelmente passará como marco significante em qualquer mapa adequado de nossas práticas avaliativas.

Conforme mencionei antes, certos filósofos queriam que passássemos além das discussões de valor intrínseco e nos concentrássemos em salvar o mundo. Contudo, questões profundas sobre a natureza do valor não desaparecem com um comando. É o trabalho dos filósofos morais dedicar-se a essas questões. Embora a filosofia moral possa contribuir com o ativismo inteligente, não é a mesma coisa, e não deve confundir-se com ele. Discussões sobre valor intrínseco não vão desaparecer. De toda forma, a sensibilidade quanto às distinções reveladas nesta seção nos auxiliará a abordá-las com o cuidado e a suspeição que merecem.

4. Ética normativa

Teorias morais

Conforme observamos no capítulo anterior, a ética normativa é tipicamente dividida em dois subcampos: teoria moral e ética prática. A teoria moral se ocupa com quais espécies de coisas são boas, quais atos são bons e quais são as relações entre o certo e o bom. A ética prática estuda a avaliação de coisas particulares como boas e más e diversos atos ou práticas como certas ou erradas. A teoria moral e a ética prática tratam do mesmo assunto, embora suas perspectivas sejam diferentes. A teoria moral assume a visão ampla; é o telescópio através do qual enxergamos os fenômenos. A ética prática se encarrega de uma faixa estreita do mesmo terreno em maior detalhe; é o microscópio por onde examinamos nossas vidas morais. Não se preocupe se você não conseguir acompanhar as diferenças. É difícil distinguir nitidamente esses dois campos. Neste capítulo, porém, vamos nos concentrar em teoria moral, e no restante do livro discutiremos principalmente questões de ética prática.

As teorias morais quase sempre têm pontos de partida diferentes, o que as levam a fazer diferentes perguntas. Imaginemos um caso típico que poderia provocar reflexão moral. Suponhamos que John está trocando o óleo de seu carro e joga o óleo do motor usado no bueiro da rua. Uma espécie de teórico moral irá começar sua reflexão focalizando as consequências da ação de John: nós o chamaremos de "consequencialista". Seu primeiro pensamento é a respeito do dano que esse ato irá causar ao meio ambiente e que alternativas estavam disponíveis para John. Um outro tipo de teórico moral, um "eticista da virtude", iniciará se perguntando sobre o caráter de John. Que tipo de pessoa agiria assim? Finalmente, um "kantiano" começará tentando entender o ato de John. O que ele achou que estava fazendo? Quais eram seus motivos? Embora diferentes teóricos considerem centrais diferentes aspectos, cada um deles terá que propor alguma explicação de todos os aspectos do caso que pareçam moralmente relevantes, mesmo que seja somente para explicar que alguns são de pouca importância, ou derivados de outros aspectos.

Os estudantes frequentemente passam muito tempo refutando algumas teorias e defendendo outras. Apesar de isso não ser totalmente fora dos limites, é importante reconhecer que as três famílias de teorias que iremos discutir representam tendências importantes em nossas tradições morais; são parte da história natural de nossa espécie. Se você realmente entender uma teoria, quase certamente se sentirá atraído por ela. Todas essas teorias possuem pontos fortes e fracos, e em algum momento todas elas cobram um preço que algumas pessoas não estão dispostas a pagar. Antes de visualizá-las como objetos acabados que devem ser ou adorados ou condenados, essas famílias de teorias deveriam ser vistas como projetos permanentes de pesquisa.

Consequencialismo

O consequencialismo é a família de teorias que sustenta que os atos são moralmente certos, errados ou indiferentes unicamente em virtude de suas consequências. Menos formal e mais intuitivamente, de acordo com o consequencialismo, atos certos são aqueles que produzem boas consequências.

Embora o termo "consequencialismo" possa ser recente, a ideia é antiga. Scarre[1] encontrou consequencialistas no século V a.C. na China e no século IV a.C. na Grécia. Qualquer que seja sua origem, o consequencialismo atingiu a maioridade nos séculos XVIII e XIX, e foi a filosofia dominante do Iluminismo maduro. Historicamente, o consequencialismo tem sido associado a movimentos sociais e políticos voltados à participação política mais ampla, à abolição da escravatura, a assegurar os direitos das mulheres e a melhorar o tratamento dos animais não humanos.

O consequencialismo é uma doutrina universalista: todas as consequências importam ao se avaliarem atos, não apenas aquelas que afetam o agente. Suponhamos que estou decidindo entre levar minha mãe para almoçar e praticar caiaquismo com meus amigos. Pensar no que me deixaria mais feliz não é suficiente. Também devo levar em consideração as consequências para minha mãe e para meus amigos. De acordo com o consequencialismo, quando estou decidindo o que fazer, preciso levar em conta as consequências de minha ação para todos os que forem afetados.

Um conjunto espinhoso de problemas que os consequencialistas devem encarar diz respeito à natureza da ação e às relações entre ações e consequências. Diante disso, poderia parecer que agentes causam ações que geram consequências, revelando estados de coisas ou eventos. Por exemplo, poderíamos dizer que o olho roxo de Kelly foi causado pelo soco de Sean. Embora isso possa parecer óbvio, al-

---

[1] Geoffrey Scarre, *Utilitarianism* (Londres: Routledge, 1996).

guns filósofos negariam que a relação entre agentes e ações seja de fato causal.

Mais problemática é a questão sobre se as ações podem constituir consequências tanto quanto causá-las. Se trazer uma mentira ao mundo é uma das consequências de se mentir, então parece que os consequencialistas podem atribuir valor (ou desvalor) aos próprios atos (por exemplo, mentiras), assim como a eventos ou estados de coisas que casualmente provocassem. Isso permitiria o desenvolvimento de versões do consequencialismo (muitas vezes chamadas consequencialismo ideal) que podem ocupar muito do terreno que os anticonsequencialistas reclamam para si.

Isso seria importante num caso como este. Imaginemos que Sean fez tudo o que podia para ficar com boa aparência e que será mais feliz se acreditar que tem boa aparência do que se não acreditar. Suponhamos que ele me pergunte como está sua aparência, e eu sei que ninguém a não ser ele será afetado pelo que eu disser. Posso dizer-lhe a verdade, que o deixará infeliz, ou posso levantar seu ânimo mentindo-lhe. Em geral, esperaríamos um consequencialista dizer que eu deveria mentir, já que esse é o ato que traria a melhor consequência. Mas se dissermos que o fato de que uma mentira ocorreu conta como uma consequência ruim de mentir, então teremos que pesar esse mal contra o benefício de causar felicidade a Sean.

Além dessas questões, há diversos outros aspectos que servem para distinguir as teorias consequencialistas. Uma delas tem relação com a distinção entre real *versus* provável, previsível ou consequências planejadas. Essa diferença é importante no seguinte tipo de caso. Suponhamos que Kelly dê uma carona, acreditando que a pessoa é bem-intencionada, decente e precisa de uma condução. Na verdade, essa pessoa é uma *serial killer* indo fazer seu trabalho. As reais consequências do ato de Kelly são ruins, enquanto o provável, previsível ou as consequências pretendidas possam ter sido boas. Se classificamos o ato de Kelly como certo ou errado depende se julgarmos que as reais (em oposição às prováveis, previsíveis ou pretendidas) consequências é o que importa na avaliação da ação.

Uma teoria consequencialista inclui pelo menos os seguintes elementos: uma descrição das propriedades em virtude das quais as consequências tornam as ações certas, erradas ou indiferentes (isto é, uma teoria do valor); um princípio que especifique como ou em que extensão as propriedades devem prevalecer para que uma ação seja certa, errada ou indiferente; e uma explicação dos níveis em que as ações são avaliadas. Embora isso seja abstrato, um exemplo ajudará a esclarecer esses elementos.[2]

Consideremos o utilitarismo do ato hedonista. O hedonismo é a teoria do valor que defende que o prazer é o único bem (conforme mencionamos na seção "Realismo", do capítulo 3). O utilitarismo é a versão do consequencialismo que afirma que algo está certo se e somente se produzir a quantidade máxima de valor. Na teoria considerada, os atos individuais é que estão sendo avaliados (em oposição a motivos, práticas ou regras, por exemplo). Portanto, o utilitarismo do ato hedonista é aquela versão do consequencialismo que propõe que os atos são certos, errados ou indiferentes em razão do prazer que produzem.

Ao modificarmos esses três elementos, uma ampla gama de doutrinas alternativas podem originar-se. Consideremos alguns exemplos.

O utilitarismo do ato perfeccionista é idêntico ao utilitarismo do ato hedonista, exceto por sustentar que as propriedades, em virtude

---

[2] Por favor, esteja ciente de que nem todo mundo define esses termos da mesma maneira. Meu entendimento particular de consequencialismo e utilitarismo é mais amplo do que o de alguns críticos dessas teorias.

das quais as consequências são as acertadas, são as variadas perfeições a que os humanos podem aspirar. Exatamente o que são essas perfeições irá depender de visões particulares sobre o que conta como as mais importantes realizações humanas. Para mim, elas poderiam incluir ser tão espiritualmente evoluído como o Dalai Lama, surfar como Duke Kahanamoku e tocar guitarra como Jimi Hendrix. Para um perfeccionista, o que faz os atos corretos é concretizar essas perfeições mesmo se o esforço produzir mais sofrimento que felicidade.

Modificar o princípio de maximização permite-nos gerar o minimalismo do ato hedonista, que sustenta que qualquer ato que produz qualquer tipo de prazer é certo. Kelly pode fazer a coisa certa ou sendo voluntária no abrigo para os sem-teto ou ouvindo seu disco favorito da Britney Spears, uma vez que ambos os atos produzem prazer, e a quantidade ou qualidade não importa.

Finalmente, ao mudar a história sobre o nível em que os atos são avaliados, podemos chegar ao utilitarismo da vida hedonista, que defende que os atos são corretos se fizerem parte de uma vida que produza mais prazer do que qualquer outra vida que o agente poderia ter tido.

Parece ser óbvio que essas quatro variantes do consequencialismo geram julgamentos bastante diferentes sobre o mesmo ato. Suponhamos que os seguintes atos sejam acessíveis a Kelly: uma noite de paixão com Sean, uma tarde num seminário de autoaperfeiçoamento ou uma sequência de crimes com Robin. Se o conjunto certo de fatos prevalecer, então as quatro versões do consequencialismo que foram delineadas ofereceriam os seguintes julgamentos. O utilitarismo do ato hedonista declararia que Kelly deveria escolher a noite de paixão, já que isso seria o ato de maximização do prazer. O utilitarismo perfeccionista aprovaria o seminário de construção de caráter, uma vez que a presença de Kelly faria mais para contribuir para a realização da perfeição do que qualquer outro ato. O utilitarismo da vida hedonista julgaria a série de crimes como moralmente correta, se supusermos que os crimes possam fazer (talvez desviante, mas necessária) parte da possível história de vida que produza mais prazer geral do que qualquer outra vida acessível a Kelly. Finalmente, o minimalismo do ato hedonista afirma que todos os atos disponíveis a Kelly seriam certos, supondo que Kelly sentisse prazer em qualquer um deles (e o efeito agregado sobre os outros fosse neutro).

Essa breve discussão das quatro versões do consequencialismo traz os seguintes aspectos importantes. Primeiro, o espaço conceitual que o consequencialismo descreve é vasto. Segundo, as versões do consequencialismo variam radicalmente em sua plausibilidade. Enfim, pouquíssimas considerações terão importância contra todas as versões do consequencialismo.

Sobre o último ponto, consideremos um exemplo. Uma das objeções aplicadas com muita frequência contra o consequencialismo é a "objeção de exigência." O consequencialismo é exigente demais para ser uma teoria moral plausível, afirma-se, já que nos torna responsáveis por todas as consequências de nossas ações, mesmo indiretas, e portanto requer muito de nós. Verdade, o consequencialismo de fato nos atribui responsabilidade por todas as consequências de nossas ações, e isso pode valer contra aquelas versões do consequencialismo que fixam um padrão de correção muito alto. Mas o padrão de correção também pode ser fixado muito baixo, e, assim, o consequencialismo pode exigir muito pouco. Até mesmo o mais dedicado ladrão pode transformar-se em santo quando julgado pelo critério do minimalismo do ato hedonista, que exige de nós apenas produzir um pouco de prazer, não importa quão pequeno ele seja.

É fácil, certamente, inventar variantes implausíveis e inconsistentes das teorias consequencialistas. Estas, contudo, são iniciativas baratas. O interessante mesmo é identificar e avaliar concepções que sejam tanto motivadas quanto plausíveis.

Na mente de muitas pessoas, o consequencialismo é identificado com o utilitarismo do ato hedonista. De fato, essa concepção é muitas vezes chamada de "utilitarismo clássico" e associada a Jeremy Bentham, filósofo britânico do século XVIII, e a John Stuart Mill, filósofo britânico do século XIX. Essa associação é bastante incerta, no entanto, Bentham estava muito mais interessado em leis e políticas do que em ações individuais; é implausível pensar nele como um defensor do "faça qualquer coisa". Mill afirmava ser um hedonista, mas seu hedonismo é tão sofisticado que chega a ser irreconhecível. Bentham e Mill diziam ser utilitaristas, mas com frequência ficavam satisfeitos com menos do que o melhor. De fato, tentar conciliar a descrição de Mill para os direitos e virtudes com a moralidade utilitarista é um tipo de passatempo dos acadêmicos.[3]

Não obstante, para alguém comprometido com o consequencialismo, o utilitarismo parece ser uma versão natural da doutrina adotada. Embora haja muito espaço para discordância sobre exatamente quais propriedades das consequências produzidas são as certas (por exemplo, prazer, felicidade, ideais, satisfação de desejo, etc.), é difícil resistir ao pensamento de que a moralidade exige a maximização dessas propriedades, quaisquer que elas sejam. Porque, se o valor das consequências é que prova se o que se fez foi o certo, então parece plausível supor que os atos corretos são aqueles com as melhores consequências, e que consequências meramente boas não são boas o bastante.

---

[3] Existe uma vasta e excelente literatura sobre Mill, e uma em desenvolvimento sobre Bentham. Ver, por exemplo, Henry West, *An Introduction to Mill's Utilitarian Ethics* (Nova York: Cambridge University Press, 2003); e Ross Harrison, *Bentham* (Londres: Routledge, 1983).

Já foi dito o suficiente acerca das variedades de consequencialismo para sugerir que muito mais ainda poderia ser dito. Mas é hora de mudar nosso foco para algumas objeções às teorias consequencialistas. A objeção de exigência já foi mencionada e não direi mais nada sobre ela aqui (embora um pouco do que direi mais tarde tenha implicações sobre como um consequencialista poderia responder a ela). As duas objeções que irei discutir em seguida são a "objeção das relações especiais", e a "objeção de direitos e justiça".

A objeção das relações especiais é a acusação de que o consequencialismo não consegue fornecer nenhuma explicação para a "moralidade funcional". O argumento principia com a observação de que o consequencialismo não é apenas uma doutrina universalista mas também comprometida com a imparcialidade. Como Bentham afirmou: "Cada indivíduo da nação conta por um; nenhum indivíduo por mais do que um".[4] Apesar disso parece óbvio que muito da moralidade é constituída de deveres e obrigações, que são parciais por sua própria natureza, contando algumas por mais de uma e outras por menos. Os pais têm deveres com seus filhos que não têm em relação a outras crianças, advogados possuem deveres com seus clientes que são bem diferentes dos que têm com juízes ou jurados, e a própria possibilidade de amizade, costuma-se afirmar, pressupõe relações especiais. A lista continua.

Em 1793, William Godwin, um filósofo utilitarista e pai de Mary Shelley (a autora de *Frankenstein*), apresentou um caso clássico que supostamente dividiu os consequencialistas e seus oponentes quanto

---

[4]   Jeremy Bentham, em John Stuart Mill (org.), *Rationale of Judicial Evidence, Specially Applied to English Practice* (Londres: s/ed., 1827), vol. IV, p. 475. Devo essa citação a Philip Schofield (via Peter Singer). Essa passagem é quase sempre citada erroneamente como "Cada um conta por um e ninguém por mais de um" (como veremos na subseção "A liberação animal de Singer", do capítulo 5).

à importância das relações especiais. De acordo com Godwin, se o ilustre e filantropo Fénelon, arcebispo de Cambrai, e sua assistente ficarem ambos presos num prédio em chamas e somente um deles puder ser resgatado, então devo salvar aquele que "será o mais favorável ao bem geral". Posto que é o arcebispo o mais útil ao bem geral, é ele quem devo salvar, mesmo que a assistente seja minha mãe, pois "que mágica há no pronome 'minha' que possa justificar subverter as decisões de verdade imparcial?".[5]

A objeção de direitos e justiça emerge de duas formas. Uma delas afirma que, em diversas circunstâncias, os consequencialistas estão comprometidos em violar os direitos fundamentais das pessoas, enquanto a segunda forma acusa o consequencialismo de indiferença na distribuição da justiça.

O exemplo clássico que ilustra a primeira versão dessa objeção foi primeiro apresentado pelo filósofo australiano H. J. McCloskey, escrevendo nos anos 1950, quando casos como esse não eram meros "experimentos mentais".

> Suponhamos que um xerife se depara com a escolha ou de prender um negro por um estupro que provocou hostilidade contra os negros (um negro em particular que, de forma geral, acreditava-se culpado, mas que o xerife sabe que não é) – e assim prevenindo sérios levantes antinegros que provavelmente resultariam na perda de vidas e aumentariam o ódio entre brancos e negros – ou de caçar o culpado e assim permitir os levantes antinegros, enquanto faz o melhor para os conter. Em tal caso o xerife, se fosse um utilitarista extremo, pareceria estar comprometido a prender o negro.[6]

---

[5] William Godwin, *An Enquiry Concerning Political Justice* (Harmondsworth: Penguin, 1985), pp. 169-170.

[6] H. J. McCloskey, "An Examination of Restricted Utilitarianism", em *Philosophical Review*, 66 (4), 1957, pp. 468-469.

A segunda forma dessa objeção pode ser descrita da seguinte forma. Imaginemos um mundo onde existe uma quantidade fixa de recursos, duas pessoas e dois resultados possíveis. No primeiro resultado, Kelly e Sean dividem os recursos igualmente. No segundo resultado, Kelly tem monopólio sobre os recursos. Se Kelly desfrutasse dos recursos mais do que Sean (e se a bondade é definida como diversão), então o consequencialismo nos orientaria a produzir o segundo resultado, radicalmente desigual. A essência do problema é que, pela perspectiva consequencialista, um ato é correto contanto que o resultado que produz viabilize o que é certo no grau certo, independentemente de como a coisa é distribuída. Assim, muito estranhamente, parece que a imparcialidade pode encorajar a desigualdade extrema na distribuição.

Conforme já observado, poucas considerações valem contra todas as versões do consequencialismo, e deve ser óbvio que muitas versões do consequencialismo não são vulneráveis às objeções das relações especiais ou dos direitos e justiça. De fato, essas objeções não estão realmente apontadas para o consequencialismo, entendido de modo amplo, mas em (certas versões do) utilitarismo. Portanto, a questão importante é como um utilitarista responderia a essas objeções.

Uma resposta utilitarista seria encarar e concordar que o utilitarismo não encontra lugar para relações especiais, que o xerife deve prender o negro, e que não deveríamos nos preocupar com a distribuição de recursos. Em vez de considerar essas conclusões como sendo objeções ao utilitarismo, deveríamos simplesmente tratá-las como consequências da teoria. O que justifica essa atitude é a ideia de que não devemos rejeitar uma teoria bem fundamentada apenas porque ela não consegue confirmar as crenças morais com as quais vivemos. São as convicções morais que deveriam ser revisadas à luz de nossa melhor teoria, não o contrário. Essa também é uma resposta utilitarista comum à objeção da exigência.

Uma segunda resposta seria negar que o utilitarismo aprova esses julgamentos. Poder-se-ia argumentar que um mundo melhor é aquele em que os pais cuidam de seus filhos e as pessoas desenvolvem amizades íntimas. Além disso, o mal e a desordem que ocorreriam se a policia prendesse pessoas inocentes sempre que julgasse ser o melhor a fazer, seria muito pior a longo prazo do que o que poderia ocorrer no presente caso, como resultado de o xerife respeitar os direitos de um homem inocente. Quanto à justiça distributiva, pode-se afirmar que, em geral, as pessoas são mais felizes se os recursos forem distribuídos de modo amplamente igualitário do que se não forem.

Apesar de essa resposta negar que o utilitarismo sofra as inconvenientes consequências apregoadas por seus críticos, ela caminha no sentido de modificar o utilitarismo apelando para práticas sociais e configurações institucionais predominantes que atos particulares ajudam a moldar e nos quais estão inseridos. Reflexões sobre esses tipos de caso, nos contextos em que ocorrem os julgamentos morais, levaram alguns filósofos a abraçar formas de consequencialismo "indiretas" em vez de "diretas".

A principal ideia por trás do consequencialismo indireto envolve distinguir entre o consequencialismo enquanto uma teoria da justificação e o consequencialismo enquanto uma teoria da motivação. Mesmo se o consequencialismo for verdadeiro, ainda pode ser o caso de que, de uma perspectiva consequencialista, seja ruim para as pessoas tentar viver como consequencialistas. Podemos estar de tal forma condicionados que, quando tentássemos fazer o que é melhor, na verdade faríamos pior do que se simplesmente agíssemos conforme as normas morais amplamente partilhadas.

Muitas versões do consequencialismo indireto têm sido desenvolvidas, dentre as quais a mais conhecida é a teoria de dois níveis de R. M. Hare, filósofo britânico do século XX.[7] Segundo Hare, a maioria de nós, na maior parte do tempo, faz melhor operando no nível "intuitivo." Devemos apenas ascender ao nível "crítico", no qual o princípio consequencialista é explicitamente invocado, quando encararmos dilemas ou conflitos no nível intuitivo.

Outras formas de consequencialismo indireto são os consequencialismos de regra e motivo. Consequencialismo de regra é, *grosso modo*, a concepção de que uma ação é correta se estiver de acordo com o conjunto de regras que, se aceito de maneira geral ou universal, viria a satisfazer o princípio consequencialista, enquanto o consequencialismo de motivo é, *grosso modo*, a visão de que um ato é correto se emana do conjunto de motivos que lograria satisfazer o princípio consequencialista. Embora as versões do consequencialismo indireto contenham muito para serem recomendadas, estão abertas à acusação de Bernard Williams contra o utilitarismo:

> é razoável supor que a utilidade total máxima na verdade requer que poucos, se alguém, aceitem o utilitarismo. Se isso estiver correto, e o utilitarismo tenha que deixar de fazer qualquer marca distintiva no mundo, ficando somente com a estimativa total de um ponto de vista transcendental – então deixo para a discussão sobre se isso mostra que o utilitarismo é inaceitável, ou meramente que ninguém deve aceitá-lo.[8]

---

[7] Richard M. Hare, *Moral Thinking: its Levels, Method, and Point* (Oxford: Oxford University Press, 1981).

[8] Bernard Williams & J. J. C. Smart, *Utilitarianism: For and Against* (Cambridge: Cambridge University Press, 1973), p. 135.

Os eticistas ambientais, tipicamente, têm observado o consequencialismo com desconfiança. Isso pode ter relação com o fato de que a versão mais proeminente do consequencialismo é o utilitarismo, e o utilitarismo inspira grande hostilidade entre os filósofos de modo geral. O utilitarismo é quase sempre pensado como uma concepção grosseira que preza a "utilidade" sobre outros valores mais importantes e sustenta que "os fins justificam os meios". Políticas de exploração de administradores e agências governamentais são frequentemente chamadas "utilitaristas" e contrastam com políticas "preservacionistas" ou ambientais.

No entanto, como vimos, essa ideia simplista de consequencialismo é, na melhor das hipóteses, uma caricatura. O consequencialismo, assim como outras famílias de teorias morais, apresenta-se de variadas formas, algumas mais sofisticadas que outras. Historicamente, os consequencialistas alegam, com veemência, estar do lado do progresso moral e não do lado de sexistas, racistas e daqueles que destruiriam o meio ambiente. Além do mais, quando se trata das preocupações acerca do *status* moral dos animais, os consequencialistas – até mesmo os utilitaristas – têm estado no *front*, como veremos em detalhe no capítulo 5.

Ética da virtude

Vamos retornar a John despejando o óleo do motor usado num bueiro. A primeira questão que ocorre a um consequencialista é sobre o dano que isso irá causar. A primeira questão que ocorre a um teórico da virtude é que tipo de pessoa faria tal coisa. Como sugeri, seja qual for o ponto de partida, qualquer teoria moral plausível deve fornecer alguma explicação sobre o valor das consequências, a correção das ações, e a bondade de caráter. Podemos começar a entender a ética da virtude contrastando-a com o que um consequencialista diria sobre caráter.

Os consequencialistas diriam que podemos entender o caráter das pessoas pelas consequências que ele traz. O jeito de descobrir algo sobre o caráter de John é olhar para a poluição causada por sua atitude. É claro, não devemos ser muito apressados em inferir o caráter com base nas consequências. Talvez o derramamento seja acidental, ou esse foi o único mau comportamento de John em uma vida inteira de virtude. Caráter não se julga por um único ato; tem relação com hábitos e disposições.

Isso não é bom o bastante para os eticistas da virtude. Eles distinguem "teoria da virtude" e "ética da virtude". Um consequencialista que encontra uma função para as virtudes possui a primeira, mas não a última. O que é distintivo sobre uma ética da virtude é que ela coloca as virtudes no centro da moralidade. Elas não são derivadas de consequências ou quaisquer outras coisas; tudo o mais é derivado delas. Compreensivelmente, os eticistas da virtude também possuem uma concepção das virtudes muito mais rica do que os consequencialistas.

As espécies de virtudes que podem figurar numa teoria consequencialista são os bons hábitos ou disposições para se comportar de modo que produzam as melhores consequências. Para um eticista da virtude, a virtude é mais do que um instrumento para produzir ação. Possuir uma virtude não envolve apenas a disposição de agir de uma maneira particular mas também a habilidade de identificar casos em que a virtude é aplicável, ter as emoções e as atitudes adequadas, agir pelas razões corretas e assim por diante. Ao passo que um consequencialista poderia dizer que alguém cujas disposições comportamentais o levem a se comportar moderadamente tem a virtude da moderação, um eticista da virtude concordaria somente se a pessoa em questão agir pelas razões corretas, lamentar comportamentos extremos, ter reações emocionais apropriadas e for perspicaz em identificar casos em que a moderação é a resposta adequada.

As origens da ética da virtude estão na antiga filosofia grega e na tradição cristã. Para os gregos, a questão central da ética era: "Como se deve viver?". A tarefa, como eles a viam, era mostrar que viver virtuosamente beneficiava o próprio agente através de sua conexão com a prosperidade humana. Para Sócrates e Platão, o benefício era viver de acordo com a razão. Para Aristóteles, o benefício era viver uma vida objetivamente desejável, realizando adequadamente sua função. Tomás de Aquino, o maior teórico cristão das virtudes, suplementou o catálogo grego das virtudes com as "virtudes teológicas" de fé, esperança e caridade. Para ele, a prosperidade humana está necessariamente conectada com a contemplação de Deus.

O ressurgimento contemporâneo da ética da virtude é muitas vezes datado da publicação, em 1958, de *Modern Moral Philosophy* pela filósofa britânica G. E. M. Anscombe. Anscombe afirmava que a ética da virtude não é rival de outras teorias como consequencialismo e kantismo, mas um modo completamente diferente de ver a teoria ética. Segundo seu ponto de vista, a filosofia moral moderna é incoerente. Ela é governada por uma concepção que entende a moralidade como um tipo de lei, mas não pode haver lei sem um legislador, e isso ela não permite. Anscombe defendeu abandonar noções jurídicas tais como deveres, direitos e obrigações, e reconstruir a filosofia moral com base em conceitos como caráter, virtude e prosperidade.

Poucos eticistas da virtude seguiram o caminho de Anscombe. Sem dúvida, pode-se perguntar se a própria Anscombe realmente descartou a estrutura da filosofia moral moderna. Ela endossou regras morais absolutas contra matar inocentes, comportamento homossexual e outros. Sua versão de moralidade certamente soava

ÉTICA E MEIO AMBIENTE

como lei, mas, então, como católica romana, ela acreditava num legislador divino.

Os eticistas da virtude contemporâneos, como Rosalind Hursthouse, apresentaram a ética da virtude como rival das outras famílias de teorias morais. De fato, ela oferece uma interpretação do que é uma ação correta pela perspectiva da ética da virtude: "uma ação é correta se e somente se ela for o que um agente virtuoso caracteristicamente [...] faria nas dadas circunstâncias".[9]

O primeiro desafio para se compreender essa explicação é ater-se à ideia de um agente virtuoso. Embora não seja difícil pensar em virtudes únicas que seria bom uma pessoa ter, como a virtude da moderação discutida anteriormente, uma pessoa virtuosa é aquela cuja vida expressa as virtudes consideradas no todo. Em geral, não diríamos que isso é o mesmo que ter uma, duas ou três virtudes. Comumente falamos, por exemplo, como se alguém pudesse ser virtuoso com respeito à coragem mas não virtuoso com respeito à modéstia.

Contrários a isso, Sócrates e Platão parecem ter sustentado que existia apenas uma virtude: sabedoria ou conhecimento. As distinções que habitualmente fazemos entre autocontrole e coragem, por exemplo, são, segundo eles, distinções reais na disciplina a que a virtude da sabedoria ou conhecimento se aplica. Aristóteles achava que as virtudes eram distintas, mas que não poderíamos ter nenhuma virtude sem a virtude da "sabedoria prática", e, se tivermos aquela virtude, então teremos todas elas. Assim, por motivos diferentes, Platão e Aristóteles pensavam nas virtudes como inseparáveis.

---

[9] Rosalind Hursthouse, *On Virtue Ethics* (Oxford: Oxford University Press, 1999), p. 28. "X se e somente se Y" significa que X e Y são verdadeiros e falsos ao mesmo tempo.

Vamos supor que podemos elaborar uma explicação de como é uma pessoa boa ou virtuosa. Que tal, então, a explicação de Hursthouse sobre a ação correta?

O primeiro problema pode ser trivial, mas digno de nota. Que alguma coisa é o que uma pessoa virtuosa faria certamente não é, sozinha, o suficiente para um ato ser correto. Uma pessoa virtuosa pode evitar pisar em fendas na calçada (para voltarmos a um exemplo da seção "Subjetivismo", do capítulo 3), mas isso não a tornaria uma ação moralmente correta. Às vezes, uma ação é apenas uma ação, sem nenhum valor moral particular, nem certa nem errada. Evidentemente, algumas qualificações adicionais são necessárias para que a explicação seja bem-sucedida.

Um problema mais sério é que parece que, em certas circunstâncias, um agente virtuoso pode fazer o que é errado precisamente por ser virtuoso. Suponhamos que Adolph está numa sala fechada onde se prepara para acionar um aparelho que irá matar milhões de pessoas do outro lado do mundo. A sala fica num edifício onde centenas de pessoas inocentes vivem e trabalham. A única maneira de deter Adolph é explodir o prédio, matando as pessoas inocentes além do próprio Adolph. Nesse caso, devemos esperar que o agente secreto que foi enviado para eliminar Adolph não seja uma pessoa virtuosa, mas alguém insensível o suficiente para matar centenas de pessoas inocentes para poder matar a única pessoa que é uma ameaça confirmada. Uma pessoa virtuosa não faria algo assim, mesmo em circunstâncias extremas.

Mas espere um pouco. Do modo como apresentei esse caso, ele é um contraexemplo da interpretação da ética da virtude para o que é correto. No entanto, se eu estiver certo sobre o que uma pessoa virtuosa faria nesse caso, o que o eticista da virtude deveria dizer é que, em vez de ser um contraexemplo da ética da virtude, esse caso é um argumento contra o consequencialismo. Porque, se uma pessoa virtuosa não explodisse o edifício matando centenas de pessoas inocentes para salvar os milhões que Adolph pretende matar, então seria errado fazer isso, e valeria contra qualquer teoria moral que implicasse coisa diferente. Sem dúvida, é uma consequência da ética da virtude que o agente secreto que salva milhões de pessoas age erradamente. Uma vez que a retidão é definida pelo que a pessoa virtuosa faria, por definição, casos em que a pessoa virtuosa agiria de forma errada não podem surgir.

Isso é difícil de engolir, mesmo para alguém que não é um consequencialista dedicado. No mínimo esperaríamos que nossos líderes não raciocinassem dessa forma (especialmente se estivermos entre os milhões ameaçados). Se pensarmos que existe algum problema com esse caso, então isso sugere que existem aspectos figurando na correção das ações além do, ou até mesmo ao invés do, caráter do agente que executa a ação. Esta reflexão desafia a ideia básica da ética da virtude.

A ética da virtude afirma que as ações corretas devem ser entendidas preferivelmente levando-se em conta agentes virtuosos. Suponhamos que eu pergunte o que há de errado em matar pessoas inocentes e me disserem que uma pessoa virtuosa não faria tal coisa. Parece natural perguntar por que uma pessoa virtuosa não faria tal coisa. Ou o eticista da virtude diz: "Apenas porque", ou ele conta alguma estória sobre a prosperidade humana. Pessoas que matam pessoas inocentes não conseguem prosperar ou beneficiar-se de algum modo. Mas isso parece implausível: apenas pense em seu tirano favorito que gozou uma vida longa e feliz (por exemplo, Mao, Lourenço, o Magnífico, dentre outros). Pior ainda, esse parece ser o tipo de resposta errada. É estranho dizer que o errado de uma ação, em última análise, reside em alguma ideia do que beneficia o agente e não tem nenhuma relação direta com o ato em si ou suas consequências. É errado matar pessoas inocentes, alguém poderia pensar, por causa do que é feito das vítimas ou por causa da natureza do ato em si. A explanação disponível a um eticista da virtude de por que certos atos são errados soa, na melhor das hipóteses, como um passo a caminho da explicação em vez da explicação em si.

Um outro desafio à ética da virtude é apresentado com o fato de que diferentes culturas e teóricos endossaram diferentes catálogos de virtudes. Já mencionei que os cristãos suplementaram as virtudes gregas com as virtudes teológicas. Contudo, é impressionante que duas características que nós hoje pensaríamos como sendo centrais às virtudes – falar a verdade e compaixão ou caridade – não figurem no catálogo grego, pelo menos no sentido que conhecemos dos termos. A razão para as diferenças culturais no catálogo de virtudes pode se justificar porque cada catálogo é ligado a uma concepção de prosperidade humana que é em si mesma culturalmente relativa. Isso parece plausível. A ideia da prosperidade humana característica dos conquistadores espanhóis aparenta ser bem diferente da dos americanos nativos que eles encontraram. Se isso está correto, então devemos rejeitar a noção aristotélica, endossada por alguns eticistas da virtude contemporâneos, de que as virtudes são o que são em razão do que é essencial à nossa humanidade, não em virtude de serem antigos gregos, cristãos medievais, americanos contemporâneos, etc. Mas se seguirmos esse caminho, relativizando as virtudes, onde isso vai acabar? A noção de prosperidade do Dalai Lama é bem diferente da de Donald Trump. Isso significa que existe um conjunto diferente de virtudes, e portanto ações corretas, ao qual cada um está sujeito? Ou um está correto e o outro errado?

É também difícil ver exatamente como a ética da virtude ajuda na real tomada de decisão, especialmente em casos difíceis. Consideremos o caso discutido por Jean-Paul Sartre, filósofo francês do século XX, do jovem que está dividido entre juntar-se à resistência contra os nazistas e permanecer em casa para cuidar de sua mãe idosa.[10] Todo tipo de conselho útil poderia ser oferecido ao jovem, mas "agir como uma pessoa virtuosa agiria" não vem de imediato à mente como um exemplo.[11]

As coisas são ainda mais difíceis nos casos em que traços associados a diferentes virtudes parecem conflitar. Consideremos o caso da "mentira inocente", discutida anteriormente, em que posso ser capaz de beneficiar alguém mentindo para ele. Alguém que acredita numa moralidade das regras e um consequencialista ofereceriam, cada um, um conselho claro, embora contraditório. Mas o que um eticista da virtude diz quando mentir parece expressar a virtude da compaixão e não mentir expressaria a virtude de dizer a verdade?

Em anos recentes, a teoria da virtude (se não exatamente a ética da virtude) tornou-se influente em ética ambiental. Em 1983, Thomas Hill Jr. publicou um interessante artigo no qual ele nos pede para considerar o caso de um rico excêntrico que compra uma linda casa cercada por árvores antigas e plantas esplêndidas. Essa beleza natural nada significa para o excêntrico, no entanto. Ele está preocupado é com a segurança. Derruba as árvores, arranca as plantas, pavimenta o quintal e instala luzes de segurança e monitores de vídeo. A maioria de nós repele o que ele faz, mas nossa primeira inclinação é não falar em direitos que foram violados ou benefícios que se foram. Ao contrário, podemos até ficar inclinados a admitir que o

---

[10] Em seu ensaio, "O existencialismo é um humanismo", a tradução em inglês, "*Existencialism is a Humanism*", está disponível em http://www2.cddc.vt.edu/marxists/reference/archive/sartre/works/exist/sartre.htm.

[11] É claro que o eticista da virtude poderia (não sem razão) responder que o conselho do utilitarista de trazer o melhor mundo possível dificilmente é melhor.

excêntrico tinha o direito de fazer o que fez. Podemos até concordar que ele se beneficiou e que de fato não prejudicou ninguém. A repugnância que sentimos é muito naturalmente expressa na forma de uma pergunta retórica, verbalizada de maneira particular: que espécie de pessoa faria uma coisa dessas? Nossa objeção primária é com relação ao caráter do excêntrico, não que ele violou os direitos das árvores, animais, ou mesmo de seus vizinhos. Vemos seu comportamento como expressando arrogância e falta de humildade. O que há de errado com ele de um jeito menor é a mesma coisa que está errada com Fred de um jeito maior (lembremo-nos de Fred, da seção "Valor intrínseco", do capítulo 3, que destrói um planeta inteiro quando não vê mais nenhum uso para ele).

Na esteira do artigo de Hill, outros filósofos notaram que muitos dos pensadores ambientais mais influentes, inclusive Henry David Thoreau, John Muir, Aldo Leopold e Rachel Carson, muitas vezes se expressaram na linguagem da virtude. Thoreau nos conta que foi a Walden Pond com o intuito de "prosperar" e "viver bem". John Muir fala da natureza como proporcionando "força para o corpo e para a mente". Rachel Carson nos diz para "voltarmo-nos novamente para a terra e contemplarmos suas belezas para conhecer a maravilha e a humildade". Aldo Leopold ensina-nos que, se não amarmos a natureza, não a protegeremos.[12]

Os ambientalistas são tão articulados em denunciar falhas quanto em louvar a virtude. Eles muitas vezes veem ambição, egoísmo, falta de sensibilidade e outras faltas como o âmago de nossa indiferença

---

[12] As citações de Thoreau e Muir são de Philip Cafaro & Ronald Sandler (orgs.), *Environmental Virtue Ethics* (Nova York: Rowman & Littlefield, 2005), p. 32-33; a citação de Carson pode ser encontrada visitando-se http://en.wikiquote.org/wiki/Rachel.Carson; e as notas de Leopold sobre a importância de amar a natureza se quisermos protegê-la estão em http://home.btconnect.com/tipiglen/landethic.html.

com a natureza. Conforme vimos no capítulo 1, muitos escritores importantes enxergam tais faltas como a causa última de nossos problemas ambientais.

Não há dúvida de que esses escritores têm sua razão. Muito de nosso desapontamento sobre o modo com que animais e natureza são tratados está centrado em nossos semelhantes que agem de maneiras algumas vezes difíceis de se acreditar. Sem dúvida, é por causa dessa reação que os ambientalistas, às vezes, têm a reputação de serem misantropos. Consideremos, por exemplo, a primeira de várias autobiografias escritas por Henry Salt, pensador britânico do século XIX, que pode ter sido o mais importante filósofo dos direitos dos animais da história: seu livro, *Seventy Years among Savages*, conta tudo o que você poderia querer saber sobre o que ele pensava de seus contemporâneos.

De toda forma, devemos nos recordar que, embora um intenso comportamento humano ambientalmente destrutivo possa ser corretamente denunciado como ganancioso ou viciado, muito sobre ele é trivial e comum. Como também já vimos no capítulo 1, muitos de nossos problemas ambientais têm a estrutura de problemas de ação coletiva. Envolvem muitas pessoas fazendo pequenas contribuições para problemas bem grandes. Elas não têm a intenção de causar esses problemas, e em muitos casos sentem-se incapazes para preveni-los. A "supermãe", que leva suas crianças de carro para a escola, eventos esportivos e aulas de música não pretende mudar o clima. Mesmo assim, de um modo menor, isso é exatamente o que ela está fazendo.

Permanece aberta a questão de se a ética da virtude, em oposição à teoria da virtude, é necessária para explicar adequadamente essas atitudes. Vale a pena notar que o próprio Hill não é um eticista da virtude, mas um kantiano que leva o caráter bem a sério. Isso nos leva naturalmente a uma investigação dos pontos fortes e fracos da teoria moral kantiana.

Kantismo

Uma das linhas mais profundas de nossa consciência moral concentra-se, não nas consequências de uma ação nem diretamente no caráter do agente, mas no ato em si e na pureza de sua motivação. Essa linha foi sistematicamente desenvolvida por Immanuel Kant, filósofo alemão do século XVIII. Os escritos de Kant são difíceis e ricos, e isso levou a volumosa literatura interpretando e desenvolvendo suas ideias. Recentemente, houve um renascimento da filosofia kantiana e uma tentativa de se aplicar suas ideias em questões de importância contemporânea. Embora inspirado por Kant, muito desse trabalho não é apresentado como aplicação direta de sua filosofia. O modo de começar, no entanto, é com uma visão geral de algumas de suas doutrinas centrais.

Segundo Kant, somos agentes racionais vivendo num mundo habitado por outros agentes racionais. As questões fundamentais da ética são voltadas para como agentes racionais devem relacionar-se consigo mesmo e uns com os outros. As respostas corretas a essas questões, na visão de Kant, têm implicações tanto em como devemos raciocinar sobre o que fazer, como no que é permissível fazer.

Agir racionalmente, dentro de nós e dos outros, exige comandos categóricos em nós que são sentidos na forma de imperativos. Um imperativo categórico aplica-se a nós incondicionalmente, sem referência a qualquer fim ou propósito que possamos ter. Tais imperativos se aplicam a todos os agentes racionais, quaisquer que sejam seus desejos, interesses, projetos, funções ou relações. Imperativos categóricos podem distinguir-se dos imperativos hipotéticos ou comandos condicionais tais como:

(1) Se você pretende ingressar na escola de medicina, então estude química orgânica;

(2) Se você deseja tomar um bom café, então vá ao café do Joe.

Esses imperativos hipotéticos ou comandos condicionais aplicam-se a nós apenas em virtude de nossos desejos ou porque ansiamos um determinado fim. Um imperativo categórico, por outro lado, aplica-se a nós simplesmente porque somos agentes racionais. Existe apenas um imperativo categórico, de acordo com Kant, embora ele faça várias formulações desse único imperativo, dando origem, dessa forma, a gerações de acadêmicos devotados a explorar as relações entre as várias formulações.

A versão do imperativo categórico mais discutida pelos filósofos é a formulação da "lei universal": "aja somente de acordo com aquela máxima através da qual você pode ao mesmo tempo desejar que ela se torne uma lei universal".[13] A ideia é que, se você quiser saber se algum ato é permissível, deve formular a máxima pela qual você se propõe a agir e ver se você poderia desejar que essa máxima se tornasse lei universal. Se você não puder, então o ato não é permissível.

É importante entender que o teste de Kant para máximas ocupa-se do que pode ser desejado, não do que você gostaria, preferiria ou desejaria. Esse ponto é ilustrado pelo seguinte exemplo não moral e tolo. Consideremos a máxima: "Dê chocolate aos amigos em

---

[13] Immanuel Kant, em Mary Gregor (org.), *Practical Philosophy*, trad. Mary Gregor, vol. IV (Cambridge: Cambridge University Press), p. 421; 1996, p. 73. Todas as minhas citações de Kant seguem a convenção de indicar tanto o número e a paginação do volume da edição padrão alemã de suas obras (a edição da "Academia"), quanto ao ano de publicação e número da página da tradução inglesa que cito. Assim 'IV, p. 421' refere-se ao volume IV, página 421 da edição alemã padrão das obras de Kant, enquanto 1996 é o ano de publicação da tradução e a página 73 é onde a passagem citada aparece.

seus aniversários". Uma vez que não gosto de chocolate, ficaria muito triste se esta máxima se tornasse lei universal. Todavia, isso não elimina eu dar a meus amigos chocolate em seus aniversários, pois posso consistentemente desejar que essa máxima se torne lei universal, mesmo preferindo que não se torne.

Kant fornece diversos exemplos de como o imperativo categórico funciona em casos morais. Tomando certas liberdades com o texto, isso é mais ou menos o que ele diz sobre dois casos.

Suponhamos que eu esteja tentado a pedir dinheiro a você, prometendo pagar-lhe na próxima sexta-feira, mas na verdade pretendendo mudar de cidade assim que puser as mãos no seu dinheiro. A máxima pela qual eu me proponho a agir é algo como:

(3) Faça promessas sem pretender mantê-las sempre que servir meus interesses.

Adotar essa máxima me compromete a desejar um mundo no qual cada um faz promessas sem pretender mantê-las sempre que for adequado a seus interesses. Mas um mundo assim não é possível, já que a instituição da promessa iria definhar sem esse compromisso de manter promessas mesmo quando fossem contrárias aos interesses de um agente. Posto que a máxima pela qual eu me proponho a agir não pode consistentemente ser desejada como lei universal, não é permissível agir segundo ela.

Um segundo exemplo envolve dizer a verdade. Suponhamos que eu esteja tentado a mentir a fim de gerar boas consequências. Essa máxima também, de acordo com Kant, fracassa como lei de formulação universal. Isso porque a própria possibilidade de mentir requer uma presunção de dizer a verdade, e essa presunção não sobreviveria num mundo no qual todo mundo agisse pela máxima de mentir para trazer boas consequências.

Kant era inflexível sobre ser errado mentir até para um assassino em busca de sua inocente vítima. Muitos comentaristas, inclusive alguns dos contemporâneos de Kant, observaram que sua filosofia não precisa ser tão absolutista quanto ele mesmo a entende. Porque o imperativo categórico é fundamentalmente um teste de máximas, não de ações ou regras. O que ela proíbe são ações que fluem de máximas particulares, não classes inteiras de ações. Mentir para proteger uma vítima inocente de um assassino pode emanar de uma máxima urdida de forma muito estrita, que não nos permitiria mentir de modo geral a fim de produzir boas consequências. Por exemplo, isso pode fluir da máxima,

(4) Minta para aqueles que matariam pessoas inocentes quando essa for a única maneira de evitar que eles assim ajam.

Visto que essas circunstâncias raramente surgem, é difícil ver como agir sob tal máxima ameaçaria a presunção em favor de dizer a verdade. Assim, pareceria que agir sob tal máxima não se frustraria como lei de formulação universal.

Contudo, isso levanta a difícil questão sobre o que é exatamente a máxima para Kant, e como podemos dizer que máximas particulares são as bases de ações específicas. Talvez não sejamos capazes de dizer, por exemplo, se um lojista honesto está agindo sob o imperativo categórico, ou apenas estrategicamente esperando uma oportunidade de sair ganhando algo. Kant era cético sobre se poderíamos ter certeza inclusive acerca de nossas próprias máximas: "As profundezas do coração humano são indecifráveis", ele escreveu.[14]

Existem muitas dificuldades em identificar as máximas, descobrir o que significaria para uma particular máxima ser uma lei universal,

---

[14] Immanuel Kant, em Mary Gregor (org.), *Practical Philosophy*, trad. Mary Gregor, vol. VI, cit., p. 447; 1996, p. 567.

e em determinar se uma falha nesse aspecto envolve uma contradição na vontade ou algum outro mau funcionamento. Não vamos nos preocupar com esses detalhes aqui, mas em vez disso iremos até a segunda formulação do imperativo categórico, aquele que é a expressão mais intuitiva da aparência moral de Kant.

Essa segunda formulação é chamada de "fórmula da humanidade": "Aja de forma que você trate a humanidade, quer em sua própria pessoa, quer na de outro, sempre como um fim e nunca como um meio apenas". É esse pensamento (ou algo parecido) que está em ação quando criticamos pessoas que não respeitam outras pessoas, manipulando-as ou usando-as para seus próprios propósitos. No entanto, também aqui, devemos ter cautela. Tratar o carteiro como um meio de se receber correspondência não constitui falta da fórmula de humanidade, a menos que o tratemos "meramente" como um meio: isto é, como se ele não tivesse valor fora ser uma máquina eficiente de entregar correspondências. É permissível tratar o carteiro como um meio, mas não como um mero meio, pois é isso que viola a fórmula de humanidade.

De todo modo, os animais e o restante da natureza podem ser tratados como meros meios porque eles são meras coisas. O que os torna meras coisas é que eles não são agentes racionais, que Kant intimamente conecta com a ideia de autoconsciência. Ele escreve:

> O fato de que o ser humano pode ter o "Eu" em sua representação o levanta infinitamente acima de todos os outros seres vivos da terra. Por causa disso ele é uma *pessoa*... isto é, através do *status* e da dignidade um ser inteiramente diferente das *coisas*, como os animais irracionais, com os quais se pode fazer o que se quiser.[15]

---

[15]   Immanuel Kant, em Robert Louden (org.), *Anthropology from a Pragmatic Point of View*, trad. Robert Louden, vol. VII (Cambridge: Cambridge University Press), p. 127; 2006, p. 15.

Uma vez que os animais são meras coisas, não podem estar errados. Kant escreve: "não temos obrigações imediatas com os animais; nossas obrigações em relação a eles são obrigações indiretas com a humanidade".[16]

Apesar dessa visão obscura do *status* moral dos animais, Kant não achava que eles poderiam ser tratados com impunidade. Sem dúvida, podemos coletar de seus escritos uma longa lista de deveres que o filósofo alemão pensava que possuíamos com relação aos animais, embora não diretamente com eles.[17] Animais nunca deveriam ser mortos por esporte; vivissecção não deveria ser realizada "por mera especulação" ou se o "fim pudesse ser alcançado de outras maneiras"; se os animais forem mortos, deve ser de modo rápido e indolor; animais não devem ser sobrecarregados de trabalho; deve ser permitido a animais confiáveis que serviram bem viver seus dias com conforto "como se fossem membros da família". Kant louvava seu predecessor, Gottfried Leibniz, filósofo e matemático do século XVII, por devolver um verme à sua folha, depois de examiná-lo em um microscópio. Afirmou-se inclusive que Kant era tão importante no desenvolvimento da lei de proteção animal na Alemanha como Bentham o era na Grã-Bretanha.[18]

A questão, claro, é como Kant pode fundamentar aquelas obrigações e quão sólidas elas podem ser, dada sua visão de que os animais são meras coisas. Muitos comentaristas acham o fundamento de Kant em passagens como "Ternura [em relação aos animais] é

---

[16] Immanuel Kant, em Peter Heath & Jerome B. (orgs.), *Schneewind Lectures on Ethics*, trad. Peter Heath, vol. XXVII (Cambridge: Cambridge University Press), p. 459; 1997, p. 212.

[17] Para citações, ver Allen Wood, "Kant on Duties Regarding Nonrational Nature", em *Aristotelian Society Supplementary*, vol. LXXII, 1998, pp. 189-210.

[18] Heike Baranzke, "Does Beast Suffering Count for Kant? A Contextual Examination of §17 in *The Doctrine of Virtue*", em *Essays in Philosophy*, 5 (2), 2004, disponível em http://www.humboldt.edu/~essays/baranzke.html.

ÉTICA NORMATIVA

subsequentemente transferida para o homem". Ele escreve que, "na Inglaterra, nenhum açougueiro, cirurgião ou médico serve no júri de doze homens porque já estão acostumados com a morte".[19] A ideia é que existe uma conexão causal entre como tratamos os animais e como tratamos as pessoas. Essa ideia remonta pelo menos a John Locke, filósofo britânico do século XVII, e é imortalizada em *Four Stages of Cruelty* [Quatro estágios da crueldade], de Hogarth, um ciclo de gravuras de 1751, especificamente referidas por Kant.

Há alguma evidência, embora dificilmente definitiva, que dá suporte à afirmação de que existe alguma conexão entre o abuso de animais e algumas formas de violência contra pessoas.[20] De todo modo, como base geral para o arsenal de obrigações para com os animais que Kant endossa, a ligação suposta entre abusos contra os humanos e os animais não é muito persuasiva. Mesmo se ela existir, certamente há outras causas mais salientes de abuso contra humanos do que o abuso contra animais.

Suponhamos que, em vez de aumentar a probabilidade de que haja abuso contra pessoas, abusar de animais reduza essa probabilidade eliminando os impulsos agressivos que, de outra forma, se voltariam contra as pessoas. Ou, mais modestamente, suponhamos que não exista mais conexão entre abusar de animais e abusar dos humanos do que acertar bolas de beisebol e golpear cabeças. Se qualquer uma delas for verdadeira, então pareceria que não haveria base empírica para deveres relacionados a animais no sistema de Kant.

Recentemente, alguns filósofos argumentaram que a base de Kant para obrigações com relação a animais é muito mais forte do que sua

---

[19]   Immanuel Kant, em Peter Heath & Jerome B. (orgs.), *Schneewind Lectures on Ethics*, trad. Peter Heath, vol. XXVII, cit., p. 459-60; 1997, p. 213.

[20]   Ver http://www.animaltherapy.net/Bibliography-Link.html.

teoria sugere. Eles se baseiam em passagens como esta: "Qualquer ação onde podemos atormentar animais, ou deixá-los sofrer esgotamento, ou de outra forma tratá-los sem amor, é humilhante para nós mesmos".[21] A base real de Kant para nossos deveres com relação aos animais, conforme o filósofo contemporâneo Allen Wood, está nas obrigações que temos conosco, e essas obrigações estão na fundação da filosofia moral de Kant. Wood escreve:

> Por obrigações fundamentais com relação à natureza não racional em nosso dever de promover nossa própria perfeição moral, Kant está dizendo que não importa em que nossas outras metas ou nossa felicidade possam consistir, não temos boa vontade a menos que mostremos preocupação pelo bem-estar de seres não racionais e valorizemos a beleza natural por si própria.[22]

Entretanto, como Wood reconhece, essa não é uma explicação totalmente satisfatória de nossas obrigações com os animais e com o resto da natureza, embora isso possa ser o melhor que alguém pode fazer trabalhando dentro dos limites do sistema kantiano. Não importa como tentamos girá-lo, a visão de Kant do erro em se abusar de animais e da natureza parece perder a razão. Se alguém tortura um animal, o erro principal não é consigo mesmo ou com outras pessoas, mas com o animal que ele está torturando. Abusos à natureza são mais complicados, mas, pelo menos em parte, considera-se errado destruir o *habitat* do urso pardo porque isso prejudica os ursos pardos. Essas são as espécies de verdades simples que Kant não consegue enunciar.

---

[21] Immanuel Kant, em Peter Heath & Jerome B. (orgs.), *Schneewind Lectures on Ethics*, trad. Peter Heath, vol. XXVII, cit., p. 710; 1997, p. 434.

[22] Allen Wood, "Kant on Duties Regarding Nonrational Nature", em *Aristotelian Society Supplementary*, vol. LXXII, 1998, p. 195.

O problema fundamental de uma ética ambiental kantiana é que, na concepção de Kant, somente agentes racionais são o objeto direto da preocupação moral, e argumentos indiretos para considerar erro o abuso contra animais e a natureza são, na melhor das hipóteses, apenas parcialmente bem-sucedidos. A questão então é se uma teoria kantiana (em oposição à própria teoria de Kant) pode oferecer uma explicação em que ao menos alguns elementos da natureza não humana são os objetos diretos da preocupação moral. Existe uma teoria kantiana plausível que enxerga os animais e a natureza como fins em si mesmos em vez de meros meios?

Uma abordagem seria afirmar que muitos animais são agentes racionais e se deve a eles o mesmo respeito que aos outros agentes racionais. Embora essa afirmação seja plausível em alguns entendimentos de "racional", existe uma ideia distintiva de racionalidade no coração da filosofia kantiana que elimina essa possibilidade. Um agente racional, de acordo com Kant, deve ser capaz de captar o imperativo categórico. Mesmo muitas criaturas a que de alguma forma podem ser atribuídas um senso de certo e errado não são racionais nesse sentido. Se você desistir dessa ideia do que seria um agente racional, então está desistindo de qualquer pretensão de ser kantiano.[23]

Outra abordagem é distinguir entre a fonte e o conteúdo dos valores. Dessa perspectiva, poderíamos dizer que, enquanto os agentes racionais forem as fontes de valor, não se esgota o conteúdo do valor. A filósofa contemporânea Christine Korsgaard[24] oferece uma versão kantiana de tal argumento.

---

[23] Em sua defesa dos direitos dos animais, Tom Regan aceita muito da perspectiva kantiana, substituindo "agente racional" por "sujeito de uma vida" como determinando a classe sobre a qual as obrigações são devidas. Discutiremos as visões de Regan na seção "Animais e teoria moral" do capítulo 5, "Os humanos e outros animais".

[24] Christine M. Korsgaard, "Fellow Creatures: Kantian Ethics and our Duties to Animals", em Grethe B. Peterson (org.), *Tanner Lectures on Human Values*, nº 25 (Salt Lake City: University of Utah Press, 2005), pp. 77-110.

Korsgaard começa ecoando a afirmação de Kant de que o ato de agir racionalmente é a fonte de valor. Os próprios agentes racionais são valiosos porque assim se consideram. Seus fins são valiosos porque, quando raciocinam sobre o que fazer, os agentes racionais se imbuem de valor. Esses valores são universalizados em resposta às demandas do imperativo categórico. Uma maneira de descrever esse ponto é dizer que os agentes racionais legislam valor, e o valor surge porque os agentes racionais são legisladores que se autoavaliam.

A questão principal em ética ambiental, nessa perspectiva, está centrada em se somos racionalmente requeridos para legislar proteção a outros animais ou à natureza. Korsgaard responde "sim", e dá dois motivos.

O primeiro motivo começa com a observação de que somos não apenas agentes racionais, mas animais, e em virtude disso possuímos uma natureza animal. Nossa natureza animal inclui "nosso amor por comer e beber e sexo e jogo; curiosidade, nossa capacidade para o simples prazer físico; nossa objeção a ferimento e nosso terror a mutilação física, dor e perda e controle".[25] Nossa natureza animal pode ser pensada como fazendo parte de nosso "bem natural" porque nos habilita a funcionar, e funcionar bem. Por essa razão, valorizamos não somente nossa natureza racional, mas também nossa natureza animal. Quando legislamos sobre o valor de nossa natureza animal, legislamos o valor desses mesmos aspectos onde quer que surjam, mesmo quando é em criaturas que não são agentes racionais.

Korsgaard fornece um segundo motivo para a afirmação de que somos racionalmente requisitados para legislar sobre proteção para animais ou natureza. Até mesmo quando estamos legislando sobre

---

[25] Christine M. Korsgaard, "Fellow Creatures: Kantian Ethics and our Duties to Animals", cit., p. 105.

o valor de bens distintivamente humanos, estamos legislando um princípio que confere valor sobre outros animais. Porque o que estamos legislando é sobre o valor dos bens naturais de todas aquelas criaturas que experienciam e procuram seus próprios bens. Conforme Korsgaard[26] expõe:

> O estranho destino de ser um sistema orgânico que é importante para si mesmo é o que compartilhamos com outros animais. Ao nos conduzirmos para ser fins em nós mesmos, *legislamos* que o bem natural de uma criatura que é importante para si mesma é a fonte das afirmações normativas. A natureza animal é um fim em si mesma, porque o nosso próprio legislar a faz assim. E é por isso que temos deveres com os outros animais.

Traçando em conjunto essas duas linhas de argumento, podemos dizer que a ideia básica de Korsgaard é que, uma vez que valorizamos os bens que fluem de nossa natureza animal, estamos comprometidos a valorizar esses bens quando estão representados em outras criaturas também; além disso, estamos comprometidos a valorizar bens que são valorizados por criaturas que procuram bens, mesmo se não valorizamos esses bens particulares. Portanto, se damos valor a nossas tendências a apreciar comida e sexo, estamos comprometidos a valorizar as tendências de um elefante a apreciar comida e sexo também. Se valorizamos nossa apreciação da arte, então também estamos comprometidos a valorizar a apreciação do cachorro de (o que é para ele) cheiros interessantes, e a valorização de um macaco do ato de balançar nas árvores.

Se aceitarmos tudo isso, então torna-se visível um caminho que poderia nos habilitar a deslocarmo-nos dos animais para as plan-

---

[26]   *Ibid.*, pp. 105-106.

tas e até para os artefatos. Árvores individuais e até florestas inteiras podem ser vistas como sistemas teleológicos que têm seus próprios bens. Pode-se até dizer que é bom para um carro de neve que seu motor esteja limpo. É claro que isso pode ser um modo muito pobre de dizer que um motor limpo é bom para o proprietário ou usuário do carro de neve. Mas, se a vida artificial avançar e ciborgues se tornarem mais onipresentes, a distinção entre artefatos e organismos pode cair. Qualquer que seja o caso com artefatos, se aceitarmos a ideia básica de que os bens naturais daquelas entidades que têm seu próprio bem são valorizáveis, e que bens naturais podem ser entendidos quanto a suas contribuições para o funcionamento das entidades, então parece claro como alguém poderia argumentar que somos racionalmente compelidos a valorizar plantas, animais e ecossistemas.

Esse caminho tem sido iluminado por outros partidários da ética ambiental. Existe há tempos uma tentação a começar de premissas como

(5) X é bom para a criatura Y

e concluir que

(6) X é bom.[27]

Existem coisas traiçoeiras aqui, no entanto. Comer vitela pode ser bom para os humanos, e estripar antílopes pode ser bom para os leões, mas sentimos pouca inclinação para dizer que essas coisas são naturalmente boas. Às vezes, argumenta-se que a noção de que algo é bom para uma criatura é descritivo, ao passo que a ideia de bondade natural é prescritiva.

---

[27] Para essa discussão, ver Tom Regan, *All That Dwell Therein: Essays on Animal Rights and Environmental Ethics* (Berkeley: University of California Press, 1982), capítulos 6, 8, 9; e Robin Attfield, *A Theory of Value and Obligation* (Londres: Croom Helm, 1987).

Uma questão adicional acerca da abordagem de Korsgaard diz respeito exatamente a como suas visões são diferentes do consequencialismo. Uma diferença é esta: para os consequencialistas, o errado, ao menos em grande extensão, é uma função de danificar a produção, e geralmente se pensa que a natureza não senciente não pode ser danificada. Assim, é difícil para os consequencialistas defender a ideia de que é errado destruir plantas e ecossistemas, exceto se ferir seres sencientes. Korsgaard, por outro lado, separa o errado do que fere. Assim, está aberto a ela dizer que é errado limpar uma floresta, por exemplo, mesmo se isso não resultar em dano. Todavia, o que não temos de Korsgaard é uma explicação de como conseguir uma conciliação ao escolher entre ações quando cada uma dessas ações causaria alguma destruição ambiental. Isso revela uma importante diferença entre consequencialismo e kantismo. Dado que as consequências são a moeda da moralidade para os consequencialistas, eles estão bastante preocupados sobre que diferentes cursos de ação existem no mundo. Para os kantianos, a moralidade é fundamentalmente sobre a aceitabilidade das máximas pelas quais agimos, e questões de conciliação não tocam diretamente essa preocupação.[28]

A explicação de Korsgaard pode com sucesso ser distinta do consequencialismo, mas alguns de seus colegas kantianos podem ainda não a aceitar. Por exemplo, eles podem negar que somos racionalmente compelidos a legislar sobre o valor de nossa natureza animal onde quer que a encontremos. Podem dizer, ao contrário, que valorizar a natureza animal é algo antes opcional que necessário. Essa é a ideia. Agir racionalmente nos é essencial, então estamos racio-

---

[28] Ver a obra de Paul Taylor, *Respect for Nature: a Theory of Environmental Ethics* (Princeton: Princeton University Press, 1986), que propõe uma teoria inspirada em Kant (se não exatamente uma teoria kantiana), que de fato presta muita atenção a funções e conciliação entre regras prioritárias.

nalmente obrigados a avaliá-la; mas nossa natureza animal não é essencial para nós, então avaliá-la não é racionalmente necessário. É verdade que nosso agir racionalmente se manifesta numa espécie particular de primata, mas não há necessidade disso. Em princípio, poderia manifestar-se em outros tipos de organismos ou até mesmo artefatos. Suponhamos, por exemplo, que o Homem de Lata é um agente racional. Rebites bem presos fazem parte de seu "bem natural", já que o habilitam a funcionar, e funcionar bem. O Homem de Lata raciocina que, por ele legislar sobre o valor de ter seus rebites firmemente presos, rebites presos são valiosos onde quer que ocorram. Alguns podem pensar que, supor que somos racionalmente compelidos a valorizar nossa natureza animal onde quer que se manifeste não é mais plausível que o Homem de Lata valorizar rebites firmemente presos em qualquer lugar que ocorram.

Ética prática

O foco primário deste capítulo tem sido a teoria moral. Mas como é difícil desemaranhar teoria moral de ética prática, discutimos várias questões de preocupação prática: desde se derramar óleo de motor usado em bueiros até mentir para um assassino em busca de sua vítima. Nos próximos dois capítulos discutiremos uma série de questões sobre nossas obrigações com respeito aos animais e à natureza. Isso irá envolver considerações morais abstratas, mas também fatos acerca de diversas práticas. Como o principal foco da ética prática é sobre o que devemos fazer, é importante compreender as práticas que estamos avaliando e os atos que estamos contemplando.

5. Os humanos e outros animais

Especiesismo

O que faz os humanos diferentes dos outros animais? Essa questão tem sido o centro do debate filosófico desde pelo menos a época de Sócrates e a civilização grega clássica.[1] Sem dúvida, a ansiedade sobre nossas relações com outros animais figura na Bíblia, assim como em histórias e mitos de outras culturas antigas. Em algumas sociedades, os animais eram vistos como agentes com quem se fazia acordos e em alguns casos até viviam relações conjugais. Eles eram adorados e respeitados, mas também caçados. Eram fonte de inspiração, mas também de proteína. É claro que histórias complexas são requeridas para fazer tal multiplicidade de usos moral e psicologicamente palatável.

Essa questão de o que faz os humanos diferentes dos outros animais é mais do que meramente "acadêmico". Nunca faríamos aos humanos muito do que fazemos aos animais. Não apenas os comemos, mas causamos a eles indescritível sofrimento antes de trucidá-los. Eles não são mais sacrificados por propósitos religiosos em muitas

---

[1] John Passmore, *Man's Responsibility for* Nature: *Ecological Problems and Western Traditions* (Nova York: Charles Scribner's Sons, 1974).

sociedades, mas ainda são rotineiramente mortos e levados a sofrer em pesquisas médicas e científicas, assim como para a produção de novos cosméticos e produtos domésticos. Quanto aos animais selvagens, gostamos de tê-los em nossos parques e às vezes até mesmo em nossos quintais, mas nossa paciência se esgota rapidamente quando eles são "demais" ou não se comportam "adequadamente".[2]

Um modo de explicar por que tratamos humanos e animais de maneiras tão diferentes é dizer que os humanos são membros da comunidade moral enquanto os outros animais não são. Na linguagem dos filósofos, os membros da comunidade moral têm "postura moral"; são moralmente consideráveis, enquanto animais não humanos não são.[3] Eles têm valor intrínseco no segundo sentido que distinguimos na seção "Valor intrínseco", do capítulo 3.

No entanto, como vimos em nossa discussão sobre Kant (seção "Kantismo", do capítulo 4), seria um erro supor que da tese de que temos obrigações apenas com os humanos se siga que não temos obrigações com os animais. Por exemplo, você pode ter um dever em relação à minha cachorra (por exemplo, não a machucar) que é devido a mim (por exemplo, ela é minha propriedade). Em tais casos, Kant fala como o dever pertence diretamente a um humano e indiretamente a um animal.[4] Porque alguns animais estão no escopo

---

[2] Apesar do fato de a constituição alemã de 2004 proteger especificamente os direitos dos animais, em 2006, oficiais alemães mataram Bruno, o único urso selvagem visto na Alemanha desde 1835. Um oficial do Ministério do Meio Ambiente na Baviera explicou: "Não é que não aceitamos ursos na Baviera. É que esse não estava se comportando de modo apropriado" (http://www. Guardian.co.uk/germany/article/0,1806304,00.html).

[3] Para uma visão geral, ver Arthur Kuflik, "Moral Standing", em Edward Craig (org.), *Routledge Encyclopedia of Philosophy* (Londres: Routledge, 1998).

[4] Existe uma ambiguidade não resolvida em Kant sobre se os termos "direto" e "indireto" modificam a fonte do dever ou seu objeto. Se possuo um dever indireto para com um animal, isso significa que devo ao animal um dever em virtude dos deveres que devo a um humano? Ou significa que minhas obrigações são apenas com os humanos, mas dizem respeito ao animal? Enquanto a última parece estar mais de acordo com o espírito da

de nossas obrigações indiretas, são tratados até certo ponto como se fossem membros da comunidade moral. É importante lembrar, porém, que nesta concepção, eles não o são.

O ritual anual do presidente dos Estados Unidos de "perdoar" um peru de Ação de Graças ilustra quão incerto é o destino de alguém que não é membro da comunidade moral.[5] Dos bilhões de perus degolados todos os anos como parte da celebração do feriado, o presidente usa um que de outra forma teria terminado em seu prato. Ele come um peru diferente, no entanto o sortudo sobrevivente vai para um refúgio para viver sua vida em paz. Se alguém fosse matar o peru que o presidente poupou, estaria fazendo algo errado. Mas é o presidente (ou quem quer que seja agora o proprietário legal do peru) quem seria diretamente prejudicado; o peru seria prejudicado apenas indiretamente (se é que o seria).

A concepção em consideração pode ser definida de modo mais formal como sustentando que todos e apenas os humanos são membros da comunidade moral. Isso levanta a seguinte questão: por qual motivo são todos os humanos e nenhum não humano os membros da comunidade moral?

Uma importante linha na tradição filosófica ocidental vê competência linguística ou autoconsciência como o critério crucial.[6] Em-

---

concepção oficial de Kant, parece implicar que eu tenha obrigações indiretas com todos os tipos de coisas sobre as quais você tenha direitos, inclusive toda a sua propriedade. Parece estranho supor que eu tenha deveres indiretos em relação a seu acordeão no mesmo sentido em que tenho deveres indiretos com seu cachorro.

[5] Para uma discussão sobre esse ritual bizarro, ver Magnus Fiskesjo, *The Thanksgiving Turkey Pardon: the Death of Teddy's Bear, and the Sovereign Exception of Guantanamo* (Chicago: Prickly Paradigm Press, 2003). É especialmente estranho que o peru em questão seja "perdoado", já que ele não cometeu nenhum crime.

[6] Para Kant (conforme vimos na seção "Kantismo" do capítulo 4), a autoconsciência é o que separa os homens dos outros animais. Para a maior parte da tradição filosófica grega, era a habilidade de falar que importava [John Heath, *The Talking Greeks: Speech, Animals, and the Other in Homer, Aeschylus, and Plato* (Cambridge: Cambridge University Press, 2005);

bora esses critérios sejam distintos, muitos filósofos os associaram intimamente (por exemplo, René Descartes, filósofo francês do século XVII, e Donald Davidson, filósofo norte-americano do século XX).

Esses critérios, sob reflexão, pareceriam ambos exigentes demais e não o bastante para sustentar a afirmação de que todos e somente os humanos são membros da comunidade moral. São exigentes demais porque nem todos os humanos são autoconscientes: recém--nascidos, os em estado de coma ou aqueles que sofrem de demência avançada. Nem possuem os recém-natos competência linguística. Esses critérios não são exigentes o bastante posto que alguns animais não humanos parecem ser autoconscientes: por exemplo, nossos semelhantes grandes símios e talvez alguns cetáceos (por exemplo, golfinhos).[7] Além disso, a ideia de que ter linguagem é uma capacidade do tipo "tudo ou nada" que nitidamente distingue humanos de outros animais está cada vez mais sendo questionada por experiências com outros animais e trabalho em linguística histórica. O acadêmico clássico, Richard Sorabji,[8] sugere uma crítica mais breve quando desenha a caricatura do critério linguístico como defendendo que "eles [animais] não têm sintaxe, então podemos comê-los". O que Sorabji parece estar perguntando é por que, diabos, pensaríamos que competência linguística deva ter alguma relação com *status* moral?

Outros filósofos, em vez de encontrar o critério da considerabilidade moral na competência linguística ou em estados reflexivos ou

---

Richard Sorabji, *Animal Minds and Human Morals: the Origins of the Western Debate* (Ithaca: Cornell University Press, 1993).]

[7] Pode parecer estranho falar de "nossos semelhantes grandes símios", mas o *Homo sapiens* é um membro da subfamília *Hominae*, que também inclui chimpanzés, bonobos, gorilas e orangotangos. Para um bom começo na autoconsciência em não humanos, ver http://plato.stanford.edu/entries/conscioussness-animal.

[8] Richard Sorabji, *Animal Minds and Human Morals: the Origins of the Western Debate*, cit., p. 2.

cognitivos sofisticados, voltaram os olhos para a senciência: a capacidade de sentir prazer e dor. Tal critério pode ter sucesso em prender todos os humanos em sua rede: bebês recém-nascidos e muitos outros humanos que não são autoconscientes ou linguisticamente competentes podem experimentar dor e prazer, e portanto contariam como membros da comunidade moral por esse critério. De qualquer forma, esse critério seria satisfeito por muitos animais não humanos também. Sem dúvida, muitos dos animais que comumente usamos como alimento e pesquisa são claramente sencientes: vacas, porcos, galinhas, cães, peixes, gatos, ratos, macacos, etc. Jeremy Bentham, já no século XVIII, viu esse ponto claramente e delineou algumas impressionantes implicações, quando escreveu:

> Pode vir o dia em que o resto da criação animal poderá adquirir aqueles direitos que nunca poderiam ter sido retirados deles a não ser pelas mãos da tirania. Os franceses já descobriram que a negrura da pele não é razão para que um humano seja abandonado sem compensação ao capricho de um torturador. Pode chegar o dia em que se reconheça que o número de pernas, a vilosidade da pele, ou a terminação do osso sacro são razões igualmente insuficientes para abandonar um ser sensível à mesma sorte.[9]

Uma maneira de estabelecer qual o problema entre essas duas famílias de critérios é se ser agente moral é condição necessária para ser "paciente" moral. Um agente moral é alguém que possui obrigações morais; um paciente moral é alguém a quem obrigações são devidas.[10] Normalmente não atentamos a essa distinção porque de-

---

[9] Conforme citado em Peter Singer, *Animal Liberation* (2ª ed. Nova York: New York Review of Books, 1990), p. 7.

[10] Essa distinção foi introduzida na discussão contemporânea por Geoffrey J. Warnock, *The Object of Morality* (Londres: Methuen, 1971).

veres recíprocos estão no coração da nossa moralidade diária. Por exemplo, o erro da ação de eu mentir para você está relacionado ao erro da ação de você mentir para mim. Isso levou alguns a supor que existe uma conexão necessária entre ser agente moral e ser paciente moral. Nessa visão, apenas são devidas obrigações morais a criaturas que em si tenham obrigações morais. Mas isso vai mais longe. Crianças recém-natas e humanos com dano cerebral severo são pacientes morais (temos obrigações com eles), mas não são agentes morais (eles não devem obrigações a outros porque não são capazes de cumpri-las). Se aceitarmos a ideia de que existem pacientes humanos que não são agentes morais, então por que não deveríamos aceitar a ideia de que existem pacientes não humanos que não são agentes morais?

Embora muito mais possa ser (e tem sido) dito sobre essas questões, parece que não há um critério moralmente significativo para a filiação na comunidade moral que seja satisfeita por todos e apenas os humanos.[11] Se o critério for suficientemente exigente (por exemplo, linguagem), provavelmente irá excluir alguns humanos. Se for permissível o bastante para incluir todos os humanos (por exemplo, senciência), provavelmente irá incluir muitos não humanos.

Em resposta, alguns filósofos diriam que o critério correto tem estado debaixo de nossos narizes todo o tempo. Pensemos na ideia dos direitos humanos universais. Aceitamos essa ideia não por acreditarmos que há alguma propriedade adicional moralmente relevante partilhada por todos e apenas os humanos, mas por acreditarmos que, simplesmente em virtude de sermos humanos, existem direitos que todos os humanos possuem. Como o falecido filósofo inglês

---

[11] Para discussão adicional, ver Peter Singer, *Animal Liberation*, cit.; e Daniel Dombrowski, *Babies and Beasts: the Argument from Marginal Cases* (Champaign: University of Illinois Press, 1997).

Bernard Williams escreveu, "damos especial consideração a seres humanos porque eles são seres humanos".[12] Quando se trata de choques entre fundamentais interesses humanos e não humanos, surge, de acordo com Williams, "apenas uma questão para se perguntar: de que lado você está?".[13]

Muito do que Williams diz é provavelmente verdade como modo de explicar nossas atitudes. Mas explicar nossas atitudes não é o mesmo que as justificar. Permanece ainda uma questão sobre se um apelo a nossa humanidade comum é justificativa suficiente para dividir o mundo moral nos mesmos termos da divisão entre as espécies. O que queremos saber é não apenas se a concepção de que todos e apenas os membros da espécie *Homo sapiens* são membros da comunidade moral é largamente aceita, mas se pode ser sustentada.[14]

Essa concepção não é exatamente nova, e foi submetida a grande crítica. Em 1970, o psicólogo britânico Richard Ryder cunhou o termo "especiesismo" para se referir ao preconceito que nos permite tratar os animais de maneiras nas quais nunca trataríamos os humanos.[15] Em seu livro de 1975, *Animal Liberation*, Peter Singer popularizou esse termo, definindo-o como "um preconceito ou atitude

---

[12]   Bernard Williams, em Adrian Moore (org.), *Philosophy as a Humanistic Discipline* (Princeton: Princeton University Press, 2006), p. 150.

[13]   *Ibid.*, p. 152.

[14]   Todavia, é importante notar que nossa questão não é exatamente a de Williams, pois ele explicitamente nega que pertencer à raça humana seja equivalente a ser um membro da espécie *Homo sapiens* (diz que um embrião humano "pertence à espécie", mas que não é um ser humano no sentido de que seres humanos têm direito à vida) (Bernard Williams, *Philosophy as a Humanistic Discipline*, cit., p. 143). Isso provoca a indagação: Em razão de que (se não for a condição de membro da espécie) algo é um ser humano no sentido de que os humanos têm direito à vida? A busca por uma resposta a essa pergunta parece remeter-nos à caça de alguma "outra série de critérios" para filiação à comunidade moral. Em outro ponto, não está inteiramente claro que Williams exclua todos os animais não humanos da comunidade moral.

[15]   Para essa discussão, ver Richard D. Ryder, *Victims of Science: the Use of Animals in Research* (Londres: Davis-Poynter, 1975).

tendenciosa em favor dos interesses dos membros de sua própria espécie contra aqueles membros de outras espécies".[16]

A ideia básica é que o especiesismo, como sexismo e racismo, é um preconceito que envolve uma preferência por sua própria espécie, baseado numa característica partilhada que, em si, não tem nenhuma relevância moral. O especiesismo serve a variados interesses e crenças, mas, de acordo com Singer, decorre, em grande parte, dos restos vestigiais do dogma teológico tradicional sobre a importância e dignidade dos seres humanos. De acordo com as religiões do Oriente Médio mais influentes em moldar a cultura ocidental, os humanos são a coroa da criação. Eles desempenham um papel especial no plano de Deus, e seu valor supera de longe o do resto do mundo criado. Essas visões ecoam na tradição filosófica em escritores como Descartes e Kant.[17] Mas se rejeitarmos o dogma religiosos que flutua no fundo e, ao contrário, abraçarmos a visão de mundo naturalista da ciência moderna, é difícil ver como podemos continuar a defender esse preconceito em favor de nossa própria espécie. Sem dúvida, o que aprendemos com Darwin e a biologia contemporânea é que, em vez de sermos a coroa da criação, somos um ramo (de um ramo) da árvore da evolução, uma pequena parte da história da vida na Terra. Dessa perspectiva, o que é espantoso é quanto dividimos com os outros animais, não o que nos distingue deles. Nossa pretensão de superioridade moral nada mais é do que um caso transparente de arrogância especial.

---

[16] Peter Singer, *Animal Liberation*, cit., p. 6. O termo "especiesismo" agora faz parte do *Oxford English Dictionary*. Para saber mais sobre o conceito, ver Evelyn B. Pluhar, *Beyond Prejudice: the Moral Significance of Human and Non-human Animals* (Durham: Duke University Press, 1995).

[17] A depreciação da consciência não humana tem sido historicamente uma importante estratégia na defesa do especiesismo. Para discussão, ver Dale Jamieson, *Morality's Progress: Essays on Humans, Other Animals, and the Rest of Nature* (Oxford: Oxford University Press, 2002).

Em minha opinião, uma série de experimentos mentais conta decisivamente contra a teoria de que pertencer a uma espécie favorecida é, sozinha, necessária e suficiente para pertencer à comunidade moral.

Imaginemos que o programa espacial volte à atividade e consigamos visitar os extremos da galáxia. Num planeta (vamos chamá-lo de Trafalmadore em homenagem ao escritor Kurt Vonnegut), encontramos uma forma de vida inteligente e altamente sensível. Por qualquer padrão normal, os trafalmadoreanos são superiores a nós. Eles são mais inteligentes, reconhecíveis, compassivos, sensíveis, etc. No entanto, são portadores de um "defeito": a evolução seguiu seu próprio curso em Trafalmadore, e eles não são membros de nossa espécie. Pensaríamos estar, então, justificados em gratuitamente destruir sua civilização (que em tudo é superior à nossa) e causar-lhes grande sofrimento (mais intenso do que imaginamos), simplesmente porque não são humanos?

Consideremos um outro exemplo mais próximo. De fato, os antropólogos recentemente alegaram ter descoberto uma espécie homínida que viveu cerca de 18 mil anos atrás na ilha indonésia de Flores.[18] Como o *Homo sapiens* do mesmo período, o *Homo floresiensis* usava ferramentas e fogo para cozinhar. Embora fossem bem pequenos em comparação ao *Homo sapiens* (mediam pouco mais de 1 metro de altura e foram apelidados de "hobbits"), a região de seu cérebro associada à autoconsciência é mais ou menos do mesmo ta-

---

[18] Essa descoberta foi primeiro reportada por Peter Brown *et al.*, "A New Small-Bodied Hominid from the Late Pleistocene of Flores, Indonesia", em *Nature*, nº 431, 2004, pp. 1055-1061; e M. J. Morwood *et al.*, "Archaeology and Age of a New Hominid from Flores in Eastern Indonesia", em *Nature*, nº 431, 2004, pp. 1087-1091. A afirmação de que constitui uma nova espécie foi contestada por Robert D. Martin *et al.*, "Comment on 'The Brain of LB1, *Homo floresiensis*'", em *Science*, 312 (5.776), 2006, p. 999. A controvérsia continua, mas não é importante para os propósitos de nosso experimento mental.

manho do homem moderno.[19] Suponhamos que uma população remanescente de *Homo floresiensis* fosse descoberta hoje, vivendo nessa longa e acidentada ilha. (Existem relatos anedóticos de *Homo floresiensis* sobrevivendo no século XIX.) Qual seria a atitude apropriada a ser tomada em relação a eles? Deveríamos considerá-los como outra rara oportunidade de caça para os milionários do petróleo do Texas e xeques árabes, ou como criaturas a quem devemos respeito moral?

Num exemplo ainda mais próximo, suponhamos que alguns neandertais (*Homo neanderthalensis*) sobreviveram em regiões remotas do mundo, lentamente assimilando-se à cultura e à sociedade humanas. Apesar do fato de se terem misturado com os humanos, permanecem uma espécie distinta, isolada do ponto de vista reprodutivo.[20] Eles podem reconhecer um ao outro (talvez por um aperto de mão secreto), mas, em geral, não conseguimos distingui-los de nós mesmos. Agora suponhamos que, de alguma forma, você descobre que seu colega de quarto ou a pessoa com quem está saindo é um membro dessa espécie. Os direitos morais dele desaparecem para você de repente? Em vez de acompanhá-lo ao cinema, você pode levá-lo agora à escola médica local para ser usado em vivissecção?

Considero que a maioria de nós iria concordar com nossas respostas a essas questões. Trafalmadoreanos, *Homo floresiensis* e neandertais, como os descrevi, todos têm importância moral. O fato de

---

[19] Região 10 do córtex pré-frontal dorso medial para aqueles que gostam de acompanhar essas coisas.

[20] Pesquisas recentes sugerem que os neandertais podem de fato ter hibridizado com o *Homo sapiens* (Patrick D. Evans *et al.*, "Evidence that the Adaptive Allele of the Brain Size Gene Microcephalin Introgressed into *Homo Sapiens* from Anarchaic *Homo Lineage*", em *Proceedings of the National Academy of Sciences*, nº 103, 2006, pp. 18178-18183). Se isso é verdade ou não, é claro que as diferenças entre *Homo sapiens* e *Homo neanderthalensis* quase sempre são exageradas.

que não sejam humanos não é suficiente para excluí-los da proteção moral.

De toda forma, se isso não é suficiente para persuadir você, considere o fato de que existem pelo menos duas formas distintas de especiesismo. A versão que estamos discutindo, que chamarei de "especiesismo *Homo sapiens*-cêntrico", sustenta que todos e apenas membros da espécie *Homo sapiens* são membros da comunidade moral. Uma segunda versão, que chamaremos de "especiesismo indexical", defende que membros de cada espécie deveria sustentar que todos e apenas membros de sua espécie são membros da comunidade moral. O primeiro princípio implicaria que os trafalmadoreanos (por exemplo) têm o dever de sacrificar até mesmo seus interesses mais fundamentais em favor dos triviais interesses dos seres humanos, enquanto o segundo princípio sustentaria que os trafalmadoreanos deveriam defender que todos e apenas os trafalmadoreanos são membros da comunidade moral. A primeira concepção parece contrária ao bom-senso. Por que deveriam os trafalmadoreanos, que são superiores a nós em todos os sentidos, sustentar que apenas membros de uma espécie inferior (*Homo sapiens*) importam moralmente? Certamente a última concepção, especiesismo indexical, é mais plausível. Mas, nessa visão, se os trafalmadoreanos, *Homo floresiensis* ou neandertais fossem causar sofrimento gratuito e horrível aos humanos, isso não seria moralmente contestável. Estaríamos dentro de nossos direitos resistir a eles, mas não haveria lugar para denúncia moral.[21]

Alguns filósofos responderiam que esses experimentos mentais podem mostrar que ser humano não é uma condição necessária para

---

[21] Para ter uma ideia do que isso possa ser, alugue o episódio da antiga série de televisão, *Twilight Zone* (Além da imaginação), intitulado "To serve man".

ser membro da comunidade moral, mas, ainda assim, possuem relevância moral.[22] Eles distinguiriam "especiesismo absoluto" – que defende que, por se ser humano, todos e somente os humanos são membros da comunidade moral – de "especiesismo moderado", que defende que, em virtude de se ser humano, humanos são moralmente mais importantes que os não humanos. O especiesismo moderado, seria dito, é consistente com nossas reações comuns aos experimentos mentais. A principal evidência do especiesismo moderado (em oposição ao antiespeciesismo) é que, de fato, muitos de nós sentimos que devemos mais a humanos do que a não humanos.

O desafio para o oponente do especiesismo moderado é mostrar ou que nossas convicções cotidianas estão em erro ou que elas são consistentes com a rejeição ao especiesismo.

Existem pelo menos três motivos por que alguém que rejeita o especiesismo poderia frequentemente preferir os interesses dos humanos aos de outros animais. Primeiro, poderiam sustentar (como Peter Singer, conforme veremos na subseção "Matar *versus* causar dor" deste capítulo) que algumas formas de vida consciente são mais valiosos que outras, e essas formas são tipicamente manifestas em humanos, mas não em muitos outros animais. John Stuart Mill, filósofo britânico do século XIX, expôs tal visão quando declarou que era melhor ser Sócrates insatisfeito do que um porco satisfeito. Ele assim afirmou porque pensou que qualquer ser (seja humano, porco, Deus ou bactéria) que fosse capaz de entender o que era ser Sócrates e o porco chegaria à mesma conclusão. Essa afirmação, pensou Mill, expressava uma preferência, não por humanos sobre outros animais, mas por um tipo de vida consciente sobre outro. O segundo motivo

---

[22] Cf. Bernard Williams, *Philosophy as a Humanistic Discipline*, cit.; e Alan Holland, "On Behalf of a Moderate Speciesism", em *Journal of Applied Philosophy*, 1 (2), 1984, pp. 281-291.

por que se poderia pensar que devemos mais aos humanos do que aos outros animais é que muitas de nossas obrigações surgem de relações especiais: através de obrigações familiares ou profissionais, promessas, contratos, acordos, formas particulares de dependência, e daí por diante. Embora relacionamentos especiais possam existir entre humanos e outros animais, as relações entre humanos estão bem no centro da sociedade humana. Finalmente (e especialmente à luz desses dois primeiros motivos), alguém poderia pensar que deveríamos seguir a prática geral de dar preferência aos humanos sobre outros animais porque os riscos são altos e provavelmente faremos errado ao tentar manter o equilíbrio em casos particulares. Não conseguir dar a nossos semelhantes o que lhes é devido poderia levar à erosão da confiança e a uma revolta geral da sociedade humana com todas suas vantagens pertinentes.

Esses argumentos podem não ser assim tão persuasivos. Eu mesmo sinto dificuldade em considerar o terceiro muito seriamente. Não consigo imaginar direito uma sociedade humana em colapso porque, por exemplo, os alemães estão dedicando preferência demais aos ursos e negligenciando os interesses de seus semelhantes. De toda forma, esses argumentos em nome de sistematicamente preferir humanos a outros animais são todos consistentes com a rejeição ao especiesismo. O especiesista moderado deve reclamar mais. Além de que quaisquer preferências da humanidade poderiam prevalecer com base nessas considerações, há também uma preferência adicional, fundada simplesmente em ser filiado a uma espécie. Devemos preferir Sócrates insatisfeito ao porco satisfeito não apenas porque o estado psicológico de Sócrates é mais valioso do que o do porco, mas também porque Sócrates é humano. Eu não vejo um argumento para justificar essa concepção. Além disso, ela parece-me vulnerável a outro experimento mental, assim como a uma outra objeção. Vejamos primeiro o experimento mental.

Imaginemos duas criaturas (Dylan e Casey) cujas psicologias são indistinguíveis, assim como são as redes de relacionamentos e os padrões de obrigações especiais que predominam em suas vidas. Sem dúvida, você poderia ser amigo de ambos. No caso que estamos imaginando, somente dois aspectos diferenciam Dylan e Casey. O primeiro é que Dylan está sofrendo significativamente mais do que Casey. O segundo é que apenas um deles é humano, mas você não sabe quem. Suponhamos depois que você possa aliviar o sofrimento de apenas um deles.

Você sabe o suficiente para decidir qual sofrimento de quem aliviar? É claro que sabe! Você sabe que Dylan está sofrendo significativamente mais do que Casey e que eles são os mesmos em todos os outros aspectos que possam ser considerados relevantes (exceto, talvez, as espécies a que pertencem). A ideia de que você deveria ser tomado pela indecisão até saber se eles se encaixam em alguma classificação biológica parece absurda. Você sabe o que precisa saber para decidir o que fazer: você deve aliviar o sofrimento de Dylan. Supor que você não tem informação suficiente para decidir até saber qual dessas, de outro modo indistinguíveis, criaturas é humana seria supor que apenas ser membro de uma espécie é suficiente para tornar o sofrimento de um mais moralmente significante do que o sofrimento do outro, independentemente de todos os outros fatores, inclusive da intensidade do sofrimento.

No entanto, o mundo e a filosofia sendo como são, sei que nem todo mundo concordaria. Para aquele que não concordaria, tenho outra questão.

Suponhamos que Dylan está sofrendo os tormentos de uma fornalha ardente enquanto Casey tem a pele solta na raiz da unha. Sabemos o bastante agora para decidir aliviar o sofrimento de Dylan? Alguns ficarão indiferentes a esse exemplo, e suspeito que um pouco mais de pressão irá mostrar que eles não são especiesistas moderados, mas absolutos, e assim sujeitos aos argumentos fornecidos antes. Mas alguns passarão para meu lado em resposta a esse exemplo. Dirão que pertencer a uma espécie importa moralmente, mas não tanto. Contudo, isso nos convida a outra questão: quanto exatamente importa ser membro de uma espécie? Há muito na resposta, já que um especiesista moderado poderia ter uma concepção virtualmente indistinta de alguém que rejeita o especiesismo também, pois ele pode pensar que a espécie importa somente quando se trata de romper laços (por exemplo, no caso em que o sofrimento de Dylan e Casey é exatamente o mesmo). Por outro lado, um especiesista moderado poderia pensar que as diferenças das espécies fazem quase todo o trabalho de inspirar a tomada de decisão. É claro que qualquer resposta à pergunta sobre exatamente que diferença moral faz ser membro de uma espécie enfrentará um peso difícil para dizer por que ela importa exatamente esse tanto e não um pouco mais ou um pouco menos. Rejeitar essa pergunta, por outro lado, sugere a adesão, arbitrária em vez de embasada em princípios, ao especiesismo moderado.

Para resumir, o especiesismo vem de (pelo menos) duas formas: absoluta e moderada. O especiesismo absoluto sustenta que ser membro da espécie faz toda a diferença para importar moralmente. Diversos experimentos mentais mostram que essa concepção é implausível. O especiesismo moderado defende que ser membro de uma espécie faz alguma, mas não toda, diferença moral. Ele sofre da inabilidade de dar uma explicação convincente do que é exatamente essa diferença, quanto ela importa e por que esse é o caso.

A rejeição ao especiesismo nos escritos dos filósofos liberacionistas de animais possui dois importantes aspectos. Primeiro, o que é de relevância moral primária são os indivíduos e as propriedades que eles apresentam, não o fato de que possam ser membros de coletividades ou tipos diversos.[23] Assim, para os propósitos da moralidade, propriedades como ser um membro do Lyons Club ou um cidadão norte-americano não são em si de relevância moral central. Segundo, as características individuais moralmente relevantes não são propriedades como espécie, raça e gênero, mas antes características como senciência, a capacidade de desejo ou autoconsciência. Se temos que reduzir a principal ideia do antiespeciesismo a um *slogan*, seria assim: fatos sobre classificação biológica não determinam *status* moral; supor de outra forma é cometer a mesma falácia de racistas e sexistas. É errado me chutar, não porque sou branco, homem e humano, mas porque machuca.[24]

Mesmo se rejeitarmos o especiesismo, como acho que deveríamos, o campo é ainda bastante aberto, considerando os pontos de vista morais que teríamos de aceitar. Na próxima seção, iremos debater algumas das mais proeminentes teorias que emergiram na esteira da rejeição ao especiesismo.

Animais e teoria moral

Conforme já comentado, questões sobre relacionamentos morais entre humanos e animais são antigas. Contudo, desde os anos 1970, nossa maneira de tratar os animais não humanos tem sido sujeita a uma crítica feroz. O caso todo é muito atrativo porque foi montado de uma ampla gama de perspectivas morais. Kantianos, consequen-

---

[23] Esse aspecto é enfatizado por James Rachels, *Created from Animals* (Nova York: Oxford University Press, 1990), que argumenta persuasivamente que as raízes dessa ideia estão na obra de Charles Darwin.

[24] É claro que pode haver outras razões por que é errado me chutar, mas essa é boa para iniciantes.

cialistas e eticistas da virtude argumentaram que muitos animais não humanos possuem direitos, que deveriam ser respeitados como fins em si mesmos, ou que os interesses de humanos e não humanos devem receber igual consideração.[25]

Nesta seção irei considerar as duas versões mais influentes de tais teorias: o utilitarismo de Peter Singer e a teoria baseada em direitos de Tom Regan. Embora concordem sobre muitos (mas não todos) problemas práticos, existem importantes diferenças teóricas entre elas. Três são particularmente importantes. A primeira já foi mencionada: Singer é um utilitarista na tradição de Bentham e Mill, ao passo que Regan é um teórico dos direitos da tradição de Kant. A segunda é que, para Singer, o critério para a considerabilidade moral é a senciência; para Regan, é ser "o sujeito de uma vida". Finalmente, Regan é um absolutista em relação a algumas regras morais, enquanto Singer não. Essas diferenças ficarão claras à medida que examinarmos essas duas filosofias.

A LIBERAÇÃO ANIMAL DE SINGER

O livro de Peter Singer de 1975, *Animal Liberation*, é a obra mais influente sobre as relações morais entre humanos e outros animais. Inspirado pelos movimentos sociais dos anos 1960 e 1970, Singer observou que os movimentos para a liberação dos negros, das mulheres e dos *gays* tinham em seu coração uma demanda comum por equidade. Em grande medida, o livro é uma tentativa de entender que tipo de igualdade está na alma desses movimentos de liberação, e de estender essa noção aos animais.

---

[25] Para uma visão geral do vasto número de filósofos antiespeciesistas, ver http://plato.stanford.edu/entries/moral-animal.

Que tipo de igualdade esses movimentos exigem? Certamente não é igualdade de tratamento, já que não requerem que, como as mulheres têm direito ao aborto, os homens também os possuam. Nem esses movimentos estão simplesmente fazendo a asserção fatual de que todos são iguais. Tal asserção seria falsa, uma vez que as pessoas são manifestamente desiguais em muitos aspectos, desde a habilidade de dar uma boa tacada no golfe até a facilidade de cozinhar um delicioso suflê. Poderia ser dito em réplica que todos possuem igual potencial para fazer qualquer coisa que qualquer um possa fazer. Mas isso também é falso. Não somos todos Einsteins em potencial. Para um exemplo mais caseiro, meu potencial para aprender francês não é igual ao de alguns de meus colegas de classe. Ainda assim, a despeito do fato de que eu seja inferior a muitas pessoas nisso e de muitas outras maneiras, ainda há um importante aspecto em que somos todos iguais. Qual é esse aspecto?

O tipo de igualdade central para os movimentos de liberação, segundo Singer, não é a igualdade fatual, mas igualdade moral; e o tipo de igualdade moral que importa é a "igual consideração de interesses".[26] Singer encontra esse princípio na tradição utilitarista. Está implícito, ele pensa, no *slogan* de Bentham, "cada um conta por um e nenhum por mais de um". Era o que Henry Sidgwick, filósofo inglês do século XIX, tinha em mente quando escreveu que "o bem

---

[26] Singer toma o universalismo do utilitarismo (que discutimos na seção "Consequencialismo", do capítulo 4) como implicando a igual consideração de interesses. Existem outras noções de igualdade moral que alguns filósofos endossariam em vez do princípio da igual consideração de interesses de Singer. Para uma visão geral, ver http://plato.stanford.edu/entries/equality. Repare também que Peter Singer, na p. 5 de *Animal Liberation*, cita Bentham erradamente. Conforme vimos na seção "Consequencialismo", o texto real é "Todo indivíduo do país conta por um; nenhum indivíduo por mais de um" [Jeremy Bentham, em John Stuart Mill (org.), *Rationale of Judicial Evidence, Specially Applied to English Practice* (Londres, 1827), vol. IV, p. 475].

de qualquer indivíduo não é mais importante, do ponto de vista... do universo, do que o bem de qualquer outro".[27]

O princípio da igual consideração de interesses é quase sempre confundido com outros princípios de igualdade. Esse princípio não afirma que todas as pessoas – brancos ou negros, homens ou mulheres – devem ser considerados igualmente ou igualmente considerados. O que o princípio diz é que a significância de um interesse não deve ser desprezada com base em quem tem o interesse. Os interesses de um polvo, por exemplo, não podem ser desprezados relativamente aos dos humanos por causa do tipo de criatura que ele é. Os objetos próprios de igual consideração, de acordo com esse princípio, são interesses, não seres.

Isso levanta a questão do que são esses interesses e como podemos identificá-los. Um interesse pode, em linhas gerais, ser pensado como algo em que sua satisfação faz seu portador melhor e sua frustração o torna pior. Os seres scientes geralmente têm interesse no prazer e em evitar a dor.[28] Por exemplo, Vladimir Putin, um elefante, um peixe e eu somos todos seres scientes; assim, temos um interesse comum no prazer e em evitar a dor.

O princípio da igual consideração de interesses requer que nossos interesses sejam igualmente considerados, independentemente de quem somos e o que mais possa ser verdade sobre nós. Meus interesses não podem ser desprezados porque sou ruim em francês. Os interesses de Putin não podem ser desprezados porque ele é russo, o interesse do elefante não pode ser desprezado porque ele é um animal, e o interesse do peixe não pode ser desprezado porque ele é um

---

[27] Conforme citado em Peter Singer, *Animal Liberation*, cit., p. 5.

[28] É claro que sentir prazer e evitar a dor podem não estar nos interesses de um ser sciente numa ocasião particular. Por exemplo, o prazer de usar heroína pode não figurar entre meus interesses, enquanto sofrer a angústia de uma operação de salvamento pode estar.

"mero" peixe. Contudo, não se segue daí que os mesmos tipos de coisas nos causam prazer e dor, ou que os mesmos prazeres e dores são de igual valor.[29]

Consideremos alguns exemplos. Ouvir música militar russa dá prazer a Vladimir Putin, mas deixa o elefante com frio. Por outro lado, rolar na lama dá prazer ao elefante, mas não significa muito para o peixe. Ser retirado da água e deixado em terra seca é horrível para o peixe, mas perfeitamente agradável para mim. Adoro ouvir Dick Dale, mas *surf music* não é muito do gosto de Putin. Coisas claramente diferentes causam-nos prazer. Mas, mesmo quando todos experimentamos o que parecem ser os mesmos prazeres e dores, eles podem ter diferentes valores. Creio que a dor de perder uma mãe é muito maior para mim do que para o peixe, mas a dor causada pela poluição sonora pode ser maior para a baleia do que para Putin.

Como utilitarista, Singer está comprometido em avaliar atos calculando o valor de suas consequências. Ele garante que pode ser difícil comparar prazeres e dores entre as espécies, mas assinala que também pode ser difícil fazer tais comparações entre os humanos. Seria melhor, depois de considerar tudo, que eu passasse a tarde com minha família ou tocasse minha guitarra num *show* de calouros no centro de convivência dos idosos? Não é fácil dizer que efeito eu tocar guitarra teria na felicidade daquelas pessoas que nunca conheci. De toda forma, já que sou um utilitarista, preciso fazer algum cálculo precário e trivial que inclua essa consideração para me ajudar a decidir o que fazer.

---

[29] Como sabemos quando dois seres partilham a mesma dor ou o mesmo tipo de dor? O que é isso para eles fazerem assim? Essas são boas questões que têm de ser deixadas de lado por enquanto.

Com relação ao tratamento que damos aos animais não humanos, nossa matemática moral não tem que ser muito sofisticada para ver que muito do que fazemos os fere muito mais do que nos beneficia. Alguém pode realmente pensar que o prazer que um humano desfruta em comer *foie gras* (em oposição a comer, por exemplo, caviar *d'aubergine*) de fato compensa a dor miserável causada a patos e gansos ao forçá-los a comer até que seus fígados inchem e se tornem disfuncionais, até que eles não possam mais se mover? Quaisquer que sejam as dificuldades teóricas envolvidas em comparações de prazeres e dores interespécies, essa questão, uma vez feita, responde a si mesma. Sem dúvida, uma vez que façamos as perguntas e estejamos dispostos a aplicar o princípio da igual consideração de interesses, é óbvio que muito de nosso tratamento de animais em laboratórios, fazendas de criação e zoológicos permanece condenado.

A essa altura pode ser difícil entendermos como a mesma ação pode ser interpretada de pontos de vista radicalmente diferentes. Não ocorreria à maioria das pessoas que o McDonald's ou o zoológico local pode muito bem ser o lugar onde ocorre um grande ultraje moral. Mas é como parece a Singer.

O especiesismo fornece a explicação pela difusão de nossa cegueira moral com respeito ao tratamento de animais. Muitas de nossas práticas persistem somente porque não damos igual consideração aos interesses dos animais. Desprezamos seu sofrimento ou o ignoramos totalmente. Sem dúvida, em muitos casos, os animais são quase inteiramente invisíveis em nossas deliberações morais. Mas, uma vez que o preconceito do especiesismo é superado, vemos que o que fazemos aos animais não humanos é justificado apenas se estivermos dispostos a fazer a mesma coisa, nas mesmas circunstâncias, a seres humanos. Muitos de nós imediatamente recusam com horror tal pensamento. Isso não mostra que devemos passar por cima de tal fato e começar a fazer coisas horríveis aos humanos, mas, sim, que muitas de nossas práticas com os animais não podem ser justificadas de um ponto de vista não especiesista. E isso significa dizer que elas não podem ser justificadas de modo nenhum.

Teoria dos direitos de Regan

Tom Regan defende a santidade da vida humana, ao contrário de Singer. Contrário à maioria de nós, ele defende também a santidade de grande parte da vida animal. Em seu livro de 1983, *The Case for Animal Rights*, Regan generaliza e estende algumas noções essenciais da filosofia moral kantiana.[30] A teoria de Regan é ambiciosa e seu livro densamente elaborado. Sua história se inicia com a rejeição ao utilitarismo.

O problema fundamental com o utilitarismo, segundo Regan, é que ele vê os indivíduos apenas como meios em vez de fins. Os indivíduos são valiosos, na perspectiva utilitarista, somente enquanto contribuem para fazer o mundo melhor. São "receptáculos" de valor em vez de valiosos em si mesmos. Basta examinar o princípio básico de Singer, o princípio da igual consideração de interesses, para ver que isso é verdade. Esse princípio considera os interesses moralmente significantes, em vez dos indivíduos que os possuem. De acordo com Regan, esse é exatamente o caminho errado. A razão pela qual os interesses de um ser importam é que o ser importa. Na visão de Regan, o valor está inerentemente investido nos indivíduos. Em oposição ao utilitarismo, Regan propõe o "Postulado do valor inerente":

---

[30] Conforme vimos na seção "Kantismo", do capítulo 4, Christine Korsgaard também defende, de uma perspectiva kantiana, a ideia de que os humanos têm fortes deveres com os outros animais. Uma comparação completa das noções de Regan e Korsgaard seria bastante interessante, mas não será feita aqui.

os indivíduos têm valor independentemente de suas experiências e seu valor para os outros.

Regan segue declarando que tudo que possui valor inerente o possui igualmente. O principal argumento para isso é que a concepção alternativa – que o valor inerente vem em graus – é inaceitável. Essa visão é inaceitável porque é "perfeccionista". Uma visão perfeccionista é aquela em que o valor de uma criatura varia conforme o grau com que ela exemplifica algumas qualidades favoráveis ("perfeições"). Aqueles com várias "imperfeições" (talvez desabilidades de vários tipos) seriam considerados como tendo menos valor inerente que aqueles que são "mais perfeitos". Presumivelmente, aqueles com menos valor inerente poderiam ser sacrificados a fim de beneficiar os com maior valor inerente. Essa visão não é apenas moralmente perniciosa, de acordo com Regan, mas simplesmente recapitula os erros do utilitarismo. Assim, segundo Regan, tudo o que possui valor inerente tem valor inerente igual.

Mas o que tem valor inerente? Todo mundo que seja "sujeito de uma vida" tem valor inerente, de acordo com Regan. Ele caracteriza um sujeito de uma vida da seguinte maneira:

> Indivíduos são sujeitos de uma vida se tiverem crenças e desejos; percepção, memória e um senso de futuro, inclusive seu próprio futuro; uma vida emocional juntamente com sensações de prazer e dor; interesses preferenciais e de felicidade; a habilidade de tomar a iniciativa da ação em busca de seus anseios e metas; uma identidade psicológica sobre o tempo; e um bem-estar individual no sentido de que a experiência de sua vida acarrete o bem ou o mal para ele, logicamente de forma independente de sua utilidade para os outros.[31]

---

[31] Tom Regan, *The Case for Animal Rights* (Berkeley: University of California Press, 1983), p. 243.

Regan deseja concentrar-se em casos claros, e não ficar preso em questões sobre exatamente quais criaturas são sujeitos de uma vida e quais não são. Ele pretende que essa seja uma condição suficiente, mas não necessária. Qualquer ser que satisfaça essa condição é o sujeito de uma vida, mas pode haver outras criaturas que sejam sujeitos de uma vida e não satisfaçam essa condição. Ele acha que está claro que todos os mamíferos acima da idade de 1 ano satisfazem essa condição. São sujeitos de uma vida e, portanto, têm valor inerente. Posto que tudo que tem valor inerente tem valor inerente igual, todos os mamíferos acima de 1 ano de idade, humanos ou não humanos, têm valor inerente igual.

O princípio do respeito é a ponte entre o valor e a obrigação (de um "é" para um "deve"). Ele implica que temos a obrigação de tratar aqueles indivíduos que têm valor inerente de um modo que respeite seu valor inerente. O princípio do respeito implica o princípio do dano, que diz que não devemos ferir aquelas criaturas que possuem valor inerente e que precisamos ir em sua defesa quando forem ameaçados por agentes morais. Isso, por sua vez, implica uma série familiar de direitos morais básicos, inclusive os direitos à vida, liberdade e libertação da tortura.

Esses direitos, no entanto, não são absolutos. Podem ser anulados em casos de autodefesa dos inocentes, punição dos culpados, "escudos inocentes", ameaças inocentes e o que Regan chama de "casos preventivos". Em casos de punição e autodefesa, aqueles cujos direitos foram anulados não são inocentes: eles agiram com intenção de ferir outros. Escudos e ameaças inocentes não têm a intenção de nos ferir, mas somos autorizados a fazer o que for necessário para salvar nossas próprias vidas. Um exemplo de um caso de escudo inocente é aquele em que um agressor culpado tomou um refém inocente (por exemplo, ele o amarrou na frente de seu tanque) e nossa única chance de salvar nossas vidas é se matarmos o refém. Um caso de ameaça inocente é aquele em que somos ameaçados por um agressor que não está funcionando como agente. Isso pode acontecer por causa de uma diminuição em sua capacidade de agir (por exemplo, ele sofre de um tipo particular de doença mental), porque ele jamais fora um agente funcional (por exemplo, uma leoa que pretende ter você para o almoço), ou porque sua capacidade de agir é superada por uma força externa (por exemplo, um tornado o está arrastando em sua direção e vai atingi-lo se você não o explodir com sua arma de raios). Nos casos preventivos, agimos não para nos salvar, mas para salvar outros que de outra forma seriam feridos. Quando agimos para salvar alguns, nos é permitido ferir apenas aqueles que seriam feridos mesmo que não fizéssemos nada.

Perguntas sérias foram feitas acerca dos princípios de Regan quanto aos direitos suspensos. Discutirei brevemente os casos preventivos a fim de transmitir algum sentido às questões que estão em jogo.[32]

Como exemplo de caso preventivo, Regan nos pede que consideremos 51 mineiros presos numa caverna. Todos irão morrer se não fizermos nada. Podemos salvar 50 se matarmos 1, ou salvar 1 se matarmos 50. O que devemos fazer? Regan invoca o que ele chama de "o princípio *miniride*" (do menor prejuízo):

> Considerações especiais à parte, quando precisamos escolher entre anular os direitos de muitos que são inocentes ou os direitos de poucos que são inocentes, e quando cada indivíduo afetado será preju-

---

[32] Para discussão adicional, ver Dale Jamieson, "Rights, Justice and Duties to Aid: a Critique of Regan's Theory of Rights", em *Ethics*, nº 100, 1990, pp. 349-362.

dicado de maneira direta, então devemos escolher anular os direitos dos poucos no lugar de anular os direitos de muitos.[33]

O que devemos fazer, de acordo com Regan, é matar 1 para que 50 vivam.

Não é difícil concordar com a conclusão de Regan, mas pode-se desconfiar de como ele chegou a isso. A razão mais plausível para se acreditar que devemos matar 1 para que 50 possam viver reside num apelo às consequências. Todos os 51 vão morrer a menos que ajamos. O resultado seria melhor se matássemos 1 (ou mesmo 50). Isso é certamente verdade, mas não pode ser a razão de Regan para dizer que matemos um mineiro inocente. Isso porque ele especificamente rejeita tal raciocínio consequencialista, dizendo-nos que a razão para suspender os direitos dos "poucos é que isso é o que devemos fazer se quisermos mostrar igual respeito pelo igual valor inerente, e iguais direitos *prima facie* dos indivíduos envolvidos".[34] O que é intrigante é por que matar mineiros inocentes é consistente com respeitar seu valor inerente. É claro que as consequências seriam piores se não matássemos nenhum mineiro, mas Regan e outros anticonsequencialistas com frequência garantem que o preço de respeitar direitos vem com o preço de permitir que resultados piores aconteçam.

Um segundo tipo de caso de prevenção é aquele em que os ferimentos que se sofreria são incomparáveis. Aqui, Regan pede que imaginemos um caso em que há quatro humanos normais e um cachorro num bote salva-vidas, e todos irão morrer a menos que um seja jogado para fora do bote. Nesse caso, Regan pensa, os ferimentos sofridos não têm comparação, já que "a morte para o cachorro, embora seja um ferimento, não é comparável à morte de um humano.

---

[33] Tom Regan, *The Case for Animal Rights*, cit., p. 305.
[34] *Ibid.*, p. 307.

ÉTICA E MEIO AMBIENTE

Isso porque a magnitude do ferimento que é a morte se mede em função do número e variedade de oportunidades de satisfação que se encerra para um dado indivíduo".[35]

O princípio dominante em casos como esse é o "princípio do pior". Esse princípio estabelece: "Considerações especiais à parte, quando temos que decidir anular os direitos dos muitos ou os direitos dos poucos que são inocentes, e quando o ferimento sofrido pelos poucos os deixaria pior do que qualquer um dos muitos se qualquer outra opção fosse escolhida, então devemos anular os direitos dos muitos".[36]

Em virtude da morte do cachorro não ser um dano tão grande quanto a morte para um humano, é o cachorro que deve ser jogado. Sem dúvida, segue-se desse princípio que qualquer quantidade de cachorros deve ser sacrificada a fim de salvar a vida de um humano em casos semelhantes.

Num caso como esse, sente-se como se o princípio de igual valor inerente está escapando de nossas amarras. Como os animais do livro de George Orwell, *Revolução dos bichos*, todos os animais são iguais, mas alguns animais são mais iguais do que outros.

Já aprendemos que filosofia moral é uma matéria difícil, e nenhuma teoria parece imediatamente satisfatória em todos os aspectos. Toda teoria tem seus problemas. A teoria de Regan possui também seus pontos fortes. Sem dúvida, poder-se-ia rejeitar tudo o que ele diz sobre direitos anulados e ainda ficar com uma teoria bastante abrangente em seu escopo. Em sua ambição, o projeto de Regan não fica atrás de nenhum outro. Ele nos oferece uma cadeia de inferências que transita da rejeição ao utilitarismo a posicionamentos muito

---

[35] *Ibid.*, p. 351.
[36] *Ibid.*, p. 308.

sólidos sobre os direitos dos animais. Se o que ele diz é correto, então é tão errado matar uma vaca quanto um ser humano. Não é surpresa que existam lugares nessa teoria onde alguém poderia se prender.

Usando animais

Os humanos usam outros animais para propósitos muito diferentes. Nós os utilizamos em experiências científicas, em testes de produtos, para diversão e entretenimento. Cuidamos deles quando vivem em nossos lares como nossos companheiros, lidamos com eles quando vivem na natureza, e os vemos como *commodities* em fazendas e ranchos. Apostamos neles nas corridas, rimos deles no circo, sentimos medo nos rodeios, e às vezes até agimos como suas "mães de palco" tentando levá-los à televisão.

Esses usos diversos e aparentemente contraditórios são infinitamente fascinantes. De todas as maneiras em que empreguemos animais, contudo, certamente nosso uso mais profundo, e o de maior impacto em todos nós, é seu uso como alimento. Todos os anos, mundialmente, cerca de 45 bilhões de animais são mortos para servir de comida. Os Estados Unidos matam aproximadamente 10 bilhões, incluindo 9 bilhões de galinhas e o outro bilhão de gado bovino, porcos, carneiros e perus.[37] É nesse uso dos animais que vou me concentrar no restante deste capítulo.

---

[37] Esses números baseiam-se em dados da Organização das Nações Unidas para Agricultura e Alimentação e do Departamento de Agricultura dos Estados Unidos, e estão amplamente disponíveis na internet (por exemplo, em http://www.armedia.org/farmstats,htm). E são excluídos os animais aquáticos, pois suas mortes são em geral expressas em peso em vez de número de indivíduos.

CRIADOURO INDUSTRIAL

O sistema predominante de agricultura animal nos Estados Unidos e União Europeia, e que está aumentando no resto do mundo, é geralmente chamado "criadouro industrial".[38] Esse sistema é planejado para produzir a maior quantidade de carne ao custo mais baixo possível. Criadouros industriais são, geralmente, em escala muito grande, e cada elemento do sistema é minuciosamente controlado. Os animais são confinados em espaços apertados, nutridos com alimento altamente processado, e rotineiramente consomem hormônios, antibióticos e outras drogas. São vistos como nada mais do que um fator de produção, juntamente com outros fatores, como energia, água e mão de obra. O grão com que os animais são alimentados é produzido da mesma forma. Vastas monoculturas são plantadas, aplicam-se fertilizantes, pesticidas e umidade, o trabalho é minimizado, e pouca atenção é dada ao sistema ecológico onde essas operações estão inseridas.

Os criadouros industriais são o sistema que melhor funcionou para maximizar a produção de alimentos ao mesmo tempo que minimizava o trabalho. No início do século XX, 40% da força de trabalho norte-americana estava envolvida em agricultura. Perto do final do século, o número havia encolhido para 2%. Ainda assim, desde 1930, o resultado agrícola tinha quadruplicado.[39] Os consumidores beneficiaram-se dessa produtividade com os preços dos alimentos mais baixos. Em 1950, os norte-americanos gastavam cerca de 22%

---

[38] Outros termos são empregados, inclusive "agricultura industrial" e "agricultura intensiva". O Departamento de Agricultura dos Estados Unidos usa a expressão, "operação de nutrição animal concentrada". Deve-se também notar que a União Europeia está se afastando de práticas mais extremas envolvidas no criadouro industrial, especialmente quando afetam o bem-estar animal. Para saber mais sobre isso, ver www.ari-online.org; para discussão, ver Peter Singer, *Animal Liberation*, cit.

[39] Ver http://eh.net/encyclopedia/article/gardner.agriculture.us.

de sua renda disponível em comida, ao passo que hoje gastam cerca de 7%. Em 1928, o presidente Herbert Hoover prometeu pôr uma "galinha em cada panela". Atualmente, o norte-americano médio come 86 kg de carne por ano, média maior do que a de qualquer outro país.[40]

Há um lado amplo e escuro nesse aumento de produtividade, um aspecto do qual é o desaparecimento da fazenda familiar e as perturbações econômicas e sociais resultantes. A extinção da economia agrícola tradicional levou à despovoação de largas áreas do Meio-oeste americano. A nova economia agrícola é altamente concentrada. Hoje, apenas 3% das fazendas de criação de porco são responsáveis por 50% da produção. 2% das pastagens dos Estados Unidos "terminam" 40% de todo o gado.[41] As quatro maiores companhias de cada uma dessas atividades controlam cerca de 79% de embalagem de carne de boi, 57% de embalagem para carne de porco e 42% de abate de peru. Apenas uma companhia, Tyson Foods, abateu mais de 2 bilhões de galinhas em 2001. Os trabalhos envolvendo abate, que antes eram bem remunerados, são cada vez mais perigosos e mal pagos. Os imigrantes, que agora dominam esse trabalho, são vistos, assim como os animais, como nada mais do que outro fator de produção.[42]

Os custos ambientais do criadouro industrial são também muito altos. Em 1996, as indústrias norte-americanas de carne bovina, suína e de aves produziram 1,4 bilhão de toneladas de resíduo animal, 130 vezes mais do que foi produzido pela população humana total.

---

[40] Ver http://www.ers.usda.gov/publications/sb965/sb965f.pdf. Vinte e seis quilos do consumo de carne anual médio de um norte-americano consiste de galinha.

[41] "Terminar o gado" refere-se a engordá-los com alimentos de alta caloria pouco antes do abate.

[42] Sobre as condições de trabalho em casas de abate, ver Gail A. Eisnitz, *Slaughterhouse: the Shocking Story of Greed, Neglect, and Inhumane Treatment Inside the U. S. Meat Industry* (Buffalo: Prometheus, 1997); e Eric Schlosser, *Fast Food Nation: the Dark Side of the All-American Meal* (Boston: Houghton Mifflin, 2001).

Embora um pouco do esterco seja utilizado para fertilizar plantações, a maioria é armazenada em grandes buracos ou "lagoas", que oferecem sérias ameaças à qualidade da terra, do ar e da água. A Agência de Proteção Ambiental norte-americana considerou 60% dos rios e córregos "impraticáveis", e citou o escoamento de dejetos da agricultura como o fator mais importante.[43] Num período de apenas três anos (1995-1998), a poluição das indústrias de porco e frango foi responsável pela morte de mais de 1 bilhão de peixes.[44]

A produção de gado bovino também contribui pesadamente com a poluição do ar. As vacas produzem, como subproduto da digestão, compostos orgânicos voláteis (COVs) que são quimicamente ativos na produção de névoa. O vale de San Joaquin, na Califórnia, a terra mais rica da América do Norte para agricultura, tem uma das piores qualidades do ar, com seus 2,5 milhões de vacas como as maiores contribuintes. De acordo com a Secretaria de Controle da Poluição Atmosférica do Vale de San Joaquin, cada vaca no vale anualmente contribui com mais COV do que um automóvel ou caminhão leve.[45] Além de contribuírem com a poluição, as vacas também contribuem com a mudança climática ao produzir 50% do metano do mundo, um gás de efeito estufa que é vinte vezes mais poderoso que o dióxido de carbono.

Os antibióticos são outros grandes poluentes produzidos pelos criadouros industriais. Das 22,5 mil toneladas de antibióticos usados nos Estados Unidos a cada ano, 9 mil são dadas aos animais, a maioria (80%) sendo empregada para gerar crescimento rápido. Os 20% remanescentes são usados para ajudar no controle de doenças que ocorrem quando os animais são confinados, incluindo anemia,

---

[43] Ver http://www.hfa.org/factory.
[44] Ver http://www.factoryfarm.org/resources/factsheets.
[45] Ver http://news.nationalgeographic.com/news/2005/08/0816.050816_cowpollution.html.

gripe, doenças intestinais, mastites, metrites, ortostasia e pneumonia. Muitos desses antibióticos alcançam cursos d'água, onde contribuem para criar colônias de bactérias resistentes aos medicamentos, um problema de saúde cada vez mais sério para os seres humanos.[46]

Alimento é energia, e o que um sistema agrícola faz é reciclar energia de um nível trófico para outro, produzindo calorias alimentares de matérias-primas como água, nitrogênio e combustíveis fósseis.[47] Ao se avaliarem as consequências ambientais de um sistema agrícola, além da poluição que produz, deve-se levar em consideração os grandes impactos nos ciclos globais. Qual é o custo de nosso sistema atual de criadouros industriais quando visto dessa perspectiva?

O mais importante aspecto de nosso sistema atual, desse ponto de vista, é que a maior parte do alimento produzido não é consumida diretamente pelos humanos, mas dada a outros animais que são então consumidos pelos humanos. Uma vez que a regra de ouro em ecologia é que cerca de 90% da energia é perdida ao subir um nível trófico (por exemplo, de plantas para animais), é óbvio que esse sistema é altamente ineficiente. Para funcionar, requer superprodução de grãos e animais, envolvendo enormes quantidades de combustíveis fósseis, água e fertilizante à base de nitrogênio.

Em média, a produção de proteína animal nos Estados Unidos requer 28 calorias de energia de entrada para cada caloria de proteína produzida para o consumo humano. Carnes bovina e de carneiro são as mais custosas em relação à entrada de energia de combustível fóssil para produção de proteína, nas proporções de 54:1 e 50:1, respectivamente. Para produzir carnes de peru e de frango os números são

---

[46] Ver http://www.sciencenews.org/articles/20020629/bob7.asp.

[47] Níveis tróficos são posições numa cadeia alimentar hierárquica. Por exemplo, plantas verdes são produtores primários, os herbívoros formam o segundo nível trófico, enquanto os carnívoros integram o terceiro e o quarto níveis tróficos.

13:1 e 4:1, respectivamente. O resultado é que 80% dos grãos produzidos nos Estados Unidos todo ano são usados para alimentar os animais, ocasionando a perda de cerca de 34 milhões de toneladas de proteína. David Pimentel calcula que é necessário quase duas vezes mais energia fóssil para produzir uma típica dieta norte-americana do que uma dieta vegetariana pura. Isso significa cerca de 150 galões de combustíveis fósseis a mais por ano para um consumidor de carne. Quando olhamos para quanto combustível extra é preciso para alimentá-los, os comedores de carne estão efetivamente "dirigindo" 18 km a mais todos os dias, quer dirijam ou não.[48] Um estudo recente mostra que a família norte-americana média reduziria mais eficientemente suas emissões de gás de efeito estufa adotando uma dieta vegana (que não usa nenhum produto animal) do que trocando o seu carro a gasolina por um carro híbrido.[49]

Os criadouros industriais geram desperdício de água ainda maior do que de combustíveis fósseis. A agricultura responde por 87% de toda a água fresca consumida anualmente nos Estados Unidos. São utilizados 94,5 litros de água para produzir meio quilo de grãos, e cerca de 9 mil litros para produzir meio quilo de carne. Quando ocorre escassez de água, os cidadãos são quase sempre solicitados a não lavar carros ou não encher as piscinas e diminuir o tempo no chuveiro. No entanto, cortar o consumo de carne pouparia mui-

---

[48] Muitas das informações a esse respeito e com relação ao parágrafo seguinte foram extraídas de David Pimentel & Marcia Pimentel, "Sustainability of Meat-Based and Plant-Based Diets and the Environment", em *American Journal of Clinical Nutrition*, nº 78. 2003, pp. 660-663, mas um material similar está amplamente disponível em livros recentes de Peter Singer & Jim Mason, *The Way We Eat: Why Our Food Choices Matter* (Nova York: Rodale, 2006); e Michael Pollan, *The Omnivore's Dilemma: a Natural History of Four Meals* (Nova York: Penguin, 2006); e em *sites* como http://bicycleuniverse.info/transpo/beef.html.

[49] Robert Elliot, Gidon Eshel & Pamela A. Martin, "Diet, Energy, and Global Warming", em *Earth Interactions*, nº 10, 2006, pp. 1-17.

to mais água do que esses sacrifícios. Quatro quilos e meio de bife igualam-se ao consumo médio de água de uma residência por ano.

Como consequência de se empregar enormes quantidades de fertilizante para produzir os grãos requeridos para alimentar os animais, os humanos são agora a influência mais importante no ciclo global de nitrogênio.[50] Muito do nitrogênio despejado em culturas escoa para a água e o solo, onde reage quimicamente para formar óxidos de nitrogênio ou flui para fertilizar algo mais. O óxido nitroso é um gás de efeito estufa 310 vezes mais poderoso que o dióxido de carbono, e também está envolvido na criação da chuva ácida. Muito do fertilizante acaba em córregos e ribeirões, finalmente em rios, e então no mar, gerando grandes conjuntos de algas que retiram todo o oxigênio da água, matando muitas formas de vida marinha. Existe uma "zona morta" com o tamanho de Nova Jersey na boca do rio Mississippi, no golfo do México, que foi criada por esse processo.

Alguém se pergunta como isso irá acabar, já que é quase inimaginável que a Terra possa suportar até mesmo sua atual população de mais de 6,6 bilhões com essas práticas agrícolas. Ainda assim, o criadouro industrial está se espalhando no mundo em desenvolvimento, junto com o aumento do consumo de carne. O México agora alimenta suas criações com 45% de seus grãos; em 1960, utilizava 5%. O Egito subiu de 3% a 31% no mesmo período, e a China, com um quinto da população do mundo, foi de 8% a 26%.[51] Segundo a Organização das Nações Unidas para Agricultura e Alimentação, a produção global de carne terá mais que dobrado por volta de 2050, com a produção de laticínios crescendo na mesma proporção.[52]

---

[50] Ver http://www.esa.org/science/Issues/FileEnglish/issue1.pdf.
[51] Ver http://www.harpers.org/TheOilWeEat.html.
[52] Essa notícia está disponível em http://www.virtualcentre.org/en/library/key.pub/longshad/A0701E00.htm.

As criações de gado atualmente usam 30% da superfície seca da Terra e é um grande causador de desflorestamento, especialmente na América Latina, onde por volta de 70% das florestas da Amazônia foram derrubadas e a terra utilizada para cultivo. Quanto às emissões globais de gás de efeito estufa, as criações de gado respondem por uma fração maior do que o transporte.

Até agora discutimos principalmente os amplos efeitos ecológicos do criadouro industrial, mas os impactos no bem-estar e sofrimento dos animais são gigantescos e viscerais. Os animais dos criadouros industriais levam vidas terríveis, e nada que eu possa dizer reflete adequadamente as realidades envolvidas. Gostaria que os leitores visitassem criadouros industriais ou abatedouros. Se isso não ocorrer, existem numerosos vídeos na internet que irão permitir uma espiada (por exemplo, em http://www.meat.org). Às vezes, as pessoas pensam que não devíamos assistir a essas imagens porque apelam às emoções e não à razão. Acho que evitar essas imagens é uma maneira de tentar enganar a nós mesmos sobre o que realmente acontece em tais lugares.[53] No lugar de tentar conjurar o que não pode ser adequadamente representado, vou simplesmente descrever um pouco o que ocorre com as galinhas que são criadas para abate na América do Norte contemporânea. Contarei um pouco sobre sua história em vez da dos outros animais apenas porque eles são os animais mais comumente abatidos para servir de alimento. O criadouro industrial é pior para galinhas, vacas ou porcos? Não sei, mas o que de fato sei é que é muito ruim para todos eles.[54]

---

[53] Para discussão desse ponto, ver Kathie Jenni, "The Power of the Visual", em *Animal Liberation Philosophy and Policy Journal*, nº 3, 2005, pp. 1-21.

[54] Para saber o que o criadouro industrial é para outros animais criados para servir de alimento, ver Gail A. Eisnitz, *Slaughterhouse: the Shocking Story of Greed, Neglect, and Inhumane Treatment Inside the U. S. Meat Industry* (Buffalo: Prometheus, 1997), ou visite vários *sites,* tais como http://www.hfa.org/hot_topics/slaughterhouse.html.

Os frangos que são criados para serem abatidos vivem pouco mais que seis semanas. (Seu tempo de vida natural é de 6 a 12 anos.) Suas vidas começam num viveiro, onde são "castrados", vacinados e "desbicados". Desbicar envolve usar uma lâmina incandescente para cortar uma grande porção do bico. Isso é feito sem aliviar a dor. (O bico é um órgão altamente sensível com o qual os frangos exploram o mundo, mas também é usado para bicar e mesmo canibalizar outros frangos quando estão estressados.) Eles são então enviados para fazendas terceirizadas, onde são mantidos em "granjas", que contêm até 20 mil frangos, cada um com cerca de um espaço de uma folha de papel sulfite. Isso não é espaço suficiente para um frango bater ou mesmo abrir as asas, abaixar-se ou virar-se. As granjas geralmente não têm janelas e são áridas, exceto por palha no chão e filas de alimentadores e bebedouros. Tudo é automático. As luzes ficam acesas 22 horas por dia para facilitar a alimentação. Após cerca de 45 dias, os frangos alcançam o peso de mercado, e a maioria sofre de problemas estruturais agudos e crônicos devidos ao grande e rápido ganho de peso.[55] "Equipes de captores" chegam e acondicionam de 1.000 a 1.500 aves por hora em engradados para transportá-los aos abatedouros. Durante a jornada, os frangos não são alimentados nem recebem água ou proteção contra temperaturas extremas. Assim que chegam, são levados a uma sala escura, onde são pendurados pelos pés a grilhões de metal numa linha que se move. Suas cabeças são afundadas em água eletrificada para imobilizá-los e agilizar a matança em série (o governo norte-americano não exige que os frangos fiquem inconscientes antes de serem abatidos). Uma lâmina rotativa

---

[55] Para colocar a taxa de crescimento dos frangos de hoje em perspectiva, considere esta declaração de uma informe da Divisão de Agricultura da Universidade do Arkansas: "Se você crescesse tão rápido quanto um frango, pesaria 158 kg com 2 anos de idade" (disponível em http://www.kidsarus.org/kids_go4it/growit/raieit/chickens.htm, visitado em 19-2-2007).

automatizada corta suas gargantas numa taxa de mais de uma ave por segundo. Os frangos que sobrevivem são mortos manualmente. Eles sangram num túnel de sangue, são depenados num tanque de escaldo e desossados. Depois são embalados e resfriados para inibir o crescimento bacteriano, e 50 minutos após chegarem ao abatedouro estão numa caixa a caminho do supermercado ou restaurante.[56]

Isso é o melhor que um frango pode esperar. Contudo, um sistema que abate 9 bilhões de frangos por ano possui uma taxa de erro previsível. Muitos frangos não sobrevivem nas granjas ou no transporte aos abatedouros. Uma vez que os procedimentos no abatedouro não são monitorados, são quase sempre inadequados. Por causa da preocupação de que eletricidade demais danificaria as carcaças e diminuiria seu valor, a corrente elétrica é comumente mais baixa do que seria necessário para deixar as aves inconscientes. O resultado é que, enquanto os frangos são imobilizados depois de atordoados, ainda são capazes de sentir dor, e muitos emergem dos tanques ainda conscientes. Como as linhas de abate correm a velocidades de até 8.400 frangos por hora, trabalhadores ou máquinas às vezes não conseguem cortar as artérias carótidas, o que pode adicionar dois minutos ao tempo necessário para que as aves sangrem até a morte. Em consequência, eles podem estar conscientes quando entram nos tanques de água escaldante usada para soltar as penas. Um estudo descobriu que até 23% dos frangos ainda estão vivos quando entram nos tanques de escaldo.[57]

---

[56] Essa descrição é baseada nas seguintes fontes: http://query.nytimes.com/gst/fullpage.htm l?res=9405E7D71538F93AA35751C1A962948260&sec=health&pagewanted=print; Peter Singer & Jim Mason, *The Way We Eat: Why Our Food Choices Matter* (Nova York: Rodale, 2006); http://www.hsus.org/farm/resources/research/welfare/broiler_industry.html.

[57] Neville G. Gregory e Steve B. Wotton, "Effect of Slaughter on the Spontaneous and Evoked Activity of the Brain", em *British Poultry Science*, nº 27, 1986, pp. 195-205.

Quando as coisas são claramente colocadas desse jeito, é difícil ver como alguém poderia defender tais práticas. Sem dúvida, pela minha experiência, poucos irão defendê-las. Todavia, a maior parte da carne que comemos continua a ser produzida do modo que descrevi. Quaisquer reservas que se possa ter sobre criadouro industrial numa aula de ética ambiental tende a desaparecer na hora do jantar. O fato é que essas práticas continuam porque possuem um disseminado apoio político e do consumidor (ou pelo menos aceitação).

MATAR *VERSUS* CAUSAR DOR

É natural perguntar, nesse ponto, se existe uma distinção moral entre matar animais e lhes causar dor. Seria permissível para nós usar animais como alimento se nos certificarmos de que eles têm vidas felizes e são mortos de forma indolor?

Diferentes teorias morais respondem a essa questão de maneiras diferentes. Tom Regan, como vimos, acha que os animais (pelo menos os mamíferos adultos) têm direito a uma vida tão rigorosa quanto aquela que você ou eu apreciamos. Ninguém acha que, se fôssemos tratados bem, seria permitido matar-nos de forma indolor. Nosso direito à vida é distinto de nosso direito de não ser machucado; na verdade, complementa-o. Ambos os direitos devem ser respeitados, não trocados um pelo outro. As implicações dessa concepção para os criadouros industriais são claras. De acordo com Regan:

> O erro moral fundamental aqui não é que os animais são mantidos em confinamento estressante... ou que eles sintam dor ou sofrimento, que suas necessidades e preferências sejam ignoradas ou desprezadas... Isso são sintomas... do erro sistemático, mais profundo, que permite que esses animais sejam vistos e tratados como destituídos

de valor independente, apenas como recursos para nós... A única solução é a extinção total da pecuária comercial.[58]

A visão de Regan é exigente: não importa quão bem tratemos os animais, é errado matá-los para comer. Alguns desejarão rejeitar a filosofia de Regan porque não gostam dessa conclusão, assim como alguns gostariam de rejeitar o utilitarismo porque o acham exigente demais. Mas a primeira lei da filosofia é esta: não pode ocorrer de o único erro num argumento ser uma falsa conclusão. Se você rejeita a conclusão de um argumento, então tem a obrigação de encontrar uma falha no raciocínio ou um engano nas premissas. Quando se trata de fazer filosofia, não há substituto para o compromisso com os argumentos.

O utilitarismo de Singer é mais receptivo à possibilidade de que matar animais para comer pode ser moralmente permissível. A princípio, o que importa a um utilitarista como Singer é o valor total do mundo em vez da identidade ou bem-estar dos indivíduos particulares que o habitam.[59] Assim, pareceria ser possível matar animais de maneira indolor para comer, desde que os substituamos por outros animais que são igualmente felizes e que de outra forma não teriam vivido. Embora parte dessa visão possa ser derivada de algumas versões do utilitarismo, caracterizá-lo com precisão e defendê-lo persuasivamente não é tarefa fácil.

Para Singer, conforme vimos, a senciência é necessária e suficiente para a considerabilidade moral. Somente os interesses de todos

---

[58] Tom Regan, "The Case for Animal Rights", em Peter Singer (org.), *In Defense of Animals* (Oxford: Basil Blackwell, 1985), pp. 24 e 25.

[59] Alguns consequencialistas (inclusive alguns utilitaristas) dizem que o que importa é o bem-estar médio dos indivíduos em vez do bem-estar total do mundo. Ver, para uma visão geral que mostra que cada concepção enfrenta sérias objeções, Thomas Hurka, "Future Generations", em Lawrence C. Becker (org.), *Encyclopedia of Ethics* (Nova York: Garland Publishing, 1992), pp. 391-394.

os seres sencientes, e todos os seus interesses, devem ser igualmente considerados. Contudo, não se pode concluir que todos os seres sencientes ou todos os interesses sejam igualmente valiosos.

Alguns seres sencientes são autoconscientes; no vocabulário de Singer, eles são "pessoas". Outros seres sencientes não são autoconscientes; eles são não pessoas, o que chamarei de criaturas "simples". Essa distinção entre pessoas e criaturas simples, segundo Singer, marca uma importante diferença moral e psicológica.

As pessoas experimentam o mundo, e algumas dessas experiências são prazerosas (ou, num sentido mais amplo, agradáveis) e outras são dolorosas (ou, mais amplamente, desagradáveis). Além disso, as pessoas experimentam a si mesmas tendo tais experiências. Uma vez que se veem como sujeitos que persistem no tempo, as pessoas podem ter atitudes em relação a seu passado e anseios sobre seu futuro. Criaturas simples também experimentam o mundo, e algumas dessas experiências são prazerosas e outras dolorosas. O que as criaturas simples não experimentam é a si mesmas ao experimentarem o mundo, ou a si mesmas tendo experiências prazerosas ou dolorosas. Criaturas simples não se veem como seres com passado e futuro, cujas experiências são ligadas em virtude de terem a si mesmas como sujeito comum. Essas diferenças nas capacidades psicológicas das pessoas e criaturas simples dão origem a diferenças com relação a como suas vidas podem melhorar e piorar.

As vidas das criaturas simples melhoram quando experimentam prazer, e pioram quando experimentam dor. Simples assim. As pessoas, por outro lado, possuem uma fonte adicional de valor e desvalor. Pelo fato de elas se verem persistindo no tempo, podem ter desejos sobre o futuro (em oposição a, digamos, atrações e aversões). Quando seus desejos são satisfeitos, suas vidas melhoram; quando seus desejos são frustrados, suas vidas pioram.

Entre os desejos que as pessoas normalmente têm está o desejo de continuar vivendo. Portanto, é normalmente ruim para uma pessoa ser morta, mesmo sem dor, porque isso frustra um de seus desejos. Criaturas simples, por outro lado, não têm desejos de vida continuada porque, em primeiro lugar, não têm consciência de ter uma vida. Assim, a morte indolor de uma criatura simples não frustra um desejo que ela tenha, logo, sua vida não piora como consequência. Isso parecia abrir a possibilidade de que tais criaturas pudessem ser mortas de forma indolor e usadas como alimento.

De toda forma, muitos ficam incomodados com o fato de que a distinção entre pessoas e criaturas simples não é a mesma distinção entre humanos e outros animais. Nessa concepção, todos os grandes símios, não apenas humanos, são bons candidatos a ter personalidade, assim como alguns cetáceos, inclusive golfinhos. Entre os animais que em geral servem de comida, os porcos são os mais próximos de serem qualificados como pessoas (embora Singer sugira que todos os mamíferos adultos normais possam ser pessoas).[60] Por outro lado, crianças recém-nascidas e humanos com dano cerebral severo, de todas as idades, não seriam considerados pessoas, pois não veem a si mesmos como resistindo ao tempo. Se o que estamos contemplando é matar criaturas simples para comer, parece que há alguns humanos que poderiam seguir para o abatedouro, ao passo que de lá escapariam alguns animais atualmente usados como alimento.

Alguns duvidam que essa classificação consiga oferecer, até mesmo a pessoas, algo como o direito à vida. Primeiro, existe a acusação de que, para um utilitarista como Singer, nenhum direito à vida pode ser muito forte, já que a permissão de matar ou não alguém depende

---

[60] Peter Singer, *Practical Ethics* (2ª ed. Cambridge: Cambridge University Press, 1993), pp. 87 e 132.

das consequências desse ato, e consequências são altamente sensíveis a contextos e circunstâncias mutáveis. Em segundo lugar, é difícil ver por que ser autoconsciente torna alguma criatura insubstituível em vez de simplesmente aumentar o preço da reposição. Lembre-se de que criaturas simples e felizes não podem ser mortas a esmo. Tal matança só pode ser justificada se houver reposição por criaturas igualmente felizes e que de outro modo não teriam existido. Mas e se uma pessoa que prefere viver é morta de forma indolor e substituída por uma pessoa que de outro modo não teria vivido, mas que prefere seguir vivendo assim que passa a existir? Do "ponto de vista do universo", é difícil ver por que se poderia objetar a isso.

A esta altura, é importante lembrar outro aspecto do utilitarismo. Nosso dever não é meramente evitar a redução de valor, mas na verdade maximizá-lo. Para ser permitido matar criaturas simples de modo indolor, é condição necessária que sejam substituídas por criaturas no mínimo igualmente felizes, mas que de outro modo não teriam vivido. Todavia essa não é uma razão suficiente. Se houver outra ação ou prática acessível a nós que produza mais valor, somos obrigados a abraçá-la. Então, mesmo que uma morte indolor e a substituição das criaturas simples não piorassem o mundo, tornar-se vegetariano poderia de fato fazer do mundo um lugar melhor. Se este for o caso, matar e substituir animais simples, de uma perspectiva utilitarista, seria errado.

Além do mais, conforme aprendemos com Kant, existem motivos para proteger as vidas dos seres, além do que é devido a eles diretamente como indivíduos. A maioria de nós ficaria aterrorizada com a ideia de o cachorro da família ser usado por alguém como alimento. Da mesma forma, a maior parte de nós tem fortes ligações sentimentais com nossos semelhantes, qualquer que seja a exata estrutura de sua consciência. Também nos preocupamos com "armadilhas":

hoje no abatedouro estão os humanos que são criaturas simples, mas quem sabe se amanhã não serão pessoas? Talvez nossa indisposição para matar humanos que são criaturas simples não seja de fato uma questão desses efeitos "indiretos", mas indica que de algum modo acreditamos que eles têm um "direito à vida", embora não sejam pessoas. Mas qual seria a base para tal crença? Se os humanos que são criaturas simples têm direito à vida, o mesmo não deveria ser verdade para outros animais que são seres simples? Neste ponto, o argumento de Regan começa a parecer mais plausível.

O ONÍVORO CONSCIENCIOSO

Apesar das questões e objeções que se possa levantar, a perspectiva de Singer parece realmente deixar em aberto a possibilidade que é fechada por Regan e que muitas pessoas acham atraente: a ideia do "onívoro consciencioso".[61] Um onívoro consciencioso come carne, mas apenas se as consequências ecológicas forem aceitáveis, e os animais terem tido boas vidas e mortes indolores. Cada consideração levanta suas próprias questões.

Com relação às consequências ecológicas, certos tipos de caça são muito menos prejudiciais do que comer a carne de criadouros industriais. Sem dúvida, alguns diriam que, do ponto de vista ecológico, é melhor comer um animal selvagem cuja espécie não corre risco de extinção, como o alce ou o veado, do que um hambúrguer vegetariano ou alguma outra alternativa vegetariana.[62] Cultivar grãos

---

[61] A expressão é de Peter Singer & Jim Mason, *The Way We Eat: Why our Food Choices Matter* (Nova York: Rodale, 2006), mas o advogado mais proeminente é Michael Pollan, *The Omnivore's Dilemma: a Natural History of Four Meals* (Nova York: Penguin, 2006).

[62] Melhor ainda, alguns diriam, seria caçar um animal que em si mesmo é ecologicamente destrutivo, como porcos selvagens na maior parte do mundo. Ver a subseção "Cabras selvagens *versus* plantas endêmicas", do capítulo 6, para discussão de alguns problemas éticos em relação a animais exóticos.

de soja para o *tofu* é até certo ponto ecologicamente destrutivo, ao passo que obter carne (do tipo certo) de caça envolve simplesmente explorar os processos de autorrenovação da natureza. É claro que, se a alternativa vegetariana significar coleta de alimento em vez de agricultura, então esse gênero de caça não traria nenhuma vantagem ecológica sobre o vegetarianismo. Além disso, a vantagem ecológica de caçar pode perder-se se os animais visados de alguma forma se alimentam de grãos (por exemplo, através da alimentação de inverno), ou se a paisagem for modificada a fim de afetar o tamanho ou para tornar a caçada mais fácil ou mais atraente. Essas práticas introduzem elementos de agricultura (o que são, com efeito) no que de outro modo seria puramente uma questão de caça.

Além de sua aceitabilidade ecológica, caçar animais selvagens cuja espécie não está ameaçada de extinção parece combinar bem com o respeito à qualidade de vida dos animais antes de serem mortos. Ou os animais que são mortos tiveram boas vidas ou caçá-los seria um ato de misericórdia. Além disso, uma vez que estamos presumindo que os animais caçados são parte de uma população naturalmente sustentável, é razoável supor que o espaço ecológico aberto pela caça seria completado por novos animais que viriam a existir e que, de outra forma, não teriam vivido. Não há razão para acreditar que as vidas desses novos animais seriam piores do que as dos animais que eles substituem.

E o caráter das mortes dos animais? Existem vários estereótipos conflitantes sobre as mortes causadas pelos caçadores. Muitos caçadores fariam você acreditar que eles são os mais nobres e mais éticos dos humanos: toda morte é uma morte limpa; se não fosse, não teriam dado o tiro. Por outro lado, aqueles que se opõem à caça muitas vezes retratam os caçadores como bêbados, indiferentes ao sofrimento animal. O fato é que é muito difícil conseguir informações quantitativas confiáveis sobre quanto os animais sofrem quando mortos por caçadores em busca de alimento. Alguns, não há dúvida, sofrem bastante, enquanto outros têm morte indolor.

Independentemente do caso de como os animais caçados morrem, existem outras preocupações éticas que se poderia ter sobre esse tipo de caçada. Mesmo que você rejeite a concepção de Regan de que (pelo menos) todos os mamíferos adultos possuem um forte direito à vida, poderia ainda achar que muitos dos animais mortos em caçadas são pessoas na acepção de Singer, com o desejo de continuar vivendo. Você poderia também ter preocupações que vêm da ética da virtude (discutida na seção com esse nome, no capítulo 4). Mesmo que não se façam outras objeções, queremos realmente encorajar a larga participação na matança?

Não importando como respondamos a essas questões, está claro que essa maneira de ser onívoro consciencioso não tem papel importante em como a carne é, de forma geral, obtida em sociedades industriais. Mesmo se acreditarem que seria ético assim proceder, muitas pessoas desistem de caçar para sua própria alimentação. Além do mais, as oportunidades para esse tipo de caçada são raras, e ficarão ainda mais no futuro, à medida que a população humana crescer e populações da natureza selvagem tornarem-se ainda mais intensamente controladas.

Ser um onívoro consciencioso significa, para a maioria das pessoas, comprar comida orgânica, ovos "felizes" de galinhas soltas, e obter carne de animais que tiveram vidas boas e que foram humanamente abatidos antes de se apresentar ao balcão de carnes. Pouco importa quão atraente e até mesmo romântica essa visão seja, é moralmente muito mais arriscada do que a espécie de caçada que descrevi.

De modo geral, nos Estados Unidos, é bastante incerta a natureza do que exatamente se está comprando quando se compra carne orgânica, leite ou ovos livres. Em muitos casos, não há critérios governamentais, ou eles estão sendo desenvolvidos só agora, frequentemente num vórtice de controvérsia e negociação política. Os rótulos que aparecem nos produtos são muitas vezes colocados ali pelos fabricantes, ou são certificados emitidos por associações voluntárias ou grupos comerciais. Não existe garantia de que o que eles querem dizer por termos como "natural" ou "humano" é o que um consumidor consciencioso poderia esperar. Mesmo quando os padrões do governo estão presentes, são quase sempre vagos e o cumprimento não é monitorado.[63]

Desde 2002, quando o Departamento de Agricultura dos Estados Unidos adotou padrões orgânicos, não houve nenhuma multa ou processos por violações, e o Departamento é incapaz de dizer quantas violações ocorreram, embora muitas tenham sido documentadas por jornalistas, especialistas em agricultura e outros profissionais. Muito da produção destinada ao mercado orgânico norte-americano é cultivada na China ou na América Latina, onde quase não existe inspeção efetiva.

Muitos exemplos podem ser dados da imprecisão dos padrões, mas eis aqui um particularmente importante para os onívoros conscienciosos. Os padrões exigem que o gado tenha "acesso ao pasto", mas se calam sobre quanto pasto, por quanto tempo ou que fração da dieta de um animal deve vir do pasto. Como resultado, há enorme variação nas práticas atuais. Existem produtores vendendo produtos orgânicos de vacas que vivem com cerca de 6 mil outros animais e

---

[63] "Comida orgânica é o caminho?", *The Dallas Morning News*, 17 de julho de 2006, disponível em http://www.dallasnews.com/sharedcontent/dws/dn/latestnews/stories/071606dnccoorganics.19c550e.html.

raramente veem pasto, e há fazendas onde vacas não orgânicas são trazidas como reposição e onde antibióticos e hormônios são utilizados.

Além disso, muitos animais abatidos para servir de alimento (por exemplo, virtualmente todos os frangos e porcos) terão recebido grãos como parte de sua dieta em algum período de seu ciclo de vida. Assim, até certo ponto, os impactos ecológicos do criadouro industrial existirão dessa forma também.

No mínimo vamos dizer isso: boa parte da indústria que apela para os onívoros compassivos é bem diferente do que muitas pessoas imaginam. Em grande medida, essa indústria recapitula a estrutura do criadouro industrial. A maioria dos produtos orgânicos são produzidos em grandes fazendas, transportada por grandes distâncias, pré-embalada e distribuída por redes centralizadas e amplas. Sem dúvida, alguns dos maiores produtores orgânicos são subsidiários das gigantes de alimentos processados.

Ainda assim, parece claro que, de uma perspectiva ecológica, consumir esses produtos é melhor que consumir produtos de criadouros industriais, embora seja difícil dizer quanto é melhor. A qualidade de vida dos animais de fazenda é, provavelmente, melhor, embora mais uma vez seja difícil dizer quanto, especialmente dada a ampla gama de variação.

Finalmente, há a questão do abate indolor. A maioria dos padrões estabelecidos, ou pelo governo ou por associações voluntárias, presta relativamente pouca atenção ao abate. Mas sabemos que matar de forma indolor um ser consciente é extremamente difícil. Uma das controvérsias que cerca a pena de morte nos Estados Unidos relaciona-se à possibilidade de administrá-la de maneira indolor. Esses são casos em que uma enorme quantidade de recursos estatais é mobilizada para matar um único ser humano sob condições cientificamente monitoradas e precisamente controladas. Frangos e porcos não são humanos em termos de sofisticação psicológica, mas certamente são cientes e sensíveis, e a tarefa de criar um sistema de abate comercial de massa é de magnitude tal que é mais difícil do que realizar uma única morte indolor. Independentemente do que mais possa ser verdade, não podemos presumir que os animais que comemos tiveram morte indolor, mesmo se suas vidas foram relativamente boas até aquele ponto.

Mais surpreendente, dada a grande atenção que os onívoros conscienciosos recebem, é que eles são uma pequena fração da população. No mundo, assim como nos Estados Unidos, apenas 1%-2% de todo alimento comercializado pretende ser orgânico. A quantidade de carne produzida de animais que levaram vidas felizes e tiveram morte indolor é certamente muito mais baixa que isso. Apesar da propaganda, não muitas pessoas poderiam realmente estar seguindo a dieta de um onívoro consciencioso: simplesmente não há o tanto de comida disponível que tenha passado por nenhum exame ético. Talvez isso mude no futuro, mas, dada a crescente concentração da indústria de alimentos e a resistência à regulamentação, é pouco provável que isso ocorra, pelo menos nos Estados Unidos.

A falta de opções efetivas para muitas pessoas que poderiam querer seguir a vida do onívoro consciencioso dá origem a outro problema: a possibilidade de corrupção moral. A linha entre comer e não comer carne é muito clara; a distinção entre comer carne de animais que tiveram vida boa e foram abatidos de forma indolor e comer os produtos de criadouros industriais não é tão nítida. Um onívoro consciencioso poderia facilmente se tornar um consumidor comum por simplesmente não querer mudar de rota. Ele prefere comer carne a ser vegetariano. Também prefere carne de animais que tiveram vida boa e foram abatidos de forma indolor, e quando disponível isso é o que ele come. Contudo, em ocasiões particulares, quando essa carne não estiver disponível, ele poderia pensar em comer animais de criadouro industrial como a "segunda melhor" opção, melhor do que não comer nenhuma carne. Pode até pensar assim: "Já que é permissível em algumas ocasiões comer um pouco de carne, não seria tão ruim eu comer essa carne agora". De toda forma, se a opção regularmente apresentada a ele está entre carne de criadouro industrial e nenhuma carne, ele vai passar para a vida de um consumidor normal, enquanto pensa em si mesmo como um onívoro consciencioso.

Uma versão de ser onívoro consciencioso observa uma clara linha entre os tipos de animais que podem ser consumidos. Esse tipo de onívoro consciencioso recusa-se a comer animais terrestres, mas irá comer frutos do mar. O argumento é que criaturas marinhas são psicologicamente mais simples do que os animais terrestres que usamos para comer, que eles vivem livremente antes de ser capturados e mortos, e que comer frutos do mar é mais ecologicamente responsável do que comer animais terrestres. Discutirei essas alegações a seu tempo.

Primeiro, é bem difícil avaliar a consciência em animais marinhos, criaturas tão diferentes de nós e tão diversas entre si mesmas. Como as linhagens de mamíferos e criaturas marinhas separaram-se tanto tempo atrás, muitas estruturas anatômicas, inclusive cerebrais, são bastante diferentes. No entanto, sabemos que a evolução quase sempre produz estruturas diferentes com funções semelhantes mediante diferentes processos evolucionários (isso é conhecido como "evolução convergente"). Assim, de um ponto de vista puramente biológico, não há razão para que estados psicológicos característicos dos mamíferos e outros animais terrestres não ocorram igualmente em criaturas marinhas.

Sem dúvida, é quase certo que ocorram. Polvos, sépias e lulas são moluscos cujos ancestrais separaram-se de seus ancestrais vertebrados (que incluem peixes) entre 600 milhões e 1 bilhão de anos atrás.[64] Ainda assim, eles são amplamente considerados criaturas cognitivas, demonstrando visão, planejamento, ação e, talvez, até emprego de ferramentas. Aprendem a resolver enigmas, assimilam dicas e se lembram das soluções. Uma cientista afirmou que os polvos "muito provavelmente têm a capacidade de sentir dor e sofrimento e, talvez, sofrimento mental".[65] As sépias cativas mostram reação positiva ao enriquecimento ambiental. De toda forma, mariscos e ostras, seus camaradas moluscos, parecem estar do outro lado do espectro. Quase ninguém os considera como sencientes ou cognitivos, embora esses passivos animais que se alimentam por filtros possuam sistemas nervosos simples.

Os ancestrais dos peixes e mamíferos de hoje separaram-se cerca de 400 milhões de anos atrás. Os peixes também são extremamente diversificados, mas geralmente possuem um sistema nervoso bem desenvolvido, organizado em torno de um cérebro central dividido em diferentes partes. Muito do cérebro parece estar devotado a processar estímulos sensoriais e coordenar o movimento do corpo. Vários peixes têm os órgãos dos sentidos altamente desenvolvidos e muitos possuem um senso extraordinário de sabor e cheiro. Muitos peixes também contam com receptores que lhes permitem detectar correntes e vibrações, assim como sentir o movimento de outros pei-

---

[64] Embora seja extremamente difícil datar com precisão pontos de separação em linhagens evolucionárias, parece que o nosso último ancestral comum com os porcos viveu há cerca de 95 milhões de anos, e, com as galinhas, aproximadamente 200 milhões de anos atrás.

[65] Jennifer A. Mather, "Animal Suffering: an Invertebrate Perspective", em *Journal of Applied Welfare Science*, 4 (2), 2001, p. 155. Para saber mais sobre cefalópodes, ver http://www.cephbase.utmb.edu, acessado em 20-2-2007; para uma visão geral, ver http://www.discover.com/issues/oct-03/features/feateye.

xes e presas próximos. Alguns peixes, como o peixe-gato e os tubarões, têm órgãos que detectam corrente elétrica de baixa intensidade. Outros peixes, como a enguia elétrica, conseguem produzir sua própria eletricidade. Em condições experimentais, os peixes demonstraram memória substancial, a habilidade de aprender observando outros peixes e a capacidade de cooperar. Os peixes muitas vezes se comportam de maneira consistente com a suposição de que sentem dor, e a maioria dos cientistas concorda que os peixes são sencientes.[66]

Isso adiciona evidência à afirmação de que os animais marinhos são psicologicamente mais simples que os animais terrestres que usamos como alimento? Essa é uma pergunta difícil de se responder. A resposta é provavelmente não para polvos, sépias e lulas e certamente sim para ostras e siris. Com relação aos peixes, a resposta pode depender de que animal terrestre está servindo de comparação. Em todo caso, a resposta não seria muito clara.

Quanto à qualidade de vida, as criaturas marinhas selvagens capturadas que atualmente representam dois terços do suprimento global de frutos do mar sem dúvida vivem muito melhor do que os animais terrestres criados para servir de alimento. Contudo, suas mortes são frequentemente muito piores, posto que são geralmente deixados para sufocar lentamente após serem retirados da água, ou são agredidos até a morte pelo peso de outras criaturas aprisionadas na mesma rede.

---

[66] Para explicações populares, ver http://www.awionline.org/pubs/Quarterly/05_54_04/05_54_4p19.htm e http://www.commondreams.org/views06/1008-26.htm. Ver também Kris P. Chandroo, Ian J. H. Duncan & Richard D. Moccia, "Can Fish Suffer? Perspectives on Sentience, Pain, Fear and Stress", em *Applied Animal Behaviour Science*, nº 86, 2004, pp. 225-250.

De qualquer forma, a fração selvagem capturada do suprimento global de frutos do mar está caindo rapidamente (era 97% em 1970), e continuará caindo como consequência do excesso de pesca. O que está ocorrendo nos oceanos é o que ocorreu antes na terra. Assim como a ação humana transformou de maneira radical as terras verdes, florestas e outros ecossistemas terrestres, da mesma forma estamos agora no processo de alterar sistematicamente os ecossistemas marinhos. De 1950 a 1994, a produção global de peixes aumentou em 400%, tendo se estabilizado ou caído desde então. Sessenta por cento da população de peixes marinhos da Terra são agora considerados total ou excessivamente explorados, e um estudo importante afirma que a pesca comercial acabou com 90% dos grandes peixes do oceano.[67]

As fazendas de criação de peixes (também conhecida como "aquacultura") são o futuro da produção de frutos do mar. A fazenda de peixes deve ser pensada como um tipo de criadouro industrial. Os métodos, metas e princípios são os mesmos, assim como muitas das consequências.

Como os animais terrestres em criadouros industriais, os peixes nas fazendas de peixes têm vida muito curta em ambientes de alta densidade, e são alimentados e medicados para maximizar a produção e minimizar os custos. Não havendo legislação do governo que iniba tal prática, os peixes estão muitas vezes famintos antes do

---

[67] Ransom A. Myers & Boris Worm, "Rapid Worldwide Depletion of Predatory Fish Communities", em *Nature*, nº 423, 2003, pp. 280-283. Um estudo menos sombrio é o de John Sibert, John Hampton, Pierre Kleiber & Mark Maunder, "Biomass, Size, and Trophic Status of Top Predators in the Pacific Ocean", em *Science*, 15-12-2006, pp. 1773-1776. Existem muitas fontes disponíveis sobre pesca excessiva, mas um bom lugar para se começar é com o documento baseado nas estatísticas da Organização das Nações Unidas para Agricultura e Alimentação, disponível em http://www.greenfacts.org/en/fisheries/index.htm.

abate, e nenhuma tentativa é feita para atordoá-los antes de serem mortos. Os métodos de abate incluem golpes, cortes e sufocação.

A poluição das fazendas de criação de peixes é um problema sério. O Fundo Mundial pela Natureza mostrou que fazendas escocesas de salmão produzem duas vezes mais resíduos do que a população humana daquele país.[68] Também há evidências de fazendas de peixes introduzindo doenças e parasitas em populações de peixes silvestres. Especialmente preocupante é a possibilidade de que os peixes que escapam das fazendas irão afetar a genética de populações silvestres.

Conforme vimos no capítulo 1, problemas ambientais quase sempre trazem retornos negativos. Em reação a um problema, muitas vezes agimos de maneira que o exacerbamos. Por exemplo, em resposta ao aquecimento global, aumentamos nosso uso de ar-condicionado, o que contribui depois para o aquecimento global, e assim por diante. Similarmente, fazendas de peixes são em parte uma resposta ao colapso da pesca, mas por sua vez contribuem para seu subsequente colapso.

Fazendas de peixes, como outras formas de criadouro industrial, são extremamente ineficientes; na verdade, especialmente porque as criaturas mais comumente criadas em fazendas de peixes são carnívoras.[69] Eles devem receber comida de peixe em vez de matéria vegetal. Assim, comer atum, salmão, truta ou camarão criados em fazenda significa comer numa posição ainda mais alta na cadeia alimentar do que comer porcos ou frangos.

---

[68] Citado em Peter Singer & Jim Mason, *The Way We Eat: Why Our Food Choices Matter* (Nova York: Rodale, 2006), p. 123.

[69] A indústria de carpas da China é uma exceção, já que as carpas se alimentam por filtros ou comem plantas vivas.

Na prática, são necessários 2,3 kg de peixe silvestre para se produzir meio quilo de peixe de fazenda.[70] Um dos peixes mais comumente usados como comida de peixe é o *krill*, uma espécie fóssil próxima do fundo da cadeia alimentar do oceano. O *krill* também é uma grande fonte de alimento para baleias, focas, pinguins, lulas e peixes silvestres. Coletar *krill* para ração de peixe já está provocando sérios impactos ecológicos. Especialistas dizem que a pesca do *krill* teria de ser reduzida em mais de 95% a fim de não afetar os predadores selvagens que se alimentam dele. Um problema semelhante está ocorrendo com o arenque, que é a espinha dorsal da cadeia alimentar do Atlântico Norte. O arenque é utilizado na produção de ração para o salmão, e a pressão crescente para sua pesca é uma séria ameaça a todas as outras espécies de peixes que dependem deles para se alimentar.

Um onívoro consciencioso que come frutos do mar mas não animais terrestres encontra os mesmos desafios que qualquer outro onívoro consciencioso. As opções nem sempre são claras e muitas vezes não há muita ajuda para escolhê-las. A Defesa Ambiental deixa disponível na internet uma lista de opções de frutos do mar que são melhores e piores tanto para a saúde quanto para o meio ambiente.[71] Contudo, eles não levam em conta o bem-estar animal. As coisas ficam ainda mais difíceis com o fato de que a rotulação dos frutos do mar, pelo menos nos Estados Unidos, é quase sempre muito pouco

---

[70] Para mais sobre aquacultura e seus impactos ecológicos, ver Rebecca Goldburg & Rosamond L. Naylor, "Future Seascapes, Fishing, and Fish Farming", em *Frontiers in Ecology and the Environment*, 3 (1), 2005, pp. 21-28; Rosamond L. Naylor & Marshall Burke, "Aquaculture and Ocean Resources: Raising Tigers of the Sea", em *Annual Review of Environment and Resources*, nº 30, 2005, pp. 185-218; e a apresentação de Naylor disponível em http://chge.med.harvard.edu/education/course_2006/topics/04_06/documents/naylor_06.pdf. Para uma boa análise dos problemas das pescarias globais, ver Daniel Pauly *et al.*, "Towards Sustainability in World Fisheries", em *Nature*, nº 418, 2002, pp. 689-695.

[71] Ver http://www.oceansalive.org/eat.cfm.

confiável. Em 2005, o *New York Times* publicou um artigo em que se mostrava que a maioria dos peixes vendidos na cidade de Nova York como salmão silvestre era, na verdade, salmão de fazenda.[72]

Apesar das dificuldades e incertezas, há pouca dúvida de que a dieta de um onívoro consciencioso é mais leve quanto a animais do que a dieta de alguém que se alimenta regularmente de produtos de criadouros industriais. A questão é quanto ela é melhor, e se consegue respeitar nossas obrigações com os animais. O parâmetro implícito para se comparar essa dieta é o dos vegetarianos. Iremos agora discutir explicitamente essa opção.

Vegetarianos e veganos

O vegetariano não assume riscos morais sobre se os animais que ele come tiveram vidas felizes e abate indolor. Ao se abster completamente de comer animais, evita essas questões; ou pelo menos assim parece. De qualquer forma, surgem perguntas acerca de uma dieta vegetariana.

A primeira preocupação é a ecológica. O vegetarianismo em massa exigiria agricultura em larga escala. Embora suas consequências ecológicas não fossem tão severas quanto as de animais de criadouros industriais, elas podem muito bem ser bastante sérias, dependendo do tamanho da população, o nível de seu consumo e a natureza das práticas agrícolas empregadas.

Além disso, as mudanças de utilização da terra requeridas para tal agricultura prejudicam animais com a destruição de *habitats*, com o

---

[72] "Stores Say Wild Salmon, but Tests Say Farm Bred [As lojas dizem salmão silvestre, mas testes dizem salmão cultivado]", em *The New York Times*, 10-4-2005, disponível em http://www.nytimes.com/2005/04/10/dining/10salmon.html?ex=1270785600&en=e7a754a302504017&ei=5088&partner=rssnyt.

trato de certos animais como pestes e assim por diante. Muitos desses danos podem ser pensados como indiretos e não premeditados, mesmo assim são tão reais quanto aqueles premeditados e causados diretamente. Enquanto kantianos e eticistas da virtude possuem outros recursos para responder, os utilitaristas (pelo menos como primeira aproximação) estão voltados a tratar esses danos da mesma maneira quando o assunto é atribuir responsabilidade moral. Ainda assim, num mundo darwiniano, não existe essa coisa de almoço (moralmente) grátis, e todo mundo até certo ponto acaba ferindo animais de uma forma ou de outra a fim de sobreviver. As questões morais quanto a nosso tratamento dos animais não são "tudo ou nada", mas sim uma preocupação com a natureza, extensão e caráter dos danos e ações envolvidas. O que parece claro é que, no geral, os vegetarianos causam menos danos aos animais do que os onívoros.

Porém, alguns negaram isso.[73] Eles afirmam que, desde que as vidas e bem-estar dos animais aconteçam, não importa se nós os comemos ou não, porque não há conexão causal entre comer animais que levam vidas miseráveis e a existência de tais animais. Mais precisamente, a afirmação é que uma decisão individual de comer ou deixar de comer carne não tem consequências para a vida ou morte de qualquer animal. Se essa alegação for verdadeira, então pareceria que um consequencialista não deve condenar um indivíduo que come carne, já que as consequências seriam as mesmas não importa o que o indivíduo coma. Se bem-sucedido, esse argumento conta tanto contra vegetarianos quanto contra onívoros conscienciosos, cujas dietas são fundadas num senso de obrigação moral.

---

[73] Por exemplo, Zamir Tzachi, *Ethics and the Beast* (Princeton: Princeton University Press, 2007).

Se esse argumento fosse correto, provaria muita coisa. Como todo mundo pode fazer tal afirmação, conclui-se que não existe conexão causal entre o fato de escolhermos coletivamente comer carne e o fato de os animais viverem ou morrerem. Mas isso é obviamente falso. Se ninguém comesse carne, nenhum animal seria morto por sua carne.

O mesmo raciocínio falacioso vigora igualmente em nosso pensamento com relação a outros problemas ambientais. Alguns afirmam que o fato de se dirigir um automóvel ou não gera consequências para a mudança climática; então, pouco importa o que se faça. Mas todos podem raciocinar dessa maneira, o que leva à conclusão de que, coletivamente, não importa que dirijamos, porque isso não trará nenhuma consequência para a mudança climática. Isso também é falso. Muitos problemas ambientais surgem de um grande número de pessoas agindo de forma que as consequências de cada ação sejam imperceptíveis, e assim acha-se que a ação não tem consequências. O que se deixa de ver com isso é que consequências imperceptíveis são consequências reais.[74]

Existem resultados que exigem limites a ser alcançados, e enquanto minha ação não contribuir para atingir a fronteira, não importa o que eu faça (alguns pensam que votar funciona assim). Mas vejo pouca razão para supor que a conexão entre comer carne e criar e abater animais por sua carne funciona do mesmo modo. A relação entre a quantidade de carne que como e o número de animais mortos pode ser complexa e difícil de encontrar, não é algo fácil, mas com certeza existe alguma ligação. Da mesma forma, pode não haver nenhuma resposta computacionalmente tratável à questão de quanto da mudança climática pode ser atribuída a minha única ação

---

[74] Esse é um dos erros em matemática moral discutidos por Derek Parfit, *Reasons and Persons* (Oxford: Oxford University Press, 1984), capítulo 3.

minha de dirigir automóvel, mas não se pode concluir que não haja incremento causado por esse comportamento. Se ninguém emitisse gases de efeito estufa, a mudança climática não estaria acontecendo. De modo semelhante, se ninguém comesse os produtos dos criadouros industriais, eles não existiriam.

De toda forma, mesmo se supusermos que não há relação causal entre minha ação individual e o dano produzido por uma prática, talvez possam existir outros motivos pelos quais é errado participar de tal prática. Podemos encontrar um na ética da virtude. O que você pensaria de uma pessoa que consegue falar detalhadamente sobre os horrores do criadouro industrial enquanto lhe serve um delicioso prato de vitela à parmegiana preparado especialmente para você, não demonstrando, em momento algum, nenhum senso de vergonha, embaraço ou indecisão? Não há algo errado com essa pessoa? Não seria ela o próprio objeto da crítica moral? Ou poderíamos pensar que participar de uma prática errada é em si algo mais errado ainda, independentemente do erro ser casualmente trazido à discussão. Participar conscientemente de um mal poderia ser considerado errado porque é um modo de endossar o mal, mesmo que não seja um jeito de trazê-lo à tona.

Há muito o que se ponderar aqui, mas o ponto principal é esse. Supusemos que, se o criadouro industrial é ruim ou errado, então é errado comer carne produzida dessa forma. Existem diversos fundamentos independentes para pensar assim, e supor que haja uma conexão causal entre ação individual e a existência da prática é apenas um. Dito isso, devo confessar que acho espantoso que alguém negue que comer animais afeta de forma causal o número de animais abatidos e a qualidade de suas vidas.

Até agora, os vegetarianos podem parecer pessoas muito boas, mas não aos olhos dos veganos, que não comem nenhum produto que seja derivado de animais: carne, queijo, ovos ou mel. Os veganos observam que a indústria de laticínios, em geral, trata os animais tão mal quanto a indústria de carne, e as galinhas que produzem ovos comprovadamente têm vidas piores do que os frangos para corte, já que vivem mais tempo e são, muitas vezes, descartadas de maneiras ainda mais horríveis.[75] Todos os animais usados para fornecer comida para os humanos são abatidos no final, alguns diretamente como alimento, outros quando não são mais produtivos. Mesmo os vegetarianos estão implicados na matança de animais.

É claro que toda teoria, por mais rigorosa que seja, deve fazer acomodações a pessoas com necessidades especiais. Ninguém é moralmente solicitado a sacrificar sua própria vida para que outra possa viver (muito menos solicitado a sacrificar sua vida a fim de evitar participar de uma prática imoral). Os veganos (e vegetarianos) certamente excetuam pessoas com necessidades nutricionais especiais.

Ainda assim, o desafio vegano é sério. Existem respostas a esses argumentos, mas muitas se voltam à exata natureza de nossos deveres, que teoria moral aceitamos e quão longe pensamos que as exigências da moralidade se estendem. Consequencialistas, kantianos e eticistas da virtude podem ou não chegar às mesmas conclusões, mas certamente suas razões serão diferentes. Conforme foi dito, essas questões sobre os fundamentos da moralidade não podem ser respondidas simplesmente selecionando-se a concepção com a qual se está mais confortável. Elas pedem argumento e reflexão racionais; não são uma questão de opção do consumidor. Muito de sua reflexão, no entanto, terá de se dar nos bastidores, além da abrangência deste livro.

---

[75] Peter Singer & Jim Mason, *The Way We Eat: Why Our Food Choices Matter* (Nova York: Rodale, 2006), capítulo 3.

Animais e outros valores

Uma possibilidade fascinante é que a produção de carne *in vitro* poderia fazer algumas controvérsias sobre o uso de animais como alimento diminuírem. Atualmente estão sendo realizadas experiências de cultivo de carne de culturas de tecido com tecnologia de célula-tronco.[76] Tal processo forneceria carne às pessoas, mas resultaria virtualmente em nenhum sofrimento animal ou consequências ecológicas deletérias. Essa carne poderia ser ainda mais saudável do que a que está disponível hoje. As pessoas parecem bastante divididas quanto à conveniência de tal tecnologia. A organização Grupo para o Tratamento Ético dos Animais (People for the Ethical Treatment of Animals – Peta), um dos grupos mais atuantes pelos direitos dos animais, apoia ativamente seu desenvolvimento. No entanto, muitas pessoas, mesmo algumas que se importam profundamente com os animais e a natureza, rejeitam a ideia de comer (talvez até produzir) tal carne. Até certo ponto, isso é provavelmente devido à novidade da tecnologia, mas é também porque existem outros valores envolvidos nas nossas reações ao alimento que ainda não tornamos explícitos.

Coletar e dividir comida está no coração de muitas de nossas formações culturais e práticas sociais. De fato, refeições e estilos especiais de preparação de alimentos são o centro de algumas religiões. Jainistas e hindus são vegetarianos, judeus ortodoxos são *kosher*, e muçulmanos evitam carne de porco e álcool e exigem o abate *halal* (segundo as leis islâmicas). Um ato de canibalismo (diversamente entendido como real ou simbólico) está na alma do ritual cristão. É difícil imaginar a forma histórica dessas religiões, independen-

---

[76] Pieter D. Edelman *et al.*, "In Vitro Cultured Meat Production: Commentary", em *Tissue Engineering*, 11 (5-6), 2005, pp. 659-662.

temente de suas exigências alimentares. Mesmo além da religião, muitas sociedades associam refeições específicas com dias especiais e ocasiões particulares. A tradição norte-americana do peru de Ação de Graças já foi mencionada.

Além disso, há mais coisas em nosso relacionamento com os animais do que os utilizar como alimento, talvez abusando deles ao longo do caminho. Qualquer que seja o valor que atribuímos à vida e ao sofrimento animal, ele deve no final coexistir com outros valores que endossamos. Alguns acham que existem valores importantes em jogo no próprio processo de obtenção de alimentos. Nesse sentido, caçar muitas vezes carregou um significado especial. Em algumas sociedades, a transição do menino para ser visto como homem é marcada pela participação na caça. José Ortega y Gassett, filósofo espanhol do século XX, celebrou a caça como significando uma autêntica relação entre animais.[77] Ela retira as pessoas das condições contingentes e artificiais de suas vidas cotidianas e as coloca em contato com sua natureza animal. Holmes Rolston também escreveu que caçar pode ser um jeito sagrado de participar da natureza.[78]

Tais sentimentos quase sempre são vistos pelos não caçadores como absurdos. Estes dizem que, seja qual for o benefício obtido pelo ato de caçar, pode da mesma forma ser obtido passando um dia na floresta com uma câmera fotográfica. Mas Ortega diz que ao menos a possibilidade de uma morte é essencial para a experiência que ele acha valiosa. Um caçador não caça para matar, mas mata para caçar. A caça é que é valiosa, mas, tragicamente, a morte é necessária.

---

[77] José Ortega y Gasset, *Meditations on Hunting* (Nova York: Charles Scribner's Sons, 1972).

[78] Holmes Rolston III, *Environmental Ethics: Duties to and Values in the Natural World* (Filadélfia: Temple University Press, 1988), pp. 90 e ss.

Mesmo aqueles que acham fácil repudiar as opiniões dos filósofos podem ter dificuldades para chegar às mesmas conclusões quanto à caça aborígene. Um caso de muita publicidade nos anos recentes diz respeito ao direito, concedido por um tratado de 1855, de caçar baleias pelos índios Makah no noroeste pacífico dos Estados Unidos. O que pouco se sabe é que caçadores de baleia aborígenes matam centenas de baleias todos os anos no Alasca, Rússia, Canadá, Groenlândia, Indonésia, Granada, Dominica, Santa Lúcia e Béquia.

A maioria de nós está inclinada a respeitar valores tradicionais, especialmente os das pessoas que foram oprimidas pela cultura da qual somos parte. Ao mesmo tempo, é importante reconhecer que muitas baleias que estão sendo mortas são pessoas, no sentido do termo para Singer. Além disso, se os valores tradicionais fossem sempre observados, estaríamos vivendo em sociedades hierárquicas e teocráticas. Até certo ponto, o progresso moral e o respeito por valores tradicionais estão em conflito. Como podemos conciliar valores diferentes e conflitantes?

O ponto principal aqui é se nossas preocupações com os animais sobrevivem ao fundamento de outras coisas que valorizamos e desejamos. Um domínio de valor de que falamos pouco é o da natureza. Até agora, assumimos justamente visões incontroversas: ecossistemas não perturbados são bons, poluição é ruim, etc. Entretanto, muitas das concepções características do ambientalismo sustentam que a natureza em si é, sem dúvida, muito valiosa. O valor da natureza, em algumas teorias, pode conflitar não apenas com nossos padrões comuns de produção e consumo mas também com os interesses de outros animais. Chegou a hora de o valor da natureza ocupar o palco central.

6. O valor da natureza

Biocentrismo

Muitos filósofos que endossam uma ética ambiental estão inquietos com as filosofias de Singer e Regan. Consideram o foco central em animais algo não muito melhor do que a obsessão dos moralistas tradicionais com os humanos. Esses críticos concordam que uma ética ambiental exigiria melhor tratamento para os animais, mas sua preocupação com os animais deriva de uma preocupação maior pela natureza. O problema com Singer e Regan é que eles interpretam de outra forma: qualquer preocupação que tenham pela natureza vem de sua preocupação com os animais. O preeminente valor da natureza ainda não está no centro do grande cenário a que pertence.

Segundo esses críticos, Singer e Regan cometem o seguinte erro: supõem que a senciência ou ser o sujeito de uma vida é uma condição necessária para a considerabilidade moral (isto é, ter valor intrínseco no segundo sentido que distinguimos na seção "Valor intrínseco", do capítulo 3). Para os biocentristas, senciência e ser o sujeito de uma vida são apenas parte da história. O resto da história é o próprio valor da vida.

A visão de que toda vida é moralmente considerável remete-nos a Albert Schweitzer, extraordinário médico, organista, missionário, teólogo, humanitário e ganhador do Prêmio Nobel. Em seu livro de 1923, *Filosofia da civilização*, escreveu: "A verdadeira filosofia deve começar do fato de consciência mais imediato e abrangente: 'eu sou vida que quer viver, no meio da vida que quer viver'".[1] A resposta moral apropriada a essa ideia, pensou Schweitzer, é a reverência a toda vida.

Essa visão, de que toda vida é moralmente considerável, foi fortemente inserida na discussão contemporânea em 1978, quando Kenneth Goodpaster objetou à concepção de Peter Singer e outros de que apenas seres sencientes são moralmente consideráveis. De acordo com Goodpaster, "nada abaixo de *estar vivo* me parece um critério não arbitrário e plausível".[2] Goodpaster afirmava que existem boas razões para suspeitarmos do critério da senciência de início, e que o argumento mais forte a favor dele não é convincente. Além do mais, compreender por que o argumento não convence revela a força do argumento do critério da vida, segundo ele. Por fim, Goodpaster oferece uma explicação por que o critério da senciência parece tão plausível embora seja falso (isso é o que os filósofos chamam de "teoria do erro").

Goodpaster pensa que devemos desconfiar do sencientismo porque a capacidade de prazer e dor é simplesmente um meio de que alguns organismos se servem para realizar seus fins. Proporciona um meio de obter informações sobre o ambiente. Mais precisamente, a

---

[1] Essa passagem é do capítulo 26, intitulado "The Ethics of Reverence for Life [A ética da reverência pela vida]". Está disponível em http://www1.chapman.edu/schweitzer/sch.reading1.html.

[2] Kenneth Goodpaster, "On Being Morally Considerable", em *Journal of Philosophy*, nº 75, 1978, p. 310.

senciência é uma adaptação biológica que ocorre em certos organismos que lhes permite completar suas funções biológicas. Quando visto dessa forma, Goodpaster julga que devemos achar implausível que uma adaptação dirigida à solução de certos problemas biológicos enfrentados por determinados organismos deva ser vista como o critério da considerabilidade moral.

De acordo com Goodpaster, o argumento mais plausível para a visão de que a senciência é o critério para a considerabilidade moral é o seguinte:

(1) Todos e somente seres que possuem interesses são moralmente consideráveis;

(2) Seres não sencientes não possuem interesses;

(3) Portanto, seres não sencientes não são moralmente consideráveis.

Goodpaster concorda que o argumento é válido e que a primeira premissa é verdadeira. É a segunda premissa, que reside em

(4) A capacidade de experimentar é necessária para possuir interesses,

que ele nega. Em sua teoria, existem seres que têm interesses, mas não a capacidade de experimentar.

As plantas têm interesses, ele pensa, baseados em suas necessidades de elementos como sol e água. Sem dúvida, Gary Varner[3] afirmou que alguns de nossos interesses são baseados em necessidades e independentes do fato de sermos criaturas que experimentam. Ele cita o exemplo da vitamina C, que é do interesse de todos os humanos absorver, não importando se estão de alguma forma conscientes

---

[3] Gary Varner, *In Nature's Interests? Interests, Animal Rights, and Environmental Ethics* (Nova York: Oxford University Press, 1998), capítulo 3.

desse fato. A respeito disso, somos como as plantas: temos certas necessidades biológicas e é de nosso interesse satisfazê-las. Robin Attfield vai mais longe, afirmando que as plantas, como os humanos, podem prosperar, e está em seus interesses assim fazer.[4]

O critério da senciência parece plausível, segundo Goodpaster, porque estamos incomumente preocupados com o prazer e com organismos que se assemelham conosco nesse aspecto. No entanto, quando visto por uma luz imparcial, é mais razoável supor que todas as coisas vivas são moralmente consideráveis em vez de apenas coisas vivas que são sencientes. De acordo com Goodpaster, o critério da vida é o único que não é baseado no privilégio a algum aspecto moralmente arbitrário.

A resposta sencientista é bastante simples: sem a senciência, não há nada para a moralidade levar em conta, pois nada que aconteça a um organismo incapaz de sentir prazer ou dor importa. Por essa razão, identificar a senciência como o critério para a considerabilidade moral não é algo arbitrário.

Comparemos uma planta bem regada a um carro bem lubrificado. Em ambos os casos, podemos dizer que cada um é um bem de seu gênero, que funciona em um nível muito alto, e assim por diante. Está claro também que a linguagem dos interesses pode ser aplicada a ambos: podemos dizer que é do interesse das árvores ter hidratação e nutrição adequadas; e podemos dizer que é do interesse dos carros ter seu óleo trocado regularmente e ser mantidos em bom estado. Quando se trata de carros, não há dúvidas de que esse é um uso não literal da palavra "interesse". Podemos falar como se carros possuíssem interesses, mas de fato não acreditamos que o possuam. O que está em discussão entre sencientismo e biocentrismo é se o sentido

---

[4] Robin Atfield, *A Theory of Value and Obligation* (Londres: Croom Helm, 1987).

em que as plantas têm interesses é o sentido em que os humanos têm interesses, ou se o fato de falarmos dessa forma com relação às plantas é um uso não literal como no caso dos carros. Os que são favoráveis ao critério da vida dizem que as plantas possuem interesses no mesmo sentido que os humanos; aqueles que apoiam o sencientismo afirmam que falar sobre os interesses das plantas é não literal, como quando nos referimos aos interesses dos carros. Para o sencientista, a razão de uma pessoa possuir interesses, e um carro não, é que o que acontece à pessoa importa para ela, ao passo que nada importa para o carro. Nesse sentido, o carro e a árvore são similares, e uma pessoa é diferente: importa para a pessoa que seus interesses sejam respeitados, mas não para a árvore ou para o carro. Podemos preferir que o carro ou a árvore estejam em ótima condição, mas é nossa preferência, não deles.

Em resposta poderia ser dito que árvores e outras plantas possuem diversos mecanismos para reagir a ameaças e estímulos nocivos. Existe um sentido no qual elas buscam prosperar, ou, pode-se dizer, buscam satisfazer seus interesses. No entanto, muitas máquinas agem comprovadamente da mesma forma. O elevador do meu prédio se desliga antes de se pôr em risco sempre que seus sensores indicam que ele está sob algum estresse (talvez alguém esteja dançando no elevador, seus cabos precisem de atenção ou qualquer outra coisa). Mas o biocentrista poderia replicar que essas não são realmente reações do interesse da máquina, mas reações de seus criadores. Coisas vivas, por outro lado, têm seus próprios interesses. Mas pode essa distinção ser de fato mantida?

Imaginemos dois organismos, duplicados em todos os aspectos. Eles têm exatamente as mesmas exigências para nutrição, hidratação, sono, e assim por diante. Um foi construído por seleção natural, o outro pela Haliburton Biotech S. A. Embora seja razoável dizer que um é um artefato e o outro não, parece estranho afirmar que um possui interesses e o outro não. Se esse exemplo não convencer, imagine duas crianças, uma produzida à moda antiga, e a outra por clonagem ou algum outro método de reprodução assexuada. A segunda criança é um artefato? Ela não é capaz de ter interesses por causa de sua origem? Talvez fosse melhor fazermos algumas perguntas a nossos pais!

O que o sencientista diz é que nada sobre as origens de um ser afeta o fato de ele ter ou não interesses. O essencial para se ter interesses é se, para o ser, importa o que acontece a ele. Isso é verdade para os humanos e muitos outros animais, e não é verdade para as plantas. Essa é a razão por que o sencientista não é tocado pela observação de que a seleção natural cria a senciência como um meio de resolver certos problemas biológicos em alguns organismos, em vez de um fim em si mesmo. Algo é moralmente considerável em virtude de suas características, não por causa de sua história.

Nesse ponto, sencientistas e Kant concordariam. Aspectos ou entidades podem ter passado a existir a fim de ser utilizados como meios, ou podem ser usados como tal; mas isso não determina se o aspecto ou entidade em questão é moralmente considerável. Retornando a um exemplo da seção "Kantismo", do capítulo 4, meu carteiro é moralmente considerável, segundo Kant, em virtude de ser um ser racional; o fato de ele ser também o meio pelo qual eu recebo minha correspondência é irrelevante para seu *status* moral.

Suponhamos, conforme alguns aparentemente pensam, que as plantas não apenas reajam a ameaças e estímulos nocivos, mas que realmente se importem com o que acontece a elas. Para expor o ponto de modo positivo, suponhamos que não apenas as plantas cresçam melhor quando se toca Mozart para elas, mas que de fato gostem e queiram que isso seja feito. Se for esse o caso, não se estaria provando o biocentrismo. Em vez disso, estar-se-ia mostrando que o domínio da senciência é muito mais extenso do que havíamos pensado.[5]

O biocentrismo tem sido elaborado cuidadosamente, e em grande detalhe.[6] Ele reside numa intuição que muitas pessoas acham irrefutável. De toda forma, nem todo mundo que rejeita o sencientismo pensa que os biocentristas tenham avançado o bastante.

Ecocentrismo

Alguns filósofos e teóricos ambientais afirmam que nem o sencientismo nem o biocentrismo conseguem apreender as lições morais da ecologia. Em lugar de nos fornecer uma nova visão que respeite a ideia ecológica de que "tudo está relacionado a todo o resto", eles nos dão nada mais do que outro episódio na longa marcha do "extensionismo moral".[7] Começando da tradicional ideia de que humanos são moralmente consideráveis e têm direitos, sencientistas e biocentristas esforçaram-se para estender esses conceitos aos animais e ao restante da biosfera. O resultado é o paraíso de um advogado, no qual toda coisa viva tem direitos contra todas as outras coisas vivas. Pode um animal silvestre processar um leão por violar seu direito à vida? Os elefantes possuem direitos sobre as árvores de acácia ou as árvores de acácia têm o direito de ser protegidas dos elefantes? Devo me preocupar com o bem-estar da bactéria que vive em minha

---

[5] Nicholas Agar, *Life's Intrinsic Value: Science, Ethics, and Nature* (Nova York: Columbia University Press, 2001).

[6] Por exemplo, por Paul Taylor, *Respect for Nature: a Theory of Environmental Ethics* (Princeton: Princeton University Press, 1986).

[7] Que "tudo está relacionado a todo o resto" é uma das "quatro leis da ecologia", segundo Barry Commoner, *The Closing Circle: Nature, Man, and Technology* (Nova York: Knopf, 1971); John Rodman ("The Liberation of Nature?", em *Inquiry*, primavera de 1977, pp. 83-145), foi um crítico influente do extensionismo moral.

garganta? E quanto a todas as árvores do Sudeste dos Estados Unidos que estão sendo estranguladas até a morte pela videira asiática?[8]

Essa é, certamente, uma paródia bastante injusta a sencientistas e biocentristas. De toda maneira, torna vívidas as críticas dos ecocentristas. O que é necessário, eles pensam, é um novo modo de enxergar a moralidade que reconheça a primazia moral dos totais ecológicos dos quais somos parte. Apreciar as lições da natureza deve afastar-nos de nosso paradigma individualista tradicional de direitos e interesses, e levar-nos a ver nossas relações morais com a natureza sob uma luz inteiramente nova.

Aldo Leopold, naturalista, biólogo de vida selvagem e florestador norte-americano do século XX, é frequentemente considerado a inspiração para tais ideias. Leopold não era um filósofo (alguns diriam que ele escrevia bem demais para isso!), e seus escritos são bastante diversificados. Não é fácil reunir sua vida e linguagem numa única e coerente visão. Sua filosofia é geralmente referida como "a ética da terra", e o ditado pelo qual ele é mais conhecido é este: "Uma coisa é certa quando tende a preservar a integridade, a estabilidade e a beleza da comunidade biótica. É errada quando tende a outra coisa".[9]

Leopold escreveu de maneira tocante sobre a importância de estender nossa sensibilidade ética para abarcar "a relação do homem com a terra e com os animais e as plantas que crescem nela", da necessidade de mudarmos nosso papel de "conquistador da comunidade da terra a simples membro e cidadão dela". Ele falava da im-

---

[8] Num importante primeiro artigo, Christopher Stone ("Should Trees Have Standing? Toward Legal Rights for Natural Objects", em *Southern California Law Review*, nº 45, 1972, pp. 450-501) ofereceu um precário resumo de como tal sistema poderia funcionar.

[9] Aldo Leopold, *A Sand County Almanac and Sketches Here and There* (Nova York: Oxford University Press, 1949), p. 224. As citações deste parágrafo são do ensaio do livro *The Land Ethic*, que está disponível em http://www.luminary.us/leopold/land_ethic.html.

portância do "amor, respeito e admiração pela terra", e a necessidade de harmonia entre o "homem e a terra".

Existem várias interpretações de Leopold. Alguns o veem como um consequencialista, outros como eticista da virtude. O expositor mais influente das concepções de Leopold tem sido J. Baird Callicott, e foi ele que desenvolveu mais inteiramente a interpretação ecocêntrica de Leopold. O que se segue pode ser ou não uma representação fiel das visões de Leopold. O que importa, para nossos propósitos, é que se trata de uma explicação justa do que o ecocentrismo defende, por que muitos o acharam atraente e por quais motivos, em reflexo, muitos filósofos o rejeitam.

Em seus ditos, Leopold usa a expressão "comunidade biótica" para se referir ao que deve ser o objeto central da preocupação moral. Isso parece amplo e obscuro demais. É amplo demais, pois, aparentemente, inclui toda a biota da Terra; é obscuro na medida em que não está nada claro como isso formaria uma comunidade. As cascas de amendoim no chão do Estádio Yankee após um jogo de beisebol são parte da biota da Terra. Eu, por minha vez, me dá um branço quando penso o que elas poderiam ter a ver com minhas obrigações morais (apanhá-las?). Por essas e outras razões, muitos ecocentristas voltaram-se para o ecossistema como o objeto fundamental da preocupação moral, deixando de lado a comunidade biótica.

O conceito de ecossistema é recente, aparecendo primeiro explicitamente na obra do botânico inglês *sir* Arthur Tansley, em 1935. Foi apenas nos anos 1940, pouco antes da época em que Leopold escreveu, que começou a figurar proeminentemente no pensamento científico. Infelizmente, para os propósitos de forjar uma ética ambiental, não está claro que esse conceito funciona muito melhor que o de comunidade biótica.

No sentido mais amplo, um ecossistema pode ser pensado como uma assembleia de organismos juntamente com seu meio ambiente. Exatamente quais organismos e que elementos do ambiente contam como elementos de um ecossistema são ainda questões de debate. Não existe consenso quando se trata de definir ecossistemas ou de dizer onde um acaba e o outro começa. Esse pode não ser um problema para fazer ciência, mas é um problema para discernir nossas obrigações de uma perspectiva ecocêntrica.

Os ecossistemas deveriam ser os objetos primários de nossa preocupação moral; ainda assim, alguns negariam que eles existem independentemente dos elementos que os constituem. Os céticos dizem que conversar sobre um ecossistema é simplesmente um modo de conceituar um ajuntamento de organismos individuais e características de seu meio ambiente. Nesse sentido, ecossistemas são como constelações, e os organismos e as características de seu meio ambiente são como estrelas. Conversar sobre ecossistemas (como conversar sobre constelações) é uma maneira de falar sobre outras coisas. Pode ser útil fazer isso, mas não devíamos pensar que o mundo responde a cada frase útil fabricando uma entidade. Pode ser útil falar sobre o australiano médio, mas não espere conhecê-lo e suas 2,5 crianças.

Mais problemático é definir onde um ecossistema começa e outro termina. Esse problema surge em dimensões tanto temporais quanto espaciais. Terras verdes transformam-se em arbustos e pequenas árvores, e então em florestas. Presumivelmente, esses são ecossistemas diferentes que habitam sucessivamente o mesmo espaço. O que acontece com as fronteiras temporais da sucessão? Temos um pouco de uma e um pouco da outra? Com relação ao espaço, os problemas tornam-se ainda mais difíceis. Faz sentido dizer que um pequeno ecossistema surgiu no lado norte de uma grande rocha de meu jardim. Mas também faz sentido dizer que meu jardim é um ecossistema, assim como o vale onde eu moro, e assim por diante. Qual é exatamente a relação entre esses diferentes ecossistemas?

Quero deixar claro que não estou condenando a ciência da ecologia dizendo que ela repousa num mar de confusão. Nem estou negando que podemos utilizar palavras em diferentes sentidos e conceituar coisas de formas diferentes para propósitos distintos. Meu argumento é que, se vamos entender o que a moralidade ecocêntrica exige de nós, precisamos saber qual é a natureza da comunidade da qual devemos ser "simples cidadãos".

Além desses problemas, há dois motivos adicionais para os filósofos rejeitarem o ecocentrismo. Primeiro, não está claro quais conceitos morais estamos autorizados a ter e como devemos usá-los. Segundo, existe uma desconfiança de que as implicações morais do ecocentrismo são radicalmente inaceitáveis.

No início desta seção, observei que abraçar o ecocentrismo é com frequência uma resposta à frustração com o pesado extensionismo moral de sencientistas e biocentristas. Mas, se rejeitarmos essas teorias, que conceitos restam para trabalharmos? Podemos dizer que ecossistemas possuem interesses que devem ser respeitados? Se a resposta for positiva, como identificamos esses interesses? O que dizer, por exemplo, a respeito de sucessão ecológica? Um ecossistema bem-sucedido viola os interesses de seu predecessor? Pior, será que o ecossistema precedente, na verdade, comete suicídio ao criar as condições que levam à sucessão? Se um ecossistema não protege seus próprios interesses, por que nós deveríamos fazê-lo? Por outro lado, se não podemos usar a linguagem de interesses, como sabermos quais são nossas obrigações como "simples cidadãos" da Terra? Ainda mais radicalmente, se nos é negado o uso de noções tão tradicionais como deveres e obrigações, o que exatamente devemos fazer como consequência de abraçarmos o ecocentrismo?

Alguns filósofos estão confiantes de que sabem o que o ecocentrismo requer. Tom Regan chama a visão de Leopold de "fascismo ambiental", porque subordina os direitos dos indivíduos a preocupações bióticas.[10] Ele afirma que o argumento de Leopold sugere que seria permissível matar humanos para salvar flores silvestres raras. Callicott certamente dá suporte a essas leituras de Leopold quando escreve, por exemplo, que "a preciosidade de um veado, como de qualquer outra espécie, é inversamente proporcional à população da espécie".[11] Isso sugere que o valor de cada ser humano existente é diminuído por cada nascimento que ocorra. Isso parece também sugerir que cada indivíduo membro de qualquer espécie de planta ou animal em risco de extinção vale muito mais do que um ser humano. Não admira que essa não seja uma visão que muitos humanos adotem.

Por toda a sua autoproclamada fidelidade à natureza, é espantoso que haja aspectos naturais que muitos consideram valiosos e que são difíceis de explicar mesmo por um olhar ecocêntrico. Encontramos arco-íris, cânions, formações rochosas, nuvens e cavernas valiosos, embora sejam abióticos. Como esses valores podem ser explicados? Parece muito forçado dizer que, de alguma forma, são todos ecossistemas (ou elementos de ecossistemas) porque existem alguns pedaços de material orgânico na vizinhança. O que valorizamos nessas coisas tem pouca relação com algo biótico. Ao mesmo tempo, ir além do ecocentrismo e adotar uma concepção de que mesmo o ambiente

---

[10] Tom Regan, *The Case for Animal Rights* (Berkeley: University of California Press, 1983), p. 362.

[11] J. Baird Callicott, "Animal Liberation: a Triangular Affair", em *Environmental Ethics*, nº 2, 1980, p. 326.

abiótico é moralmente considerável parece algo entre inaceitável e louco. A brilhante ideia de rochas tendo direitos é o que leva muitas pessoas a dispensar o pensamento ambiental radical em sua totalidade. Como saberíamos o que fazer num mundo assim? A distinção entre tudo e nada tendo valor é frágil. Em vez de levar o domínio da considerabilidade moral para ainda mais longe, precisamos retornar à fonte, reconsiderando a avaliação em si mesma.

Avaliação reconsiderada

Conforme sugeri na seção "O centro sensível", do capítulo 3, o valor surge de transações entre os avaliadores e o mundo. Quando falamos de valores, estamos de alguma forma falando sobre o que é, deve ser ou seria valorizado por avaliadores sob certas condições. Quando vistas por essa luz, não surpreende que nossas estruturas avaliativas exibam notáveis profundidade e complexidade, e sejam expressas em atos de avaliação diversificados e de amplo espectro. Alguns desses atos podem ser caracterizados como valorização intrínseca, outros como valorização instrumental, e outros não se encaixam direito em nenhuma categoria.

Na seção "Valor intrínseco", do capítulo 3, dei alguns exemplos de valorização que não se ajustam corretamente em nenhum dos dois lados da distinção intrínseca/instrumental. Vale a pena repeti-los aqui. Valorizo a fotografia de minha mãe porque ela representa minha mãe. Valorizo a cauda do cachorro do vizinho porque me faz recordar a exuberância alegre do cachorro da minha infância, Frisky. Valorizo o sorriso de minha amada porque incorpora sua gentileza e generosidade. Valorizo cada passo de subida do monte Whitney porque faz parte do ato de escalar uma montanha.

Os filósofos ambientais costumavam se fixar na distinção entre valor intrínseco e valor instrumental como se essa diferenciação marcasse a única (ou mais) importante característica de toda valorização. Muito do que é dito parece pressupor que o que valorizo intrinsecamente deve sempre ser mais importante do que o que valorizo instrumentalmente. Mas isso não é verdade. Suponhamos que estou num desfiladeiro, pendurado por uma corda acima de águas borbulhantes centenas de metros abaixo. Eu valorizo a corda pela qual estou pendurado muitíssimo mais do que minha coleção de selos, embora valorize minha coleção de selos intrinsecamente e a corda instrumentalmente.

Não apenas outros aspectos da valorização importam, como a distinção entre a valorização intrínseca e a valorização instrumental pode, ela própria, ser instável. Consideremos o seguinte exemplo.

Suponhamos que eu compre um quadro para cobrir um buraco na parede. Inicialmente, valorizo o quadro instrumentalmente, mas, quando ele está pendurado na parede, eu passo a valorizá-lo também intrinsecamente (isso é, em última análise, o primeiro sentido de "valor intrínseco" discutido no capítulo 3). Sem dúvida, posso começar a valorizá-lo tão intensamente que o levo para outra parede, onde ele será visto numa posição mais favorável. Não me preocupo mais com sua função de cobrir o buraco da parede. Estou avaliando o quadro apenas intrinsecamente, não instrumentalmente. Mas, com o tempo, fico cansado do quadro. A figura do fundo começa a me lembrar o louco padrasto que tornou minha infância tão dolorosa. Descubro que não avalio mais o quadro intrinsecamente. Devolvo-o à sua posição anterior. Mas a imagem do padrasto louco continua a me assombrar. A casa não é grande o bastante para nós dois. O que acontece então? Como em qualquer outra novela, essa saga pode continuar indefinidamente. A questão é que nossos olhares valorativos são dinâmicos; não são estáveis através do tempo, vida e experiência.

Na seção "Valor intrínseco", do capítulo 3, fiz a distinção de quatro sentidos de "valor intrínseco": (1) valor intrínseco como valor máximo; (2) valor intrínseco como considerabilidade moral; (3) valor intrínseco como valor inerente; e (4) valor intrínseco como independente dos avaliadores. O que valorizamos intrinsecamente no primeiro sentido pode ir além do que é de valor intrínseco no segundo sentido. Podemos valorizar montanhas, cavernas, espécies e árvores intrinsecamente no primeiro sentido, muito embora não os consideremos de valor intrínseco em qualquer dos outros três sentidos. Além disso, uma e a mesma coisa pode ser valorizada intrinsecamente e não intrinsecamente ao mesmo tempo, bem como em tempos diferentes. Por fim, podemos valorizar as coisas urgentemente, intensamente, até mesmo desesperadamente, e ainda assim não as valorizar intrinsecamente. Se juntarmos tudo isso, então fica claro que dispomos de recursos muito ricos para valorizar a natureza, quer sejamos antropocentristas, sencientistas, biocentristas, ecocentristas, etc.

Biocentristas e ecocentristas supõem que, se uma planta ou um ecossistema não possuir valor intrínseco no segundo sentido de considerabilidade moral, então eles não podem ter valor intrínseco no primeiro sentido, de ser valor máximo. Assim, o falecido cientista político John Rodman escreve: "Basta ficar em pé no meio de uma floresta derrubada, uma colina minada, uma seva desfolhada ou um cânion danificado para me sentir inquieto com suposições que poderiam me levar à conclusão de que nenhuma ação humana pode fazer qualquer diferença ao bem-estar de nada a não ser animais sencientes".[12] Mas a ação humana pode fazer a diferença, sem dú-

---

[12] John Rodman, "The Liberation of Nature?", em *Inquiry*, primavera de 1977, p. 89.

vida uma diferença moral, mesmo que tais entidades naturais não sejam elas mesmas moralmente consideráveis. Conforme escreve o filósofo britânico contemporâneo David Wiggins: "A escala humana de valor não é de forma alguma uma escala exclusivamente de valores humanos".[13] Um antropocentrista ou sencientista pode valorizar montanhas, florestas, selvas e rios selvagens. Pode também valorizar a justiça, tanto para seus contemporâneos quanto para as futuras gerações (um tema a que retornaremos na seção "Questões de justiça", do capítulo 7).

A riqueza e a complexidade de uma estrutura valorativa não dependem somente do fato de alguém ser antropocentrista, sencientista, biocentrista, ecocentrista, etc. Dependem também enormemente da experiência de mundo e dos valores que são reconhecidos. Quando o ex-presidente Ronald Reagan disse "Uma árvore é uma árvore. Para quantas mais você tem que olhar?", ele estava principalmente mostrando sua insensibilidade à natureza em vez de sua ignorância filosófica.[14]

Pluralidade dos valores

Para aqueles cujos sistemas valorativos estão em perfeita ordem, existe muita coisa para se valorizar na natureza. Uma maneira de tentar entender esse domínio é distinguir tipos, espécies ou variedades de valor. Mas cuidado, leitor: filósofos carregam muito nessa linguagem. Há debate contínuo acerca do significado e plausibilidade

---

[13]   David Wiggins, "Nature, Respect for Nature, and the Human Scale of Values", em *Proceedings of the Aristotelian Society*, nº 100, 2000, p. 16.

[14]   O ex-presidente Reagan fez essa observação em 1966 quando, como governador da Califórnia, opôs-se à expansão do Parque Nacional Redwood. Para essa e outras citações similares, ver http://www.dkosopedia.com/wiki/Quotes/Ronald_Reagan.

do pluralismo de valores. Alguns acham que o pluralismo de valores é a visão de que existem valores distintos que não podem ser reduzidos a um único valor mestre, como o prazer. Outros acham que o pluralismo de valores sustenta que valores distintos não podem ser significativamente comparados ou classificados.[15] Pretendo ficar longe dessas controvérsias. Meu propósito de distinguir a variedade de valores é simplesmente tentar pôr em ordem alguns dos aspectos da natureza que achamos valiosos.

VALORES PRUDENCIAIS

Valores prudenciais, amplamente falando, são aqueles que têm relação com os próprios interesses de um agente. Alguns se questionam se valores prudenciais podem valer como valores morais, enquanto outros pensam que nossa preocupação com os outros pode ser subsumida a nossa preocupação com nossos próprios interesses. O que quer que possamos pensar dessas controvérsias, há pouca dúvida de que valorizamos a natureza em grande medida por motivos relacionados a nossos interesses presentes e a longo prazo. Portanto, é útil começar a explorar o valor da natureza lembrando-nos daquilo com que ela contribui para nossa sobrevivência e prosperidade.

Nos anos 1960, o economista visionário Kenneth Boulding contrastou o que chamou de "economia caubói", do passado, com a "economia fechada do futuro, em que a Terra tornou-se uma única nave espacial, sem recursos ilimitados de nada, para extração ou para poluição, e na qual, portanto, o homem deve encontrar seu lugar num sistema ecológico cíclico".[16] Assim como a tripulação de uma

---

[15]   Para uma visão geral, ver http://plato.stanford.edu/entries/value-pluralism.
[16]   Kenneth Boulding, "The Economics of the Coming Spaceship Earth", em Henry Jarrett (org.), *Environmental Quality in a Growing Economy: Essays from the Sixth RFF Forum* (Bal-

espaçonave possui razões prudenciais muito fortes para valorizar a nave, também temos razões prudenciais muito fortes para valorizar nosso planeta.

O que Boulding chama "recursos... de extração [e] poluição" é o que na seção "A perspectiva econômica", do capítulo 1, chamo de fontes e sumidouros. A natureza é a última fonte de água, comida, ar e dos materiais que transformamos em bens utilizáveis. É também o sumidouro em que descartamos dejetos pessoais e aqueles que resultam dos processos de produção. Um estudo de 1997 que tentou avaliar esses serviços chegou à seguinte conclusão: "para a biosfera total, o valor (maior parte do qual está fora de mercado) é estimado ser da ordem de US$ 16-54 trilhões de dólares (10^{12}) ao ano, com uma média de 33 trilhões de dólares ao ano".[17]

Embora existam amplas razões (conceituais e empíricas) para ser cético quanto a esse estudo, ele de fato oferece alguma indicação dos enormes benefícios que conseguimos da natureza. O benefício estimado é enorme e contínuo, diferente de uma visita única ao supermercado. Como toda boa mãe, a natureza está sempre pronta a nos ajudar. Claro, ela pode ser temperamental, mas esperamos que seja basicamente estável e previsível. Em alguns anos será mais molhada, em outros mais seca, em alguns mais turbulenta e em outros mais calma, mas esperamos que essas variações ocorram num fundo de relativa estabilidade. A suposição de que o futuro será como o passado, ao menos nas escalas de tempo que nos interessam, é construída com base em nossos investimentos em infraestrutura, inclusive agrícolas e sistemas hídricos. O modo como pensamos nossas

---

timore: Johns Hopkins University Press, 1966), pp. 3-14, disponível em http://www.eoearth.org/article/The_Economics_of_the_Coming_Spaceship_Earth_(historical)#citation.

[17] Robert Costanza *et al.*, "The Value of the World's Ecosystem Services and Natural Capital", em *Nature*, 387 (6.230), 1997, pp. 253-260.

vidas e como elas se desenvolvem pressupõem uma suposição desse tipo. De todo modo, como veremos no capítulo 7, essa suposição de estabilidade parece cada vez mais implausível, primeiro porque compreendemos mal o sistema terrestre, segundo porque também estamos sistematicamente insultando-o. Mas isso avançou um pouco em nossa história.

Em anos recentes, muitos tentaram fazer a defesa da preservação ambiental inteiramente com argumentos prudenciais, muitas vezes com linguagem econômica. Às vezes ouvimos que todas as espécies devem ser preservadas, porque, pelo que sabemos, a cura do câncer pode ser encontrada em alguma planta cujos poderes ainda não foram valorizados. Certo, e algum dia talvez eu jogue uma Copa do Mundo.

Esse argumento prudencial para a preservação ambiental tem dois problemas. O primeiro: é um argumento derivado da ignorância. Atribui um valor positivo a preservar uma espécie com base em não sabermos se haverá benefícios positivos ao preservá-la. Pense no que está sendo dito: se não se tem certeza de algo, então se pode presumir que existe uma chance de que seja. Essa inferência é falaciosa. Tudo o que vem da ignorância é ignorância. Melhor dizendo, é preciso saber algo. O segundo problema com esse argumento é que ele não atribui nenhum valor às atividades que levam as espécies à extinção. Mas as pessoas não saem por aí causando extinção gratuitamente. O que conduz as espécies à extinção são as atividades das quais as pessoas se beneficiam. Ganham-se altas somas da atividade agrícola e mineração que estão desflorestando a Amazônia. Grandes fortunas se fundaram em prospecção de petróleo e transporte dele pelo mundo. Tanto consumidores quanto produtores se beneficiam dessas atividades.

A falha desse argumento não significa que não se possa criar uma forte justificativa para proteger as espécies, talvez até todas as espécies. Na verdade, isso significa que precisamos buscar razões adicionais. Mesmo porque não há nada de mal em se fazer isso. Muitas pessoas que querem proteger a natureza não são motivadas somente (ou mesmo inicialmente) por simples análises de custo/benefício. Há outros valores que também têm relação com essas questões. Não se trata de um motivo para se envergonhar, mas um motivo para assumir a culpa e propor esses valores para discussão e análise.

Valores estéticos

Quando olhamos para a natureza, encontramos não apenas recursos e sumidouros, mas também beleza. Evidentemente, a beleza natural é parte da razão para protegermos alguns lugares em vez de outros. Pense no vale do Yosemite na Califórnia, na Grande Barreira de Recifes na Austrália, no Mercantour na França; esses são alguns dos lugares mais belos do mundo. A beleza nos toca, seja na arte ou na natureza. Sem dúvida, é instrutivo dar uma espiada nas seguintes analogias entre arte e natureza.[18]

Em ambos os casos, o valor da beleza é amplamente considerado como talvez incluindo, e também transcendendo, o prazer. Experienciar as igrejas barrocas de Roma é o tipo de atividade que nos aprimora. Assim como uma viagem de seis dias, mochila nas costas, no deserto de Sonora. Ambas podem ser experiências de mudar a vida. Se fôssemos revisitar o experimento mental "o último homem" de Routleys (discutido na seção "Valor intrínseco", do capítulo 3), sus-

---

[18] Os três parágrafos a seguir são devidos a Elliott Sober, "Philosophical Problems for Environmentalism", em Bryan G. Norton (org.), *The Preservation of Species: the Value of Biological Diversity* (Princeton: Princeton University Press, 1986), pp. 173-194.

peito que nossa intuição funcionaria da mesma forma tanto para a destruição de obras de arte como para a destruição da natureza. Nos dois casos, parece chocantemente errado destruí-los gratuitamente, mesmo se estipularmos que nenhum deles figuraria em nossa experiência futura.

Nos casos da arte e da natureza, importa a autenticidade. Uma viagem rápida à imitação de Roma em Las Vegas não é um substituto adequado para a cidade real, não importando quanto prazer pudesse nos proporcionar. Nem pode um filme em Imax ser um substituto para o ato de estar na natureza, mesmo que o filme imaginário seja futurista, com todo tipo de cenas legais de realidade virtual.

Quando se trata de arte e natureza, o contexto é muito importante para o caráter de nossa experiência. Uma coisa é ver uma estátua do Buda num museu de Londres, outra é vê-la num templo da Tailândia. Há uma grande diferença entre ver um leopardo num zoológico da Califórnia e ver o mesmo animal no Parque Nacional Serengeti, na Tanzânia. De modo geral, a beleza e a significância de uma obra de arte são maiores na conformação para a qual ela foi feita.[19] Similarmente, nossa experiência de natureza é mais profunda quando ela está em suas condições próprias.

Por fim, no caso da arte e da natureza, valorizamos raridades. É claro que não denegrimos Picasso e Matisse por terem sido prolíficos, mas o valor que atribuímos às pinturas de Vermeer tem relação com o fato de que apenas 36 são conhecidas. Cada uma é tratada com o cuidado amável frequentemente voltado a um filho único. E embora a maioria de nós rejeite um ecocentrismo que sustenta que, sozinha, a raridade é suficiente para preferir a vida de um ser sobre

---

[19] Existem exceções: meu professor, Paul Ziff, costumava dizer que os *designers* de luz do Museu de Arte Moderna de Nova York poderiam fazer estrume seco parecer magnífico.

outro, tendemos a valorizar animais ou aspectos naturais raros mais do que os comuns. Sem dúvida, muitas vezes sem pensar, levamos as espécies à quase extinção e então gastamos milhões na tentativa de trazê-los de volta da beira do abismo.

É claro que existem diferenças entre a beleza que encontramos na natureza e a beleza que encontramos na arte. Vemos a beleza da arte como intencional, planejada, representativa e expressiva. Nós a vemos pelas lentes de um mundo artístico, e contra o fundo de história e crítica da arte. Muitos de nós não veem a beleza da natureza como um produto intencional de um artista, então, muitos aspectos que fazem parte dessa maneira de ver são abandonados. Ainda assim, não está claro quão profundas são essas diferenças. Poder-se-ia argumentar que há pouca diferença entre artistas e seleção natural como motores do projeto, e que disciplinas científicas como geologia e biologia desempenham o mesmo papel em apreciar beleza natural que a história e a crítica da arte têm ao apreciar a beleza das obras de arte.[20] Além disso, um teísta que vê a natureza como trabalho manual de Deus pode ver pouca diferença entre a beleza natural e a beleza das obras de arte; ambos são produtos intencionais de um artista. Similarmente, alguém que, por qualquer razão, não consegue experienciar uma obra de arte como se fosse um artefato e não tem conhecimento das práticas convencionais de apreciação de arte pode ver pouca diferença entre obras de arte e objetos naturais. Ele pode apreciar ambos por sua beleza, mas, no que lhe compete, ambos podem nada dizer em relação a propriedades expressivas e representacionais.

---

[20] Allen Carlson, *Aesthetics and the Environment: the Appreciation of Nature, Art and Architecture* (Londres: Routledge, 2000).

A apreciação da beleza natural foi no mínimo tão importante quanto a apreciação de obras de arte no desenvolvimento da estética como campo de investigação filosófica. Os fundadores britânicos desse campo no século XVIII (por exemplo, o terceiro conde de Shaftesbury e Francis Hutcheson) desenvolveram suas concepções de apreciação estética primariamente ao considerar a apreciação estética da natureza. Kant, que é tão importante para o desenvolvimento da estética como para o da ética, tratou a apreciação da natureza como o paradigma da experiência estética.

Dada a importância da beleza para a nossa apreciação da natureza, pode parecer surpreendente que os ambientalistas tenham tendido a tirar a ênfase sobre essa dimensão do valor da natureza. Existem duas razões para isso. A primeira é a aparente subjetividade da experiência da beleza, e a segunda é a aparente trivialidade de tais experiências.

Embora esse não seja o lugar para um exame completo de várias teorias da beleza, é importante reconhecer que são oferecidas variadas explicações. Em grande medida, mas não totalmente, elas apresentam as famílias de teorias identificadas no capítulo 3 (isto é, realismo, subjetivismo e o centro sensível).

Para os antigos e medievais (por exemplo, Plotino, Tomás de Aquino), a beleza era vista como a manifestação do divino; para muitos de nós, beleza é algo que existe somente nos olhos de quem contempla. Isso parece-se com a familiar divisão entre aqueles velhos realistas rabugentos e nós, subjetivistas pós-modernos. De toda forma, o que a tradição filosófica do século XVIII notou foi que o fato de um objeto ser bonito e o de nós termos experiências de certo tipo são muito proximamente emparelhados, embora bem difíceis de explicar com base nos princípios gerais. David Hume, por exemplo, defende que, embora beleza e "deformidade" não sejam propriedades dos objetos, "existem certas qualidades nos objetos que são conferidas pela natureza para produzir essas sensações particulares".[21]

Alguns desses fundadores do campo, do século XVIII, podem ser considerados mais ou menos subjetivistas, outros mais ou menos realistas, mas partilham a ideia de que atribuições de beleza parecem requerer experiência subjetiva e o compromisso com afirmações que consideramos objetivamente verdadeiras. Parece-nos óbvio, hoje em dia, que a beleza necessariamente envolve experiência subjetiva, porém tendemos a ignorar o fato de que afirmações como as que se seguem também são óbvias:

(5) O *Davi* de Michelangelo é belo;

(6) O vale do Yosemite é belo;

(7) Angelina Jolie é bela.

Alguém que negue que o *Davi* de Michelangelo, o vale do Yosemite e Angelina Jolie são belos não é somente alguém com gosto diferente; existem coisas sobre o mundo que essa pessoa simplesmente não entende. Conforme Hume afirma, quando nossos "órgãos" estão operando de maneira adequada, nossas respostas à beleza são tão confiáveis quanto nossas respostas à cor.

Pesquisas em neurociência cognitiva estão começando a mostrar como uma forte ligação poderia ocorrer entre nossas experiências individuais de beleza e uma série de afirmações amplamente aceitas sobre o que é bonito. Estudos recentes empregando técnicas de mapeamento cerebral por ressonância magnética funcional iluminaram relações entre os julgamentos de beleza das pessoas e áreas especiali-

---

[21] David Hume, *Of the Standard of Taste* (Indianapolis: Bobbs-Merrill, 1965), disponível em http://www.mnstate.edu/gracyk/courses/phil%20of%20art/hume%20on%20taste.htm. A referência a Hume, abaixo, é do mesmo texto.

zadas do cérebro.[22] Seria um erro conferir muita significância a esse trabalho, mas, de fato, parece que há crescente evidência pelas estreitas correlações entre aspectos do mundo e as experiências de beleza que foram observadas pelos filósofos do século XVIII, assim como o entendimento crescente de como essas correlações podem ser fisicamente percebidas.

A beleza da natureza é apenas uma de suas características a que reagimos esteticamente. Outros aspectos da natureza e formas de experiência foram discutidos em literatura (por exemplo, o pitoresco), mas nenhum tão extensivamente quanto as experiências do sublime. Esse tipo de experiência vai além do que pode ser visto e incorpora sons e cheiros e, também, imagens.

Assim como a beleza, a ideia do sublime é uma noção antiga que se tornou uma preocupação central no século XVIII. Um livro de Edmund Burke, *Uma investigação filosófica sobre a origem de nossas ideias do sublime e do belo* (1757), foi especialmente importante. O sublime é muitas vezes associado com experiências de montanhas ou oceanos. Tais experiências podem ocasionar maravilha, espanto, estupefação, admiração, reverência ou respeito. Em seu extremo, a experiência do sublime pode causar aturdimento total. De acordo com Burke, a experiência humana do sublime é um "deleite" e uma das mais poderosas emoções humanas. Ainda assim, talvez paradoxalmente, a experiência do sublime envolve emoções "negativas" como medo, terror, dor e terror, e pode ocorrer quando experimentamos privação, escuridão, solidão, silêncio ou vácuo. A experiência do sublime surge quando nos sentimos em perigo sem estarmos realmen-

---

[22] Semir Zeki & Hideaki Kawabata, "Neural Correlates of Beauty", em *Journal of Neurophysiology*, nº 91, 2004, pp. 1699-1705.

te em perigo. Imensidão, infinitude, magnitude e grandeza podem causar essa experiência de grandeza, significância e poder.

Talvez a melhor maneira de captar o senso do sublime é citar na íntegra a descrição de John Muir de uma tumultuada noite que ele passou acampando no cume do monte Shasta, na Califórnia, provavelmente nos anos 1870:

> Na manhã seguinte, tendo dormido pouco na noite anterior à subida e estando esgotado de escalar após a animação ter acabado, fui dormir tarde. Então, acordando subitamente, meus olhos se abriram para ver um dos mais lindos e sublimes cenários que já apreciei. Uma imensidão selvagem sem limites de nuvens de tempestade de diferentes gradações de maturidade estavam aglomeradas acima da paisagem mais baixa por milhares de milhas quadradas, cinza-escura e púrpura, e perolada e branca profundamente brilhante, no meio da qual eu parecia estar flutuando, enquanto o grande cone branco da montanha acima resplandecia à luz liberta e flamejante do sol. Parecia mais como uma terra de nuvens do que com um oceano – colina e vale ondulantes, suaves planícies púrpura e cadeias de montanhas prateadas de cúmulos, uma após outra, diversificadas com o pico e a cúpula e a concavidade totalmente submetidas à luz e à sombra...
>
> Agora a tempestade adiantava-se num florescer completamente tomado pela neve e os cristais amontoados escureciam o ar. O vento soprava rápido em sibilantes torrentes, pulverizando a neve e rapidamente varrendo para as cavidades, com enorme velocidade, todas as partículas mais pesadas, enquanto a poeira mais fina era filtrada para o céu, aumentando a penumbra gelada. Mas minha fogueira brilhava bravamente como se em feliz desafio ao vento para apagá-lo, e apesar de só um leve vestígio de meu abrigo ainda

poder ser visto depois que a neve o destruiu e o enterrou, eu estava confortável e quente, e o entusiasmante alvoroço produzia uma feliz agitação.[23]

Os valores estéticos, em suas variadas formas, podem ter papel importante em nossas vidas, e não devemos subestimar seu poder de motivar. O fato de estarem intimamente ligados à experiência não é razão para supor que esses valores são triviais, pouco importantes ou idiossincráticos. Eles constituem uma parte, mas apenas uma parte da tese defendida do valor da natureza.

VALORES NATURAIS

Quando se trata de estética, a dança entre o subjetivo e o objetivo parece bem delicada. Contudo, muitas pessoas veem a natureza como valiosa em virtude das propriedades que são pelo menos até certo ponto independentes de nossa experiência.

Sem dúvida, a própria ideia de que algo é natural carrega valor para muitas pessoas.[24] É claro que termos como "natural" e seus cognatos são multiplamente ambíguos. Não tentarei listar os sentidos aqui. Em vez disso, vou simplesmente declarar que o sentido de naturalidade, que é importante para muitos que valorizam a natureza, é este: algo é natural na medida em que não é um produto da influência humana.

Uma forma de entender o que quero dizer com isso é considerar a afirmação que às vezes é feita de que estamos vivendo no "fim da na-

---

[23] John Muir, *Steep Trails* (Nova York: Cosimo, 2006), capítulo 4; disponível em http://www.sierraclub.org/john_muir_exhibit.

[24] Por exemplo, Robert Elliot, *Faking Nature: the Ethics of Environmental Restoration* (Londres: Routledge, 1997); e Robert Goodin, *Green Political Theory* (Cambridge: Polity Press, 1992).

tureza" porque a influência humana é tão dominante que nenhuma parte da natureza permanece intocada.[25] Uma vez que cada parte da superfície terrestre é afetada pelo clima, é verdade que a interferência humana no sistema climático está afetando cada parte do planeta. Todavia, não se segue daí que estamos no "fim da natureza". Existe uma importante distinção entre X afetando Y, e Y sendo um produto de X. Posso afetar sua decisão sobre o que estudar de diversas maneiras; por exemplo, fornecendo-lhe informação ou conselho que você pode ou não levar em conta. Isso, no entanto, é bastante diferente do caso no qual sua decisão sobre o que estudar é produto de minha influência.

Consideremos o seguinte exemplo. A ação humana afeta a duração da estação de crescimento na região dos Grandes Lagos da América do Norte, mas o fato de haver mexilhões-zebras nos Grandes Lagos é produto da influência humana. Eles foram transportados para lá por navios, e depositados com a água de lastro. A distinção entre esses dois casos (o impacto humano na duração da estação de crescimento e o impacto humano na presença de mexilhões-zebras nos Grandes Lagos) tem força intuitiva (ou assim espero), mas todos os tipos de complicações permanecem. Além de apelar às influências humanas, uma maior explicação de por que existem mexilhões-zebras nos Grandes Lagos teria de apelar a vários outros fatores, inclusive fatos biológicos sobre os próprios mexilhões-zebras. Se a seleção natural não havia produzido mexilhões-zebras antes, eles não poderiam ter sido introduzidos nos Grandes Lagos; e, se não tivessem encontrado um ambiente favorável quando chegaram, não teriam sobrevivido.

---

[25] Bill McKibben, *The End of Nature* (Nova York: Random House, 1989). Num certo sentido, essa afirmação é obviamente falsa, já que não há virtualmente nenhuma influência humana na maior parte do universo (ou mesmo em muito da Terra, se incluirmos seu núcleo e manto), mas colocarei de lado esse entendimento pouco caridoso.

Além disso, coisas bem diferentes podem ser ditas como sendo produtos da influência humana (por exemplo, o gado *longhorn* do Texas e toalhas plásticas de mesa). E os filósofos entre nós vão se preocupar corretamente se são eventos, fatos, estados de coisas ou algo mais que está sendo produzido nesses casos. Também farão perguntas embaraçosas sobre as relações entre produzir algo, trazê-la e causar a existência ou ocorrência. Colocaremos de lado tudo isso.

Mesmo assim, a distinção entre X afetando Y e Y sendo um produto da influência de X é inegavelmente vaga e uma questão de grau. Uma vez que vivemos num mundo de conceitos vagos (por exemplo: rico, calvície, inteligência, etc.), colocarei de lado essa preocupação também (e os interessantes problemas decorrentes).

O que importa é isso: a naturalidade é uma questão de grau e isso é refletido em nossa linguagem. Muitas vezes, dizemos coisas como "aquela região (por exemplo, as Rochosas canadenses) é mais natural do que outra região (por exemplo, as montanhas Adirondack)". Sem dúvida, quase sempre estamos mais interessados em semelhantes julgamentos comparativos: quão natural é uma coisa comparada com outra.

Em certos círculos, está na moda rejeitar a ideia de valores naturais como se fosse bobagem romântica, ou mesmo rejeitar o conceito de natureza como um todo. A natureza e o natural, nessa concepção, são construções sociais: existem apenas como expressões da cultura humana em vez de serem aspectos do mundo. Os esclarecimentos que acabamos de fazer ajudam-nos a entender por que não funciona um argumento influente para essa concepção fracassar.

Esse argumento envolve observar que os humanos têm modificado seu meio ambiente desde quando surgiram. A ideia é, presumivelmente, que, para algo ser natural, não deve ter sido afetado pelos humanos, e, uma vez que os humanos afetaram tudo, nada (na superfície da Terra, de nenhuma forma) é natural. Esse argumento simplesmente recapitula o equívoco de misturar X afetando Y com Y sendo um produto da influência de X. Não é derivado dos fatos (se existir) de que os humanos têm influenciado seus ambientes desde tempos imemoriais e que agora nenhuma parte da Terra pode ser considerada não afetada pelos humanos, que nada é natural. O que ameaça a afirmação de algo ser natural não é o fato de ele ser afetada pelos humanos, mas, sim, ser um produto da influência humana.

Um segundo argumento para uma conclusão semelhante tem sido mais inteiramente desenvolvido voltando-se para a vida selvagem, mas pode ser facilmente estendido para a natureza e o natural. Esse argumento sustenta que a vida selvagem (ou a natureza ou o natural) é uma construção social porque o conceito tem uma história: nem todas as pessoas em todos os lugares sempre tiveram esse conceito; e entre aquelas que têm o conceito, este nem sempre teve o mesmo conteúdo; e mesmo aqueles que partilham o conceito e concordam sobre seu conteúdo podem ter diferentes atitudes em relação à vida selvagem (ou à natureza ou ao natural).[26] Muitos povos aborígenes, por exemplo, não pensam em si como vivendo uma vida selvagem ou talvez nem mesmo como vivendo na natureza. Os colonizadores puritanos da Nova Inglaterra sabiam que viviam num ambiente selvagem, mas isso significava algo bem diferente para eles do que para nós. Para eles significava viver numa "terra selvagem e imensa", "criando não frutos para Deus, mas frutas selvagens do pecado".[27] Enquanto muitos de nós valorizamos a vida selvagem, os

---

[26] William Cronon, "The Trouble with Wilderness, or, Getting Back to the Wrong Nature", em William Cronon (org.), *Uncommon Ground: Rethinking the Human Place in Nature* (Nova York: Norton, 1996).

[27] A primeira citação é de Roger Williams e a segunda é de William Bradford; ambas foram retiradas de uma palestra de Carolyn Merchant, disponível em http://nature.berkeley.edu/

puritanos e muitos outros colonizadores da América do Norte viam a vida selvagem como algo a evitar ou a melhorar.

Embora essas observações sejam verdadeiras e interessantes, o fato de ideias, conceitos e palavras possuírem histórias não mostra, de forma alguma, que seus referentes não tenham existência independente do artifício humano. As pessoas viviam no sistema solar antes de saber qualquer coisa sobre ele. Ecossistemas existiam antes de Tansley cunhar o termo. Existem fatos que podem razoavelmente ser vistos como construções sociais (por exemplo, o produto interno bruto da Tanzânia). Há também filósofos (tipicamente chamados "idealistas") que afirmaram que a estrutura de nossos conceitos determina a estrutura do mundo, mas esta é uma tarefa difícil e requer um trabalho sofisticado em metafísica. Esse argumento, contudo, reflete não um sutil raciocínio, mas o fracasso em atentar para algumas distinções básicas. Esse argumento confunde o conceito do natural, que é uma construção social, com o fato da naturalidade, que não é.[28]

Retornando ao ponto principal, minha alegação é de que, para muitas pessoas, a qualidade de ser natural contribui para o valor da natureza. Imaginemos um caso em que estamos acampando e vemos uma paisagem repleta de montes cobertos com uma lama nunca vista antes. Você leu guias, e sabe que essa região da Austrália é famosa por seus montes de cupins fantasticamente grandes. Você fica admirado. Mas quando lhe digo que esses montes de cupim são falsos, postos ali pela câmara local de comércio para entreter as pessoas que não estavam interessadas em caminhar nos arbustos, seu queixo cai.

---

departments/espm/env-hist/espm160/outlines/3.1.htm. Para informações gerais sobre esse assunto, ver Roderick Nash, *Wilderness and the American Mind* (4ª ed. New Haven: Yale University Press, 2001).

[28] Para ler mais sobre construtivismo social, ver Ian Hacking, *The Social Construction of What?* (Cambridge: Harvard University Press, 1999).

O que pensou que fosse natural, agora vê como produto da influência humana.

Podemos nos perguntar por que as pessoas consideram ser natural como uma contribuição para o valor da natureza. Uma resposta seria dizer: "Porque sim". Por que as pessoas consideram o prazer ou amabilidade valiosos? Em algum momento se desiste de buscar explicações. Ainda assim, nesse caso, pode haver outros valores que podemos identificar como estando por trás de nossa atração pelo que é natural.

Temos necessidade de controlar nosso ambiente como indivíduos, comunidades e talvez como espécies. Existem muitas razões óbvias por que nos é benéfico fazê-lo, e isso pode também refletir nossa história evolucionária. Um livro recente afirma que, em vez de serem distinguidos por seus poderes de caça, nossos antepassados eram muito mais comumente presas do que predadores.[29] Animais que estão acostumados a ser presas podem não querer deixar seus ambientes ao acaso.

Ao mesmo tempo, existe uma espécie de solidão na vida em um ambiente que você domina (imagine Elvis em Graceland). Parte do motivo de apreciarmos a companhia humana é que nos cansamos de nós mesmos. Queremos estar com pessoas que tenham mentes e vidas próprias, e não sejam apenas nossas extensões. É claro que algumas pessoas preferem estar cercadas de bajuladores, mas elas sofrem de egolatria ou de alguma outra doença.

Estou sugerindo aqui que valorizamos o que é natural porque valorizamos a autonomia da natureza. Isso não é dizer que pensamos na natureza como um agente moral, responsável para nós por suas

---

[29] Donna Hart & Robert W. Sussman, *Man the Hunted: Primates, Predators, and Human Evolution* (Boulder: Westview Press, 2005).

ações (exceto talvez metaforicamente). Na verdade, o que valorizamos na natureza é que ela "faz o seu trabalho" e é bastante indiferente a nós. No capítulo 5 do *Tao Te Ching*, atribuído ao monge taoísta do século VI a.C, Lao-Tse, encontramos as seguintes palavras: "Céu e Terra são imparciais: eles tratam toda a criação como cachorros de palha". Nos antigos rituais chineses, esses cachorros eram queimados como sacrifícios no lugar dos cães vivos. Afirmo que a natureza é indiferente ao bem-estar humano como os humanos o são ao destino dos cães de palha que empregam no sacrifício ritual. Para muitos de nós, a indiferença da natureza pode ser um alívio bem-vindo à vida num mundo dominado pelos humanos.

Em seu extremo, a autonomia da natureza é entendida como selvagem. Embora seja difícil definir essa noção precisamente, é bastante fácil caracterizá-la em linhas gerais, ao menos dizer o que ela não é. O que é selvagem não é dominado por outros; é livre de controle externo. Thoreau caracterizou selvagem como aquilo que é autodisposto. O poeta contemporâneo Gary Snyder conta-nos que algumas definições de "selvagem" "são bem próximas de como os chineses definem o termo 'Dao', o estilo da Grande Natureza... ludibriando análises, além das categorias, auto-organizada... independente... imediata... obstinada".[30]

Ele prossegue dizendo que esses significados não estão longe do termo budista "dharma", com seus sentidos originais de formar e afirmar.

Essas observações fazem coro com o fato de que o selvagem da natureza muitas vezes é visto como o correlato do selvagem dentro de nós. Snyder afirma que "nossos corpos são selvagens", exemplificando com a "rápida virada involuntária da cabeça com um gri-

---

[30] Gary Snyder, *The Practice of the Wild* (Berkeley: North Point, 1990), p. 10.

to, a vertigem de olhar para um precipício, o coração na boca num momento de perigo, recuperar o fôlego, os momentos silenciosos de relaxamento, contemplação, reflexão – todas reações universais deste corpo mamífero".[31] Como muitos pensaram, não entramos no selvagem para escapar de nossas vidas, mas para retornar a elas.[32]

Apesar de uma preocupação com a autonomia e mesmo com o selvagem poder ser parte da razão de muitas pessoas valorizarem o que é natural, é importante reconhecer que esses são conceitos distintos. Já assinalei que o sentido de autonomia quando digo que as pessoas são autônomas não é o mesmo ao dizer que a natureza é autônoma. Nem seria correto pensar que em todos os casos o que é natural é também selvagem. Um animal domesticado é natural, enquanto humanos e sua criações podem ser selvagens (por exemplo, festas, guerras e, de modo geral, seu comportamento).

Outro valor que as pessoas quase sempre afirmam apreciar na natureza é sua diversidade. Embora sua forma mais familiar seja a diversidade das espécies, a diversidade biológica (ou "biodiversidade") também vem de outras formas, e também ocorre em vários níveis. Além da diversidade das espécies existe a diversidade genética, de ecossistemas, anatômica, morfológica, etc. Além da diversidade biológica, a natureza nos oferece outras formas de diversidade, tais como diversidade geológica. A Terra é caracterizada por mares e massas de terra. Suas formas terrestres variam de desertos e planícies a montanhas e platôs. Muitas pessoas acham nosso diversificado mundo fascinante, inspirador e mesmo admirável simplesmente em virtude de expressar esse aspecto. Quando o filósofo norueguês Arne Naess e seu seguidor norte-americano George Sessions codificaram

---

[31] *Ibid.*, p. 16.
[32] Ver Jack Turner, *The Abstract Wild* (Tucson: University of Arizona Press, 1996).

os oito princípios básicos da ecologia profunda no aniversário de John Muir em abril de 1984, falaram em nome de muitos ao estabelecer o segundo princípio da seguinte maneira: "A riqueza e a diversidade das formas de vida contribuem para a realização desses valores e também são valores em si mesmas".[33]

A despeito do fato de muitos filósofos terem defendido diversidade como sendo de valor supremo (por exemplo, os filósofos Leibniz e Brentano, dos séculos XVII e XIX, respectivamente), não é fácil explicar e justificar tais defesas.[34] Além disso, promover a diversidade pode conflitar com promover a vida selvagem e a naturalidade. Foi reconhecido por algum tempo que alguma biodiversidade depende dos humanos. Num estudo clássico, a biodiversidade de um oásis no Monumento Nacional Organ Pipe, no Arizona, foi comparada à de outro oásis do deserto de Sonora no México. O oásis norte-americano é administrado como um parque, enquanto o mexicano é usado do modo tradicional por fazendeiros de Papago. Muito embora o oásis norte-americano seja mais selvagem, o mexicano possui maior biodiversidade.[35] A biodiversidade também pode conflitar com a naturalidade. Se nosso único objetivo fosse produzir tanta diversidade quanto possível, a engenharia genética seria uma estratégia superior para a preservação ambiental. O que a maioria dos ambientalistas quer é biodiversidade produzida naturalmente, não diversidade trazida pela Monsanto.*

---

[33] Disponível em http://www.deepecology.org/deepplatform.html.

[34] Para uma análise, ver Humberto D. Rosa, "Bioethics of Biodiversity", em Charles Susànne (org.), "Societal Responsibilities in Life Sciences", em *Human Ecology Review*, Special Issue, 3 (12), 2004, pp. 157-171.

[35] Gary P. Nabhan *et al.*, "Papago Influence on Habitat and Biotic Diversity: Quiotovac Oases Ethnoecology", em *Journal of Ethnobiology*, nº 2, 1982, pp. 124-143. Exemplos e discussões adicionais podem ser encontrados em Sahotra Sarkar, *Biodiversity and Environmental Philosophy: an Introduction to the Issues* (Nova York: Cambridge University Press, 2005).

* Multinacional de agricultura e biotecnologia, maior produtora mundial de herbicidas. (N. T.)

No fundo desses conflitos está o que Bernard Williams chama de "paradoxo" de utilizar "nosso poder de preservar uma imagem do que não está em nosso poder".[36] Se valorizamos o que é natural e selvagem, como podemos protegê-lo sem destruir o que valorizamos? Podemos legislar sobre os limites do selvagem sem minar o próprio selvagem que buscamos proteger? Segundo Williams, "uma natureza preservada por nós não é mais uma natureza simplesmente não controlada", pois "qualquer coisa que deixamos intocada já foi tocada por nós".

Além desses conflitos e questões, valores naturais podem conflitar com valores prudenciais e estéticos. Um jardim pode ser mais esteticamente agradável que uma paisagem natural. Um campo irrigado pode servir a nossos interesses melhor do que o que é mantido natural. Esses conflitos parecem ficar ainda mais sérios quando juntamos os valores da natureza às preocupações com animais não humanos, sobre o que discutimos no capítulo anterior.

Conflitos e trocas

Neste capítulo e no anterior exploramos o valor da natureza não humana. No capítulo 5, examinamos a suposição de que todos os seres sencientes ou todos os sujeitos de uma vida têm valor intrínseco no segundo sentido de ser moralmente considerável. Neste capítulo investigamos se todas as coisas vivas ou ecossistemas poderiam também possuir valor intrínseco nesse sentido. Mesmo se não tiverem, muitas pessoas encontram valores estéticos ou naturais na natureza, além de terem razões prudenciais para valorizá-la. No entanto, re-

---

[36] Bernard Williams, *Making Sense of Humanity* (Cambridge: Cambridge University Press, 1995), p. 240.

conhecer valores na natureza é apenas parte da tarefa de construir uma ética ambiental. Conforme vimos, conflitos podem ocorrer não apenas entre valores plurais, mas mesmo quando procuramos aplicar um único valor em diferentes circunstâncias. Há uma importante lição aqui. Muito frequentemente, o ambientalismo é visto como uma ideologia cujos seguidores marcham inflexíveis, obedecendo às diretivas de alguma organização verde. Entretanto, valores podem conflitar. Existem recursos em ética normativa para resolver alguns desses conflitos, mas, como vimos, pessoas razoáveis podem discordar sobre quais visões normativas são mais plausíveis e como trazer considerações teóricas para usar em problemas práticos. Ainda que as pessoas concordem a respeito de questões normativas, nem sempre será óbvio saber qual é a coisa certa a fazer, dada a natureza nebulosa do mundo em que vivemos. Isso vai ficar claro nos seguintes estudos de casos de valores em conflito.

CARNEIROS-DE-CHIFRE-LONGO DE SIERRA NEVADA (BIGHORN SIERRA) VERSUS LEÕES-DAS-MONTANHAS

Os *Bighorn Sierra*[37] são uma subespécie geneticamente distinta dos carneiros-de-chifre-longo, uma espécie descendente dos carneiros que cruzaram o estreito de Bering, da Sibéria para a América do Norte, durante o Pleistoceno. Antes do contato europeu, a população diminuiu dramaticamente devido à caça e às doenças transmitidas pelos carneiros domésticos. Apesar de garantida a proteção legal a eles em 1878, restavam somente cerca de 250 *Bighorn Sierra* nos anos 1970. Nos anos 1980, a população cresceu 25%, mas caiu para cem

---

[37] Para informações sobre esse caso, ver http://www.sierrabighorn.org/index.htm e http://www.mountainlion.org.

indivíduos em 1995. O *Bighorn Sierra* foi a primeira espécie a ser listada como em perigo de extinção pelo governo federal no século XXI.

É consenso que a predação pelos pumas foi a principal causa da queda da população durante os anos 1990. Entre 1976 e 1988, 49 mortes, das 72 que foram documentadas no total, foram atribuídas a pumas. Quase todos esses ataques aconteceram enquanto os carneiros seguiam pelas pradarias invernais. O resultado foi que os carneiros pararam de descer de seus refúgios no alto das montanhas, geralmente acima de 3 mil metros. Além de se colocarem em risco crescente de avalanches, também perderam acesso aos gramados, que constituíam uma importante fonte de nutrientes. Nem todos os pumas caçavam carneiro; na verdade, alimentavam-se principalmente de veados. Mas os que assim faziam conseguiam matar até quatro carneiros por ano. No inverno de 1999-2000, dois pumas foram mortos por serem considerados sérias ameaças aos carneiros. Agora, os pumas que são encontrados perto das populações dos *Bighorn Sierra* recebem um rádio-colar e são rastreados. Em 2001, a população desses carneiros havia dobrado para cerca de 250, e hoje permanece na faixa de 350-400.

Os pumas não têm tido vida fácil na Califórnia. Em 1907, o estado estabeleceu uma recompensa por eles, e essa política vigorou até 1963. Caçadores de troféus continuaram a persegui-los até 1972, quando foi aprovada uma lei que protegia os pumas, a menos que matassem ou ameaçassem o gado ou animais domésticos. Em resposta às repetidas tentativas do Departamento de Pesca e Caça da Califórnia de reinstituir a caça, em 1990 eleitores aprovaram a Proposição 117, que declarava os pumas como uma (a única) espécie "especialmente protegida" e requeria quatro quintos dos votos do Legislativo para se mudar qualquer provisão da lei que os protegia. Uma tentativa, seis anos mais tarde, de caçadores esportivos e legisladores conservadores de revogar essa proteção especial foi sumariamente rejeitada pelos eleitores.

Ninguém sabe qual era a população de pumas da Califórnia antes do contato europeu, mas, em 1920, uma precária estimativa fixou a população em 600. Depois que a caçada terminou, nos anos 1970, havia mais de 2 mil pumas, e hoje eles estão entre 4 e 6 mil indivíduos. Desde que o urso pardo tornou-se extinto na Califórnia, nos anos 1920, o puma não teve mais predadores naturais. Ataques a animais domésticos e criações de gado tornaram-se cada vez mais comuns, devido em parte à crescente população humana no *habitat* do puma. Houve apenas treze ataques registrados de pumas a humanos, quatro fatais, o mais recente em 2004.

Como devemos pensar esse conflito entre dois animais, ambos com populações severamente afetadas pela ação humana? A predação do puma é simplesmente uma questão de natureza selvagem seguindo seu curso? É permissível matar pumas por colocarem os carneiros em perigo? Importa se os carneiros não são uma subespécie ecologicamente importante? A predação possui algum valor estético? Os pumas têm direito à vida? Devemos nos preocupar com o fato de que matar pumas para proteger carneiros pode nos colocar num caminho perigoso, de volta aos dias em que existiam recompensas pelos pumas?

Eis o que pensa um editor sênior da revista *Sierra Club*:

> Para muitos conservacionistas, é um golpe amargo contemplar a matança de uma nobre criatura que antes lutaram para proteger. Ainda assim, uma vez que começamos a brincar de Deus – exterminando ursos pardos, introduzindo gerações exóticas de carneiros, ou garantindo proteção especial a pumas –, somos obrigados a continuar. Alterar dessa forma o equilíbrio natural e então lavarmos

nossas mãos e dizermos "Deixe a natureza seguir seu curso" poderia apagar o *Bighorn Sierra* do livro da vida... Aqui ficamos, como sempre, procurando restaurar a ordem que perturbamos, tentando, quando em perigo, não fugir, mas dar uma arrumada nas coisas.[38]

Mas o que está sendo pressuposto aqui? Existe esse tal de "equilíbrio natural"? Há uma "ordem" que devemos tentar restaurar? Talvez o desafio mais importante em casos como esse seja descobrir exatamente qual é a questão mais importante e o que usar para respondê-la.

Esse caso envolve um conflito entre animais, mas a ação humana está sempre no fundo, definindo os termos. Apesar de o carneiro estar na lista das espécies ameaçadas de extinção, o Serviço Florestal dos Estados Unidos continua a permitir que rancheiros criem carneiros e cabras domésticos em terras públicas no *habitat* do *Bighorn Sierra*. O carneiro doméstico não apenas compete por comida, mas pode espalhar doenças como sarna e pneumonia aos *Bighorn Sierra*. Historicamente, as doenças transmitidas dos carneiros domésticos foram a grande causa do declínio do *Bighorn Sierra*. Administradores estatais da vida selvagem dizem que poderiam ter de matar os *Bighorn Sierra* expostos a rebanhos domésticos a fim de proteger o resto do rebanho. Em resposta à crítica, um oficial do governo aponta que não é documentado um contato entre carneiros domésticos e o *Bighorn Sierra* há 25 anos, e o que "causou o declínio desses carneiros nos últimos 15 anos foi aparentemente um nível inaceitável de predação dos pumas que ocorreu nos anos 1980, e nada mais". Assim, parece que, do ponto de vista do governo, os hábitos de vida

---

[38] Esta e a citação a seguir são de Paul Rauber, "The Lion and the Lamb: What Happens When a Protected Predator Eats an Endangered Species?", em *Sierra Magazine*, março/abril de 2001, disponível em http://www.sierraclub.org/sierra/200103/sheep_printable.asp.

dos pumas é que devem ser controlados em vez dos hábitos dos rancheiros de gado ovino.

Cabras selvagens *versus* plantas endêmicas

Quando consideramos a questão abstratamente, muitos de nós talvez dissessem que os interesses dos animais deveriam ter precedência sobre os das plantas. Afinal, animais são sencientes e plantas, não. Mesmo que existam outros valores que julgamos relevantes, essa diferença parece bastante importante. Mas consideremos o seguinte caso.

A Ilha de São Clemente, localizada na costa do sul da Califórnia, foi habitada por humanos há cerca de 10 mil anos. No início do século XIX, seus habitantes indígenas mudaram-se para missões no continente. Até o começo do século XX, a ilha foi terreno intermitente da caça de leões-marinhos e focas, de baleeiros, rebanhos de carneiros, roubos e da criação de abalones chineses. Em 1934, a Marinha dos Estados Unidos assumiu a custódia da ilha e, subsequentemente, a usou para treinamento.

Em 1977, sete espécies endêmicas (aquelas que são nativas e não existem em nenhum outro lugar) foram listadas como em perigo de extinção pelo Ato das Espécies Ameaçadas de Extinção. Quatro espécies de plantas, que foram as primeiras a ser listadas pelo Ato, fornecem abrigo a duas espécies de pássaros e uma espécie de lagarto. A presença na lista obrigou a Marinha a desenvolver um plano de recuperação, e sua atenção se voltou imediatamente às cabras selvagens que habitavam a ilha desde o século XVII. As cabras haviam degradado severamente os ecossistemas nativos e estava claro que representavam uma grande ameaça à existência daquelas espécies. Por volta de 1979, a Marinha já havia removido 16.500 cabras da ilha, mas cerca de 3 mil permaneceram em cânions acidentados e íngremes. A Marinha então propôs um programa de caça a ser realizada por helicópteros, mas foi suspenso na justiça pelo Fundo para Animais. Uma série de negociações levou o Fundo a usar helicópteros e redes para capturar algumas cabras, levando-as da ilha e encontrando lares para elas no continente. Todavia, o conflito continuou e, em 1990, a última cabra da ilha foi abatida. Embora seja difícil obter números exatos, estima-se que cerca de 27 mil cabras foram mortas e aproximadamente 4 mil foram removidas em segurança.

Esse caso parece apresentar-nos com clareza questões sobre o valor de animais sencientes mas comuns em comparação com o valor de plantas não sencientes mas altamente ameaçadas. Alguém que endosse o biocentrismo ou acredite que a biodiversidade jamais deva ser reduzida, mesmo levemente, poderia pensar que a moralidade requer matar as cabras. Alguém que considere senciência ou direitos animais mais seriamente acharia essa conclusão quase impossível de engolir. Ambos os lados enfrentam uma série de questões adicionais, inclusive estas: quantos animais sencientes valem uma única planta? Quanta degradação ambiental devemos suportar antes de uma única cabra ser morta?

Uma reação inicial que muitos têm é que o transporte aéreo organizado pelo Fundo para os Animais foi uma boa iniciativa. Cabras foram removidas, como queria a Marinha, e escaparam da morte, como o Fundo queria. Mas imagine quanto essa evacuação custou! O que mais poderia ser feito com esse dinheiro para proteger a natureza e reduzir o sofrimento animal? Além disso, há pouco que a Marinha pudesse ter feito nesse sentido. Quando se trata de erradicar cabras, um erro pequeno pode ficar enorme. Se somente algumas cabras restarem, não vai demorar muito para que elas se reproduzam novamente na mesma proporção que estava ameaçando de extinção aquelas plantas. E, infelizmente, nunca seria possível para o Fundo capturar todas as cabras. Depois de ver o que estava acontecendo a seus companheiros, as cabras começaram a se esconder e recuar para partes da ilha inacessíveis a seus salvadores. Assim, parecemos ter ficado com a simples, mas profunda, questão: nossa ética ambiental nos diz para preferirmos plantas ameaçadas a animais comuns, ou o contrário?

Apesar da importância de se refletir sobre essa questão, o mundo é sempre mais complicado que os exemplos dos filósofos. Esse caso, que é tão fácil de rotular de "plantas ameaçadas *versus* animais comuns", traz algumas surpresas.

A primeira é que as cabras da ilha de São Clemente foram reavaliadas: de animais selvagens que ninguém quer se tornaram uma raça rara altamente valiosa. Elas estão oficialmente registradas pela Conservação de Raças de Gado Norte-americano, que define seu *status* como "crítico" em sua lista de prioridade de conservação. Os acordos iniciais de adoção exigiam que os animais fossem esterilizados para que cabras indesejadas não fossem mais produzidas. Como resultado, existem apenas 200 indivíduos. Diversos zoológicos juntaram-se ao esforço para preservar as cabras da ilha de São Clemente, exibindo-as em suas coleções. Ironicamente, revelou-se que o Fundo para os Animais não estava apenas protegendo o bem-estar animal, mas também agia para preservar a diversidade biológica. De nossa presente perspectiva, a escolha não era entre plantas ameaçadas e animais comuns, mas entre plantas ameaçadas e animais raros.

O que foi feito das plantas e animais ameaçados desde a remoção das cabras? Embora haja amplo consenso de que remover as cabras melhorou a condição ecológica da ilha, há agora nove espécies ameaçadas na ilha. Mais duas plantas foram adicionadas à lista, e nenhuma foi declarada recuperada.

Em anos recentes, foi uma espécie animal que recebeu a maior atenção. O picanço-americano foi primeiro listado como espécie ameaçada junto com aquelas quatro plantas e duas outras espécies animais em 1977. Mesmo depois da remoção das cabras, sua população continuou a declinar. Em meados dos anos 1990, o picanço estava à beira da extinção, e uma coalizão de grupos ambientais ameaçou processar a Marinha. Com o objetivo de afastar a ação, a Marinha construiu uma instalação de criação de picanço em cativeiro, implementou um programa de um ano para controle de predadores, aperfeiçoou o plano de controle de fogo, além de ter melhorado o sistema de coordenação de atividades militares na ilha com a conservação e pesquisa do picanço. Criou também um consórcio de agências de vida selvagem para cuidar da recuperação do picanço. Em 1998, existiam somente treze pássaros; hoje eles são 160.

Você pode se perguntar para que a Marinha usa a ilha. Embora ela sirva para várias funções de treinamento, uma recente manchete do jornal *San Diego Union* fala melhor: "O picanço-americano, ameaçado de extinção, vive em ilha que a Marinha usa para prática de tiro".[39] A Marinha descreve suas atividades de um modo mais brando:

> A ISC [ilha de São Clemente] é uma combinação única de campos de pouso, espaço aéreo e áreas de tiro diferentes de qualquer outra instalação de propriedade da Marinha. É o único local do Pacífico onde navios de superfície, submarinos, aviões e forças expedicionárias da Marinha podem treinar em todas as áreas de guerra simultaneamente, usando artilharia na orla, bombardeios, defesa aérea, antissubmarinos e guerra eletrônica... O treinamento na ilha aumentou 25% desde os ataques terroristas de setembro de 2001.

---

[39] Ver http://www.signonsandiego.com/news/science/20060426-9999-lz1c26shrike.html.

O Departamento de Defesa iniciou a construção, em julho de 2002, de uma embaixada norte-americana simulada de 21 milhões de dólares para treinar tropas a resgatar norte-americanos.[40]

Apesar de usar a ilha para prática de tiro, a Marinha também vem gastando 2,4 milhões de dólares por ano em seu programa de recuperação do picanço, que emprega cerca de cinquenta pessoas. Durante a época de acasalamento do picanço, a Marinha fecha sua área de tiro quatro dias por semana e, durante a estação de perigo de incêndio, reduz um de seus campos de tiro em 90% e o outro, em 50%. Em 2002, Joel Hefley, um republicano de Colorado que era então presidente do subcomitê de prontidão militar, perguntou-se em uma das audiências onde o assunto iria terminar:

> Quantos picanços devem ser reintroduzidos na vida selvagem e mantidos na ilha de São Clemente antes que possamos dizer que a Marinha pode mais uma vez devotar completa atenção e dólares à sua missão primária de preparar nossas forças militares para garantir a segurança nacional?[41]

Existem, é claro, outras complicações. Em seus esforços para proteger o picanço, o programa de controle de predadores da Marinha estava eliminando não apenas espécies introduzidas como ratos e gatos selvagens, mas também espécies nativas como corvos e castores, e até mesmo outras espécies raras, a raposa das ilhas do Canal. Na verdade, um grupo de cientistas do estado do Novo México afirmou: "O impulso... para conservação do picanço levou a um conflito de espécies ameaçadas que contribuiu com a inclusão da raposa local da ilha na lista de espécies ameaçadas". Eles questionavam se o picanço

---

[40] Ver http://www.nbc.navy.mil/index.asp/fuseaction=NBCInstallations.NALFSCI.
[41] Ver http://www.house.gov/hefley/state_floor9.htm.

era realmente uma subespécie distinta digna de proteção.[42] Esse último desafio parece ter sido respondido, e a Marinha não está mais matando raposas, porém as complicações e ironias não são dispensadas tão facilmente.[43]

Nativos *versus* exóticos

No fundo do caso anterior havia um conflito entre espécies nativas e exóticas. A principal justificativa da preferência pelas plantas em vez das cabras na ilha de São Clemente é que as plantas são endêmicas, ao passo que as cabras são exóticas. Se existe uma política que parece unir a maioria dos ambientalistas é a de que as plantas e animais nativos são preferíveis aos que são exóticos. Mas qual é exatamente a diferença entre espécies nativas e exóticas? Pode ser surpreendentemente difícil responder.

Uma caracterização intuitiva encontra a ação humana no centro. Uma espécie é exótica num ambiente caso só se encontre lá pela ação humana.[44] Essa definição parece se encaixar numa série de casos que vêm prontamente à mente: a introdução intencional de animais europeus domesticados em todo o mundo; os ratos noruegueses que apareceram em muitas viagens europeias de descobrimento; e até mesmo os coiotes que se espalharam pela América do Norte, preenchendo o nicho ecológico aberto pelo extermínio dos lobos. No entanto, essa definição é, ao mesmo tempo, forte demais e frágil de-

---

[42] Gary W. Roemer & Robert K. Wayne, "Conservation in Conflict: the Tale of Two Endangered Species", em *Conservation Biology*, 17 (5), 2003, pp. 1251-1260. Esse último desafio parece ter sido resolvido por Lori S. Eggert, Nicholas I. Mundy & David S. Woodruff, "Population Structure of Loggerhead Shrikes in the California Channel Islands", em *Molecular Ecology*, 13 (8), 2004, pp. 2121-2133.

[43] Para uma ironia final, ver http://www.ptreyeslight.com/stories/june26/goats.html.

[44] Reed F. Noss & Allen Y. Cooperrider, *Saving Nature's Legacy* (Washington: Island Press, 1994).

mais: ela considera nativas algumas espécies que parecem ser exóticas, e considera exóticas outras espécies que parecem ser nativas.

Um exemplo que pode mostrar que a definição é fraca demais é o caso do "cedro de sal" (gênero *Tamarix*), que foi, de início, introduzido nos Estados Unidos como planta ornamental e, perto do final do século XIX, estava em todo o sudoeste desértico. Embora existam discordâncias taxonômicas, alguns biólogos afirmam que novas espécies evoluíram desde que o gênero apareceu nos Estados Unidos. Se esse é o caso, então nessa definição seriam consideradas exóticas, porque não estariam nos Estados Unidos se os humanos não tivessem introduzido seus ancestrais. Ainda assim, seria difícil negar que são nativas (sem dúvida endêmicas) dos Estados Unidos, uma vez que de fato é o lugar onde evoluíram. Nesse estranho caso, parecemos ter uma espécie nativa que pertence a um gênero exótico.[45]

Um exemplo mais claro de uma espécie nativa que não estaria presente num particular ambiente não fosse pela ação humana é o caso do lobo em Yellowstone. Os lobos percorreram essa área por centenas de milhares de anos antes de o último ser morto em 1943. Pouco mais de meio século mais tarde, em 1995, foram reintroduzidos. Não fosse pela reintrodução, provavelmente não haveria lobos em Yellowstone; ainda assim, isso parece ser um caso claro de reintrodução de uma espécie nativa.

Casos em que espécies exóticas são introduzidas em novos ambientes sem assistência humana mostram que a definição é forte demais. Dez mil anos atrás, quando os primeiros tentilhões rumaram

---

[45] Outro interessante caso é o da *Spartina*, que de maneira rápida e bem-sucedida hibridizou quando introduzida em novos ambientes. A evolução de espécies exóticas é atualmente uma área interessante de pesquisa. Ver, por exemplo, John L. Maron *et al.*, "Rapid Evolution of an Invasive Plant", em *Ecological Monographs*, 74 (2), 2004, pp. 261-280.

para as ilhas Galápagos a partir do continente sul-americano, eram exóticos; ainda assim, essa definição os consideraria nativos.

O problema fundamental com essa definição é que ela traça uma aguda distinção, embora pouco razoável, entre causas humanas e não humanas. Uma espécie de planta é exótica se suas sementes pegarem uma carona com um mochileiro, mas não se for introduzida por um pássaro. Os tentilhões são nativos se chegarem a Galápagos de qualquer outro modo que não seja com a ajuda de humanos. Isso não parece chegar ao cerne do que significa ser uma espécie exótica.

Uma segunda definição afirma que os organismos são exóticos quando ocorrem fora de seu alcance histórico. Assim, nessa interpretação, o cedro de sal endêmico é nativo e os primeiros tentilhões de Galápagos são exóticos. Essa definição também parece explicar os claros exemplos com os quais começamos: animais domesticados introduzidos, ratos noruegueses e coiotes ocupando o *habitat* do lobo, todos contam como espécies exóticas nessa definição.

Contudo, a ideia da amplitude histórica de uma espécie é vaga e muito difícil de se determinar. No programa atualmente em vigor para introduzir o lince no sul do Colorado, um dos principais pontos de contenção é se o sul do Colorado era de fato parte da amplitude histórica do lince. A evidência, em ambos os lados da questão, é bem especulativa. Além da dificuldade de responder a questões tão empíricas, existem também questões conceituais sobre essa definição. Quanto devemos voltar no tempo para avaliar a amplitude histórica de uma espécie? Várias espécies de camelos, elefantes e guepardos existiam na América do Norte, mas foram levadas à extinção há cerca de 13 mil anos, durante o Pleistoceno. Se fôssemos introduzir seus primos africanos e asiáticos na América do Norte, eles contariam como espécies nativas reivindicando sua amplitude histórica ou contariam como espécies exóticas?[46] Suspeito que a maioria de nós os consideraria exóticos com base em que, embora sejam parentes próximos das espécies extintas, são geneticamente distintos. Mas, quando as populações são pequenas, populações geneticamente distintas são quase sempre misturadas em programas de acasalamento em cativeiro (por exemplo, no programa de acasalamento da tartaruga em Galápagos). Um exemplo chocante é o conceituado programa que fez retornar o falcão peregrino à América do Norte, o qual usou pássaros criados em cativeiro de sete subespécies em quatro continentes.[47] Esses são casos em que membros de diferentes subespécies são criados, embora introduzir camelos, elefantes e guepardos na América do Norte envolvesse utilizar espécies diferentes daquelas levadas à extinção. Ainda assim, a linha divisória entre espécies e subespécies é quase sempre pouco clara, e as relações entre as espécies também podem ser complexas e variadas. Importa para a política de introdução de camelos na América do Norte que todos os camelos que existem são descendentes do extinto camelo norte-americano? Importaria se a espécie introduzida fosse exercer o mesmo papel ecológico da que se tornou extinta?

Mesmo se uma espécie não se tornou extinta (localmente ou não), seu alcance histórico pode mudar. Em tempos passados, havia palmeiras no Ártico canadense, e os álamos-tremedores cresciam em elevações relativamente baixas na Baja California. Ainda assim, é difícil resistir à ideia de que alguém que plantasse uma palmeira no

---

[46] Tal política tem sido defendida por diversos cientistas e ambientalistas. Ver C. Josh Donlan *et al.*, "Re-wilding North America", em *Nature*, nº 436, 2005, pp. 913-914; e http://www.eeb.cornell.edu/donlan/deeptime.htm. Para discussão, ver I. A. E. Atkinson, "Introduced Mammals and Models for Restoration", em *Biological Conservation*, nº 99, 2001, pp. 81-96.

[47] C. Josh Donlan *et al.*, "Re-wilding North America", cit.

Ártico canadense ou um álamo em San Diego teria plantado uma espécie exótica.

Uma terceira definição parece capturar todos os casos discutidos até agora, inclusive o caso da palmeira do Ártico e do álamo de San Diego: uma espécie é exótica se e somente se não estiver bem integrada na comunidade ecológica. Em geral, todavia, esse critério parece mais vago e mais difícil de se aplicar do que o anterior. Conforme vimos, o conceito de ecossistema ou comunidade ecológica não é tão claro, e é ainda menos claro o que significa uma espécie ser bem integrada. Poder-se-ia pensar que ser bem adaptado a um meio ambiente é suficiente para ser bem integrado. Mas as cabras da ilha de São Clemente estavam bem adaptadas, na medida em que gozavam de altas taxas de êxito reprodutivo. Apesar disso, parece claro que não estavam bem integradas ao ecossistema. Mesmo se rejeitarmos a ideia de que existe alguma conexão entre estar bem adaptado e estar bem integrado, devemos lidar com o fato de que organismos exóticos muitas vezes não têm nenhum impacto demonstrável em ecossistemas.[48] Existem diversas teorias sobre por que ocorre isso, uma das quais sustenta que os exóticos muitas vezes tiram vantagem de recursos disponíveis não usados (como nutrientes do solo), em vez de competir com outros organismos.[49] Nessa visão, espécies exóticas frequentemente fixam-se em um nicho não percebido e se tornam apenas uma outra parte do ecossistema. Nesses casos, parece claro que o que consideraríamos um organismo exótico de fato integra-se

---

[48] James Carlton adverte-nos para sermos cautelosos sobre tais afirmações, já que o impacto de muitas espécies exóticas ainda não foi cientificamente estudado. Eu me beneficiei ao me corresponder com ele sobre esses tópicos.

[49] Mark A. Davis, "Biotic Globalization: does Competition from Introduced Species Threaten Biodiversity?", em *Bioscience*, nº 53, 2003, pp. 481-489. Ver também Walter E. Westman, "Park Management of Exotic Plant Species: Problems and Issues", em *Conservation Biology*, nº 4, 1990, pp. 251-260.

com sucesso à comunidade ecológica. Mesmo se os exóticos não se integrarem bem imediatamente, com o tempo podem transformar um ecossistema de modo a ficar bem integrados. Muitos casos do que é chamado "naturalização" acontecem dessa forma. Supondo que elas não se extinguiram, em algum momento as cabras da ilha de São Clemente teriam se naturalizado e se tornado nativas (como os tentilhões de Galápagos). Posto que muitos organismos são nativos, mas não endêmicos, a transição de exótico para nativo deve ser comum. No entanto, é difícil dizer quais são exatamente as condições para que isso ocorra.

Existem também casos em que espécies nativas não parecem bem integradas a sistemas ecológicos. O besouro-de-chifre-longo asiático (*Anoplophora glabripennis*), que danifica seriamente as árvores de Chicago, faz o mesmo em partes de sua área nativa. Supõe-se que a *Pfiesteria piscicida*, um micro-organismo unicelular (dinoflagelado), tenha sido amplamente dispersada no meio ambiente por milhões de anos. Entretanto, desde que foi descoberta em 1988, tornou-se altamente tóxica, matando mais de um bilhão de peixes.[50]

Vamos recapitular onde estamos. Começamos com uma distinção intuitiva entre organismos exóticos e nativos, e então repassamos diversas definições almejando mostrar em que consiste a distinção. Embora deva haver um vasto número de exemplos que se ajustem a essas definições, nenhuma delas consegue fornecer condições necessárias ou suficientes para um organismo ser exótico. O que isso mostra é que, não importa quão úteis essas explicações possam ser em generalizações ou como regras de ouro, elas não são capazes de nos dar uma definição do termo ou uma análise precisa do conceito. Isso

---

[50] Rodney Barker, *And the Waters Turned to Blood: the Ultimate Biological Threat* (Nova York: Simon & Schuster, 1997).

levou alguns filósofos a afirmar que os conceitos de organismo exótico e de organismo nativo são "conceitos agregados" que tipicamente exibem vários traços, mas nenhum deles é suficiente. Outros afirmaram que esses conceitos são vagos e admitem uma gradação.[51] Na minha visão, é a carga de valor dos julgamentos sobre o que é exótico e o que é nativo que explica a dificuldade de especificar condições precisas para a aplicação desses conceitos. Isso também poderia explicar por que os administradores cada vez mais falam em espécies invasivas em vez de espécies exóticas, empregando, de diferentes modos, a expressão para se referirem a todas as espécies que consideramos danosas como sinônimo para "espécie exótica", ou referindo-se a uma subclasse de espécies exóticas (como na frase "espécie exótica invasiva"). Algo que é invasivo é claramente ruim; o que é exótico pode ser perigoso, mas também divertido.

Uma vez que o conceito de espécie exótica é carregado de valor e as decisões administrativas muitas vezes ocorrem em circunstâncias altamente complexas, provavelmente não deve haver nenhuma regra categórica a ser aplicada em tais casos. Decisões sobre controlar (e mesmo identificar) espécies exóticas provavelmente envolvem conflitos de valor que refletem preocupações como bem-estar animal, valores prudenciais, valores estéticos e valores naturais. À luz dessas considerações, eliminar o que é considerado exótico pode, em muitos casos, ser pior que os tolerar.

Um artigo recente de Tim J. Setnicka, ex-superintendente do Parque Nacional das Ilhas do Canal (que inclui a ilha de São Cle-

---

[51] Ver Mark Woods & Paul Moriarty, "Strangers in a Strange Land: the Problem of Exotic Species", em *Environmental Values*, nº 10, 2001, pp. 163-191, para a primeira concepção, e Ned Hettinger, "Exotic Species, Naturalization, and Biological Nativism", em *Environmental Values*, 10 (2), 2001, pp. 193-224. para a última. Esta seção é, em grande parte, devedora de sua obra.

mente), deixa claro o que pode estar em jogo ao se tentar erradicar organismos exóticos. Ele escreve: "uma grande porção da história do parque envolveu matar uma espécie para salvar outra". Fala de matar dezenas de milhares de animais em sua carreira de trinta anos. Mulas, coelhos e porcos foram mortos, ratos foram envenenados, porcos foram esfaqueados. Ele espalhou herbicidas e acendeu fogueiras. Sua descrição da erradicação de porcos é especialmente perturbadora:

> Enquanto caçávamos nessas condições, muitas vezes matamos e ferimos porcos que escaparam. Quando suas fêmeas eram mortas, seus filhotes eram caçados pelos cães ou os perseguíamos a pé. Os cães quase sempre os perseguiam e cercavam. Eles muitas vezes dilaceravam e mutilavam os porcos menores. Os maiores lutavam com os cães, ocasionalmente ferindo ou matando um. Por causa da proximidade, os porcos eram capturados pelas pernas traseiras e então eram esfaqueados ou espancados até a morte. Os termos "gritando como um porco" ou "sangrando como um porco" descrevem cenas perturbadoras. Assistir a um animal sangrar até a morte depois de espetar uma faca em sua jugular é uma visão horrenda. Você vê a vida ser drenada de seus olhos, que ficam inertes quando morrem.[52]

Este é um quadro que faria muitos ambientalistas tremer. O fato é que, nas trincheiras cotidianas da biologia da conservação, a ideia romântica de "salvar a natureza" muitas vezes se torna uma guerra contra os indesejados.

Nesta seção, exploramos alguns conflitos de valor que estão no coração da ética ambiental. O que começa como um claro conflito

---

[52] "Ex-Park Chief Calls for Moratorium on Island 'Hunt' – Commentary: Tim J. Setnicka [ex-chefe de parque pede moratória na ilha da 'caça' – Comentário: Tim J. Setnicka]", em *Santa Barbara News Press*, 25-3-2005, disponível em http://www.idausa.org/campaigns/wildlife/pdf/call_for_moratorium_on_island_hunt.pdf.

entre animais comuns e plantas raras, por exemplo, sempre resulta num miasma de problemas ainda mais complexos. O que muitas vezes descobrimos é que é a mão do homem que está por trás desses conflitos. A fim de encararmos nossas responsabilidades, devemos pensar claramente nos valores que estão em jogo, porque o mundo do futuro será aquele que construirmos. O exame final real não será uma prova no fim do semestre, mas como escolhemos viver. No próximo capítulo discutiremos algumas das forças que estão forjando o futuro da natureza e as decisões que enfrentamos.

7. O futuro da natureza

Trabalhos da biosfera

A natureza enfrenta problemas: a biodiversidade em estado de sítio, o clima mudando, o buraco da camada de ozônio ainda não reparado. A qualidade da vida humana está sob risco de novas doenças infecciosas, de poluição do ar, dos alimentos e da água, e da perda da natureza selvagem e da conexão com a natureza.

Apesar de muitas pessoas estarem cientes de alguns ou de todos esses problemas, existe uma tendência de vê-los isoladamente. Textos de ciência ambiental dão longas listas de doenças, como se cada entrada fosse o nome de uma praga isolada que se abate sobre nós. Muitas organizações ambientais se especializam num único problema e ignoram seus vizinhos. Oficiais do governo encarregados de proteger o meio ambiente editam relatórios e estudos da comissão em vez de escrever regras e impingir leis, enquanto seus colegas de outras agências do mesmo governo fazem tudo o que podem para encorajar perfurações e escavamentos, como se essas atividades não gerassem consequências ambientais. Até mesmo a imprensa reforça essa separação entre problemas ambientais e também entre preocupações ambientais e outras preocupações humanas. Embora o segmento científico nos diga que a mudança climática gerada pela queima de combustíveis fósseis ameaça a natureza e as sociedades humanas, o segmento empresarial trata os modestos aumentos do preço do petróleo como se fossem uma catástrofe. Enquanto isso, os artigos assinados discutem os efeitos colaterais da mudança climática ou preços de combustível mais altos, em vez de nos falar sobre como devemos agir como cidadãos. Em tais circunstâncias sociais e políticas, não admira que seja difícil para nós pensar claramente sobre o futuro da natureza.

Nos anos 1980, uma nova maneira e pensar os problemas ambientais começou a emergir.[1] Em vez de ver os problemas ambientais como uma lista heterogênea de danos, cientistas e teóricos começaram a vê-los como importantes temas unificantes. Começaram a ver esses problemas como sistêmicos, com a ação humana como seu principal condutor.

Essa ideia começou a ganhar importância ao mesmo tempo que um novo quadro do sistema terrestre surgia. Em vez de buscar equilíbrio e estar apaixonada pela estabilidade, acontece que a mãe natureza é uma velha incansável. Não apenas a mudança ambiental é inevitável e onipresente, mas quase sempre bastante dramática. Sem dúvida, não fosse por eventos extremos como o meteoro assassino que caiu na península de Yucatán há cerca de 65 milhões de anos, os dinossauros poderiam estar ainda comandando o *show*. Somente nos últimos 10 mil anos a vida e a sociedade humanas emergiram, e a evidência é cada vez mais clara que isso tenha coincidido com um período incomumente quieto e estável na história da Terra. Parecemos

---

[1] Houve muitos que anteciparam esse modo de pensar, sendo o mais importante deles o fazendeiro, produtor, congressista, diplomata, acadêmico, linguista, pioneiro conservacionista e advogado norte-americano do século XIX George P. Marsh, que, em 1864, publicou *Man and Nature; or, Physical Geography as Modified by Human Action*.

ter interpretado errado as condições especiais que nos permitiram surgir e, depois, dominar a Terra como características necessárias do sistema terrestre. Esse é um erro perigoso.

O desafio básico que enfrentamos não é preservar e proteger sistemas estáveis, em busca do equilíbrio, mas antes cooperar com a mudança. A ironia é que as alterações mais dramáticas que estão agora em curso não são conduzidas externamente, mas fluem do coração de nossas sociedades. O maior desafio que encaramos hoje é conviver com as profundas mudanças que nós mesmos estamos iniciando.

Na subseção "Valores naturais", do capítulo 6, discutimos ideias como "o fim da natureza", e a afirmação de que não existe essa coisa chamada natureza selvagem. Embora eu tenha tentado alertar sobre a ingenuidade de tais afirmações e mostrar como elas são frequentemente usadas em argumentos falaciosos, há uma ideia de que tais afirmações esforçam-se para expressar algo que deveria ser reconhecido. O que inspira essas afirmações é uma robusta apreciação de como é permanente a transformação humana do planeta.

Antes de tentarmos caracterizar isso mais precisamente, pense por um momento em apenas um dos muitos espantosos cenários que estão sendo contemplados pelos cientistas meteorológicos. O aquecimento global agora em curso será ainda mais extremo próximo dos polos do que em médias latitudes. Sem dúvida, as calotas de gelo da Antártida e da Groenlândia já estão derretendo mais rápido e demonstrando sinais de instabilidade que muitos cientistas pensavam possível. Se essas calotas de gelo derreterem completamente, o nível do mar subirá cerca de 70 metros. Um aumento de 6 metros do nível do mar destruiria boa parte da Flórida e da Costa do Golfo. Seria preciso apenas o aumento de 1 metro do nível do mar para inundar todas as grandes cidades da costa leste dos Estados Unidos. Pelo fato de demorar muitos anos para o impacto das emissões de gás de efeito estufa se fazerem sentir, mesmo se as emissões tivessem se estabilizado no ano 2000, estaríamos ainda comprometidos com um aquecimento muito maior do que já experimentamos. O volume dos oceanos irá se expandir enquanto se aquecem, e isso sozinho aumentará os níveis em cerca de 25 cm.[2] O derretimento das calotas polares provavelmente irá contribuir ainda mais para o aumento do nível do mar. Mas aqui estão as notícias realmente ruins: em vez de estabilizar as emissões globais de gás de efeito estufa, o mundo na verdade as incrementou em mais de 9% somente nos três primeiros anos deste século. Se continuarmos nessa trajetória, podemos esperar um aquecimento de aproximadamente 3 °C neste século. A última vez que a Terra esteve tão quente, o nível do mar ficou mais de 24 metros mais alto. Quando olhamos para todos esses fatores juntos, o aumento de 1 metro no nível do mar que irá inundar todas as grandes cidades da costa leste dos Estados Unidos parece bem próximo de acontecer. A principal tese que quero defender, no entanto, não é a da credibilidade de algum particular cenário de mudança climática. Em vez disso, é a seguinte: os humanos possuem uma profunda capacidade de refazer o meio ambiente global de maneira que não compreendemos totalmente, e tais mudanças antropogênicas dramáticas já estão em curso.

Num artigo de 1977, um grupo de importantes cientistas liderado por Peter Vitousek, de Stanford, discutiu a ampla abrangência do impacto humano na natureza. O que descobriram foi que entre um terço e metade da superfície seca da Terra foi transformado pela ação

---

[2] Gerald A. Meehl *et al.*, "How Much More Global Warming and Sea Level Rise?", em *Science*, 307 (5.716), 2005, pp. 1769-1772. O consenso científico internacional em mudança climática está estabelecido numa série de relatórios do Painel Intergovernamental sobre Mudança Climática. O resumo executivo de seu último relatório acerca do fundamento físico-científico da mudança climática está disponível em http://www.ipcc.ch/SPM2feb07.pdf.

humana, o dióxido de carbono da atmosfera aumentou em mais de 30% desde o início da Revolução Industrial, mais nitrogênio é fixado pela humanidade do que por todos os outros organismos terrestres combinados, mais da metade de toda a água da superfície acessível foi apropriada pela humanidade, e cerca de um quarto das espécies de aves da Terra foi levado à extinção. Sua conclusão foi: "está claro que vivemos num planeta dominado pelos humanos".[3] Mais recentemente, o Programa de Avaliação de Ecossistemas do Milênio publicou seu relatório final. Essa abrangente análise, envolvendo mais de mil cientistas durante um período de quatro anos, concluiu: "a atividade humana está forçando tanto as funções naturais da Terra que a capacidade dos ecossistemas do planeta de sustentar futuras gerações não pode mais ser garantida".[4]

Existem várias maneiras de medir o impacto humano na natureza. Em 1986, Vitousek e seus colegas abordaram esse problema calculando a fração da produção primária líquida (PPL) que foi apropriada pela humanidade, e portanto não está diretamente disponível para outras formas de vida. (PPL é a quantidade de biomassa que permanece após os produtores primários – organismos autótrofos como plantas ou algas – a terem utilizado para suas necessidades respiratórias.) O que descobriram foi que a humanidade provavelmente se apropria de cerca de 40% da PPL terrestre.[5]

---

[3] Peter M. Vitousek *et al.*, "Human Domination of Earth's Ecosystems", em *Science*, 277 (5.325), 1997, pp. 494-499, p. 494.

[4] *Living Beyond Our Means*, p. 5, disponível em http://www.maweb.org//documents/document.429.aspx.pdf.

[5] Estudos subsequentes, utilizando diferentes metodologias, produziram uma variedade de descobertas, mas a afirmação original de Peter M. Paul Vitousek *et al.*, "Human Appropriation of the Products of Photosynthesis", em *Bioscience*, 36 (6), 1986, pp. 368-373, parece de modo geral correta. Para uma análise, ver Christopher B. Field, "Sharing the Garden", em *Science*, nº 294, 2001, pp. 2490-2491.

Outra abordagem para se estimar o impacto humano na natureza é a análise da pegada ecológica, de que foram pioneiros Mathis Wackernagel e William Rees.[6] A pegada ecológica de uma nação, comunidade ou indivíduo é a quantidade de terra requerida para produzir os recursos que consome e absorver o lixo que gera, dado seu padrão de vida e tecnologia predominante.

Com seu reconhecimento da importância da tecnologia e padrão de vida, a análise da pegada ecológica pode ser vista como um desenvolvimento da fórmula IPRT desenvolvida por Paul Ehrlich e John Holdren, em 1972, em diálogo com Barry Commoner. Esta simples equação, $I = PRT$, expressa o impacto (I) como produto da população (P), riqueza (R) e tecnologia (T). O engenhoso nisso é o reconhecimento de que o impacto ambiental não é função de uma só variável; ao contrário, é uma questão de como diversas variáveis interagem. Como essas variáveis possuem diferentes valores para diferentes nações, comunidades e indivíduos, os impactos ambientais podem ter diferentes perfis. Por exemplo, de acordo com um estudo, a pegada norte-americana é cerca de quatro vezes maior do que a média global.[7]

Isso pode surpreender algumas pessoas que pensam que o tamanho da população é o fator mais importante para se determinar o impacto ambiental. É verdade que o século XX testemunhou o maior aumento da destruição ambiental e o maior aumento da população global da história humana.

---

[6] Mathis Wackernagel & William Rees, *Our Ecological Footprint: Reducing Human Impact on the Earth* (Gabriela Island, BC: New Society, 1996).

[7] Ver http://www.rprogress.org/media/releases/021125_efnations.html. Vários *sites* permitem que se calcule a própria pegada ecológica; ver, por exemplo, http://www.myfootprint.org.

A Terra não tinha 1 bilhão de habitantes até 1802, e apenas em 1927, 125 anos mais tarde, chegou ao segundo bilhão. Em 1961, 34 anos depois, a população da Terra havia alcançado 3 bilhões. Levou apenas 12 anos para atingir o quarto bilhão, e 13 anos para o quinto. Em 1999, havia 6 bilhões de pessoas no planeta. A população global é agora de 6,6 bilhões e está crescendo numa taxa de aproximadamente 1,14% ao ano. Se essa taxa se mantiver, a população irá dobrar em 61 anos. Projeções atuais indicam 8 bilhões de pessoas em 2025, com 99% de aumento ocorrendo nos países em desenvolvimento. Sem dúvida, oito dos dez maiores países são nações em desenvolvimento, como mostra a tabela 2.

Tabela 2. Países classificados por população: 2006

Posição	País	População
1	China	1.313.973.713
2	Índia	1.111.713.910
3	Estados Unidos	298.444.215
4	Indonésia	231.820.243
5	Brasil	188.078.227
6	Paquistão	165.803.560
7	Bangladesh	147.365.352
8	Rússia	142.069.494
9	Nigéria	131.859.731
10	Japão	127.463.611

Nota: Dados atualizados em 24 de agosto de 2006.

Fonte: Escritório Censitário dos Estados Unidos, banco de dados internacional.

Muito do aumento da população do século XX foi causado pelo declínio nas taxas de mortalidade decorrente de melhorias nutricionais, controle de doenças infecciosas e a criação de sistemas públicos de saúde. Se a população global vai se estabilizar ou reduzir de modo moralmente aceitável, reduções voluntárias de fertilidade (o número de nascimentos durante a vida, por mulher) terão de ocupar uma grande parte da história.

A fertilidade, de modo geral, vem declinando desde meados do século XX. Nos anos 1960, a taxa de fertilidade global era de 5 nascimentos por mulher; atualmente, é de cerca de 2,6. No entanto, esses números mascaram uma grande variação nacional. Doze países africanos, o Afeganistão e o Iêmen possuem taxas de fertilidade acima de 6, enquanto a de Hong Kong é menor do que 1. Em 1950, China e Índia tinham taxas de fertilidade de aproximadamente 6. A taxa da Índia é agora de 2,73 e a da China é de 1,73. Na metade do século, a Índia terá a maior população do mundo. Quanto ao terceiro maior país, desde que atingiu seu nível mais baixo em 1972, a taxa de fertilidade norte-americana cresceu. A de 2,09 é significativamente maior do que a da maioria dos outros países industrializados, que possuem taxas de fertilidade variando de 1,3 a 1,5.[8] Não está totalmente claro o que controla as taxas de fertilidade, mas fatores econômicos, o *status* das mulheres e valores culturais predominantes estão certamente todos envolvidos.

Além da população, a fórmula IPRT dirige nossa atenção para a riqueza como outra variável que afeta a pegada ecológica de um indivíduo ou de uma nação. A riqueza é expressa no consumo, e existem várias maneiras de se tentar entender seus efeitos.

As emissões de gás de efeito estufa capazes de mudar o clima são uma marca de consumo e riqueza. A grande maioria das emissões de gás de efeito estufa vem de países ricos, mas alguns países menos desenvolvidos estão subindo na lista. Segundo dados preliminares da Agência de Avaliação Ambiental da Holanda, a China é agora o maior emissor de dióxido de carbono do mundo. Essas emissões tão

---

[8] Ver https://www.cia.gov/cia/publications/factbook/rankorder/2127rank.html.

elevadas devem-se ao fato de a China produzir muitos dos bens consumidos na Europa e na América do Norte. *Per capita*, os norte-americanos emitem quatro vezes mais do que os chineses.[9] Em geral, as emissões de gás de efeito estufa estão intimamente associadas à renda nacional, como podemos ver no gráfico a seguir.[10] Na maioria das outras medições de consumo e riqueza, a mesma relação predomina.

A terceira variável na fórmula IPRT é a tecnologia, que afeta o impacto ambiental de formas muito diferentes. Uma delas é a seguinte: por causa de seu acesso à melhor tecnologia, geralmente os países ricos precisam de menos energia do que países pobres para produzir a mesma quantidade de riqueza. Por exemplo, os Estados Unidos necessitam de 176 toneladas de carbono (ou seu equivalente) para produzir 1 milhão de dólares em produtos, enquanto a Índia requer 514 e a China, 749 toneladas para produzir o mesmo valor em produtos. A eficiência da Índia diminuiu levemente depois de 1980, quando precisava de 509 toneladas de matéria-prima para produzir 1 milhão de dólares de produtos, ao passo que a eficiência da China cresceu enormemente. Em 1980, os chineses usavam o equivalente a 2.407 toneladas de carbono e os norte-americanos, 269 toneladas para produzir 1 milhão de dólares de produtos, uma diferença muito maior do que a atual. A eficiência norte-americana parece boa quando comparada com o mundo em desenvolvimento, mas não quando os parâmetros são outras nações industrializadas. O Reino Unido

---

[9]   Ver   http://www.mnp.nl/en/dossiers/Climatechange/moreinfo/Chinanowno1inCO2 emissionsUSAinsecondposition.html.

[10]   A fonte deste gráfico é o banco de dados *on-line* do Banco Mundial, 2004. Ele está disponível em http://www.vitalgraphics.net/graphic.cfm?filename=climate2/large/16.jpg. Um jeito de fazer o ponto vívido é dizer que as emissões de CO_2 do uso de um aparelho elétrico durante um ano no Reino Unido são equivalentes às emissões médias anuais de CO_2 totais de uma pessoa no Nepal ("Agricultores do Nepal na linha de frente da mudança climática global", *Guardian*, 2 de dezembro de 2006, disponível em www.guardian.co.uk/print/0,329651149-123104,00.html.

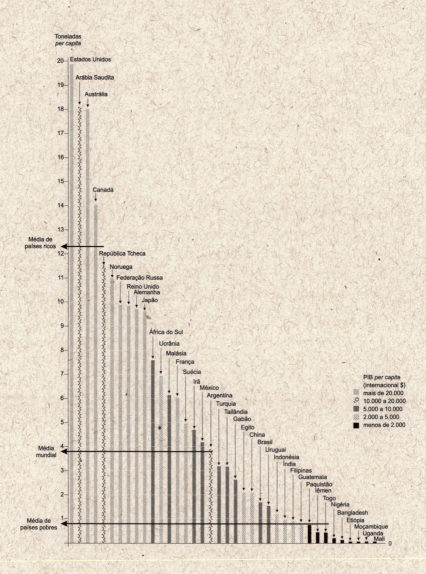

Emissões de CO$_2$ em 2002

Fonte: Banco Mundial, banco de dados *on-line*, 2004.

288   ÉTICA E MEIO AMBIENTE

emprega apenas o equivalente a 116 toneladas de carbono para produzir 1 milhão de dólares em produtos, a Itália, 100 toneladas, a Alemanha, 84, a França, 61 e o Japão, 56 toneladas.[11]

O que tudo isso nos revela? O simples fato é que, ao determinar o tamanho da pegada ecológica de uma nação, às vastas diferenças na riqueza sobrepõem-se diferenças de tecnologia e mesmo de população. Usando medições da Fundação Redefinindo o Progresso, a pegada ecológica dos Estados Unidos é mais de duas vezes a da China e mais de seis vezes a da Índia.[12] Os Estados Unidos vão um pouco melhor nas medições fornecidas pelo Fundo Mundial pela Natureza, com uma pegada ecológica cerca de 50% maior do que a da China e três vezes maior do que a da Índia.[13]

O motivo de a pegada norte-americana ser maior que a da China e da Índia é que a pegada *per capita* dos norte-americanos é muito maior do que a de chineses e indianos. Apesar de a população da China ser pouco mais de quatro vezes a dos Estados Unidos, a pegada de cada norte-americano é de seis a nove vezes maior. No caso da Índia, a população é pouco menos de quatro vezes a dos Estados Unidos, mas a pegada *per capita* está entre 1/12 e 1/25 à dos norte-americanos. Embora, em geral, haja uma imensa disparidade entre as pegadas daqueles que vivem em países ricos e pobres, ela não tem que ser tão grande. A pegada *per capita* dos europeus é cerca de metade da dos norte-americanos.

Nada disso deveria surpreender-nos se olharmos os estilos de vida dos norte-americanos. Charles Hall e seus colegas realizaram uma análise do ciclo de vida do impacto ambiental do norte-ameri-

---

[11] Ver http://www.gao.gov/new.items/d04146r.pdf.

[12] Ver http://www.rprogress.org/.

[13] Ver http://www.panda.org/news_facts/publications/key_publications/living_planet_report/index.cfm.

cano médio determinando a parte de cada pessoa no consumo total da nação de diversos recursos.[14] Descobriram que um único norte-americano nascido nos anos 1990 será responsável, durante sua vida, por 10 mil toneladas de lixo líquido, mil toneladas de lixo sólido e outras mil toneladas de lixo atmosférico. Ele consumirá, durante sua vida, 4 mil barris de petróleo, cerca de 700 toneladas de minerais e 28 toneladas de produtos animais que exigirão o abate de 2 mil animais. Se um norte-americano desejar amenizar seu impacto ambiental, a coisa mais eficaz que ele pode fazer é evitar ter filhos. Ele pode dirigir uma picape, ir ao McDonald's, tomar demorados banhos quentes e ainda assim ter muito menos impacto ambiental do que se se tornar pai de uma boa, verde, amante da natureza criança norte-americana.

Existem muitas complicações aqui que convidam a uma discussão adicional. Variadas questões técnicas e metodológicas podem ser feitas sobre como lidar com lacunas dos dados e como explicar o fato de que muito do que consumimos é produzido em outro lugar.[15]

Há também diferentes maneiras de se olhar o significado desses números. Se olharmos para uma nação ou região considerando-a apenas por sua riqueza natural, então poderíamos pensar na razão entre sua pegada ecológica e sua riqueza natural como indicador de responsabilidade ambiental. Por essa medição, países ricos como Canadá e Austrália fariam muito melhor figura do que países pobres como China e Índia.[16] Se voltarmos nossa atenção para

---

[14] Charles A. S. Hall *et al.*, "The Environmental Consequences of Having a Baby in the United States", em *Population and Environment*, 15 (6), 1995, pp. 505-523. Para outra perspectiva, ver Paul Wapner & John Willoughby, "The Irony of Environmentalism: the Ecological Futility but Political Necessity of Lifestyle Change", em *Ethics & International Affairs*, 19 (3), 2005, pp. 77-89.

[15] Para discussão desse e de outros problemas, ver, por exemplo, Jeroen C. J. M. van den Bergh & Harmen Verbruggen, "Spatial Sustainability, Trade and Indicators: an Evaluation of the 'Ecological Footprint'", em *Ecological Economics*, 29 (1), 1999, pp. 63-74.

[16] Ver http://assets.panda.org/downloads/asialpr2005.pdf.

a fração de PPL apropriada pela humanidade e desagregarmos esse número por região, descobriremos que a América do Norte se apropria de 23,7% do PPL, enquanto o centro-sul da Ásia se apropria de 80,4%.[17] Isso poderia sugerir que os norte-americanos são mais responsáveis com o meio ambiente do que os asiáticos do centro-sul, uma vez que geram menos impacto sobre a natureza. Contra isso poder-se-ia afirmar que, em vez de ser um sinal de responsabilidade ambiental, a proporção relativamente baixa de PPL apropriado pelos norte-americanos é o resultado de sua boa sorte em habitar um continente muito mais biologicamente produtivo do que o centro-sul da Ásia. Mas em resposta poderia ser apontado que produtividade biológica não é apenas uma questão de sorte; também se dá em função das práticas de uso da terra e política ambiental. Como réplica, poderia ser dito que não podemos entender o empobrecimento biológico comparativo do centro-sul da Ásia sem refletir sobre a história de exploração e imperialismo a que essa região esteve submetida. Além disso, poderia ser dito, muito da apropriação de PPL em que se baseiam os estilos de vida norte-americano e europeu ocorre fora de seus países, e assim conta contra aquelas nações cuja riqueza biológica é exportada para o uso de outros. Obviamente, há muito mais para ser dito e o debate pode seguir em frente. Irei apenas observar o interessante ponto adicional que são a América do Sul e a África, que se apropriam da menor porcentagem de seus PPL (6,1% e 12,4% respectivamente), enquanto a Europa ocidental fica atrás apenas do centro-sul asiático em sua alta exploração de PPL (72,2%).

O que quer que pensemos sobre essas discussões, a verdade fundamental é clara. De acordo com o *Living Planet Report* do Fundo Mundial para a Natureza (WWF), em algum tempo no fim dos anos

---

[17]   Ver http://ecophys.plantbio.ohiou.edu/HumanNPP_nature04.pdf.

1980, a humanidade passou a consumir recursos mais rapidamente do que a Terra poderia regenerá-los, e essa lacuna está aumentando a cada ano. Os impactos planetários dos estilos de vida altamente consumistas praticados no mundo industrializado não podem ser generalizados: o fato é que o planeta simplesmente não é capaz de arcar com muitas pessoas que consumam como os norte-americanos, e isso levanta importantes questões de justiça.

Questões de justiça

As diferenças nas pegadas ecológicas *per capita* das pessoas em países desenvolvidos e em desenvolvimento são expressões da desigualdade global e da distribuição da pobreza. Aproximadamente um sexto do mundo (inclusive muitas pessoas na Índia e na China) tem estilos de vida altamente consumistas, como muitos norte-americanos e europeus, e cerca de duas vezes mais pessoas enfrentam uma constante luta para obter até suas necessidades nutricionais básicas. Com tantas pessoas vivendo na margem, desastres humanitários desencadeados por guerras ou outros eventos extremos são fatos previsíveis. Problemas ambientais e eventos extremos sempre, em qualquer lugar, afetaram mais os pobres do que os ricos. Isso foi verdade durante a "pequena idade do gelo", que ocorreu na Europa entre 1300 e 1850, e continuou sendo quando o furacão Katrina atingiu o Golfo do México em 2005. Se uma ação agressiva não for tomada logo para mitigar a mudança climática, outras centenas de milhões de pessoas também levarão vidas marginais e correrão risco de fome, malária, inundações e escassez de água.[18] Muitas delas irão

---

[18]   Martin L. Parry *et al.*, "Millions At Risk: Defining Critical Climate Change Threats and Targets", em *Global Environmental Change: Human and Policy Dimensions*, 11 (3), 2001, pp. 181-183.

sofrer, e aquelas que vão sofrer mais não são os pobres de hoje, mas pessoas pobres que viverão no futuro.

A maioria de nós afirma importar-se com as futuras gerações. Sem dúvida, alguns estudos indicam que essa é a principal motivação da preocupação ambiental.[19] No entanto, a expressão "futuras gerações" obscurece a distinção entre aqueles que estão próximos de nós no tempo e os que estão longe.

Nós nos importamos com muitos daqueles que estão perto de nós no tempo porque estamos diretamente relacionados a eles ou porque as circunstâncias e experiências partilhadas nos dão um senso de identificação com eles. Algo como "transitividade sentimental" pode estender essa preocupação um pouco mais longe no futuro. Por exemplo, podemos nos preocupar com os filhos de nossos filhos porque nos preocupamos com nossos filhos, ou talvez porque vemos os filhos de nossos filhos como nossos próprios. De toda forma, a transitividade sentimental fracassa após duas ou três gerações. Em vez de pensar nas futuras pessoas como indivíduos identificáveis que realizarão projetos com os quais nos identificamos, elas começam a se tornar uma massa indiferenciada que irá viver num mundo que é difícil de imaginarmos. Ainda assim, essas pessoas no futuro terão de viver com nosso lixo nuclear e com a mudança climática que estamos causando.

Alguns duvidam que temos grandes deveres para com aqueles que irão viver no futuro. Os economistas, em geral, supõem que as pessoas irão melhorar progressivamente, já que gerações posteriores beneficiam-se dos investimentos daquelas que as precedem. Qualquer sacrifício que fizéssemos por aqueles no futuro distante

---

[19] Willett Kempton, James S. Boster & Jennifer A. Hartley, *Environmental Values in American Culture* (Cambridge: MIT Press, 1995).

seria visto como uma transferência daqueles que estão em pior para aqueles que estão em melhor situação. Outros são céticos quanto a podermos antecipar as preferências daqueles que viverão no futuro distante. Como podemos ter certeza de que eles estarão interessados em baleias ou natureza selvagem e não em realidade virtual ou alguma outra forma de satisfação que ainda está além de nossa imaginação? Sacrificar-se para preservar fontes de energia ou estoques limitados de matéria-prima seria tolice se as mudanças tecnológicas resultarem em substitutos baratos para elas.

As razões mais importantes para ser cético quanto a nossos deveres com o futuro distante vêm do fato de que nossas relações com essas pessoas são bastante assimétricas: possuímos um enorme poder causal sobre elas, mas elas têm pouco poder causal sobre nós. (Todavia, elas na verdade têm algum poder sobre nós; por exemplo, podem frustrar o desejo de que meu túmulo seja sempre mantido limpo.) Essa assimetria se manifesta de várias maneiras importantes.

A reciprocidade é central a nossa consciência e motivação moral; mas a assimetria de nossos relacionamentos com aqueles que vão viver no futuro a torna impossível. Nós os presenteamos com nosso capital acumulado, ainda assim não recebemos nada em troca, nem mesmo um "obrigado". Conforme Groucho Marx disse uma vez: "Por que eu deveria fazer alguma coisa para a posteridade? O que a posteridade já fez por mim?".[20]

O que legamos às pessoas no futuro não é apenas capital, mas o próprio mundo no qual farão escolhas que tornarão suas vidas significativas. Consideremos um exemplo. No espaço de poucos séculos, Manhattan foi transformada de um paraíso natural verdejante na vibrante, arquitetonicamente impressionante, culturalmente rica e

---

[20] Ver http://quotations.about.com/od/funnymovieandtvquotes/a/grouchomarx1.htm.

diversificada cidade que é hoje. Essa transformação de Manhattan foi boa ou má para mim? Não é somente que não sei a resposta para essa pergunta; é que não sei como essa pergunta poderia ser respondida. Muito do que faz minha vida melhor ou pior pressupõe a Manhattan como ela existe atualmente. Como posso comparar essa vida que realmente levo àquela que eu teria vivido na Manhattan que era uma selva? Isso não nega que haja espaço para se argumentar se essa transformação de Manhattan foi, considerando tudo, boa ou má, ou se as ações ou políticas que produziram essa transformação estavam certas ou erradas. O que não consigo ver é como se pode discutir se essa transformação foi boa ou má para mim. Se isso é verdade com relação à minha transformação e à de Manhattan, é certamente verdade com relação à transformação da Terra que irá criar condições de vida que serão necessárias para aqueles que viverão no futuro.

Além disso, a própria existência de pessoas no futuro depende de nossas ações. Poderíamos negar sua existência causando um holocausto nuclear ou executando um controle de natalidade intenso e voluntário. Mesmo se assumirmos que haverá pessoas no futuro, serão indivíduos diferentes dependendo de que políticas adotarmos. Por exemplo, se decidirmos conservar energia em vez de seguir uma política como a atual, as pessoas podem ir para a cama mais cedo a fim de se aquecer e poupar eletricidade. Uma vez que a origem de cada pessoa se dá na altamente improvável união de um particular espermatozoide e um óvulo, conceber uma criança em tempos diferentes quase certamente resulta em pessoas diferentes vindo à existência. Pessoas que existem num cenário (por exemplo, de conservação) mas que não teriam existido em outro cenário (por exemplo, seguindo a tendência atual) irão fazer bebês com pessoas que teriam existido em ambos. Seus descendentes não teriam existido se tivéssemos adotado uma política diferente, já que um de seus pais não teria existido. Não temos que pular muitas gerações para alcançar uma população inteira que não teria existido se tivéssemos adotado uma política diferente. Enquanto essas pessoas tiverem vidas que valham a pena, é difícil ver como poderiam queixar-se sobre quais políticas seguimos. Logo, se não tivéssemos seguido a política que seguimos, essas pessoas em particular não teriam existido.[21]

Apesar desses argumentos, muitos de nós pensam que realmente temos deveres para com aqueles que irão viver no futuro, embora nossa motivação para cumpri-los possa às vezes ser fraca. Um ecologista humano, o falecido Garrett Hardin, chegou a uma desconfortável conclusão desse compromisso. Ele escreveu que "ser generoso com as próprias posses é uma coisa; ser generoso com as da posteridade é outra bem diferente".[22] Uma preocupação com a justiça para os pobres da atualidade, afirmou, tem o efeito de destruir o meio ambiente e enganar as gerações futuras.

Hardin rejeitou a analogia de Boulding, da Terra como uma espaçonave, porque ela implica repartir recursos sem atribuir responsabilidades individuais, e isso, ele acha, é a prescrição de um desastre. A ética partilhada sugerida pela analogia da espaçonave leva à "tragédia dos bens comuns", que, segundo Hardin, é a fonte de muitos de nossos problemas ambientais, inclusive poluição, destruição da

---

[21] Sem dúvida, isso amplia o problema discutido no parágrafo anterior: teria sido possível que eu existisse no verdejante paraíso natural de Manhattan? É claro que até certo ponto vai depender do que desejo dizer com "possível", uma pergunta que exercitou os filósofos por milênios.
Esse "problema de não identidade" foi desenvolvido por Derek Parfit, *Reasons and Persons* (Oxford: Oxford University Press, 1984), capítulo 16; Thomas Schwartz, "Obligations to Posterity", em Brian Barry & Richard Sikora (orgs.), *Obligations to Future Generations* (Filadélfia: Temple University Press, 1978), pp. 3-13, desenvolve-o como um argumento contra a ideia de que temos diferentes deveres para com aqueles que vão viver no futuro.

[22] Garrett Hardin, "Living on a Lifeboat", em *Bioscience*, 24 (10), 1974, pp. 561-568, disponível em http://www.garretthardinsociety.org/articles/art_living-on-aJifeboat.html.

terra e colapso da pesca. Num texto[23] bastante importante, ele ilustrou a tragédia dos bens comuns pedindo-nos que imaginemos uma pastagem partilhada por pastores. Cada pastor beneficia-se individualmente ao criar um animal, enquanto os custos são espalhados para todos os pastores na leve degradação da pastagem causada pelo animal. Assim, cada pastor tem um incentivo para continuar acrescentando animais, já que ele ganha todos os benefícios, mas divide os custos. O resultado é o sobrepastoreio e a degradação da pastagem.

No lugar da camaradagem da nave espacial, Hardin propõe a analogia mais desesperada do bote salva-vidas, cuja capacidade máxima é de 60 pessoas, já ocupado por 40 e cercado por 100 que irão se afogar se não conseguirem entrar no bote. Existem três possíveis respostas. Poderíamos colocar todos no bote, o que resultaria em todos se afogarem. Poderíamos admitir mais 10 pessoas, dessa forma perdendo o fator de segurança e levantando a questão de quais dez admitir. Ou poderíamos não admitir ninguém ao bote e lutar com aqueles que tentarem subir a bordo. Hardin defende a última resposta.

De acordo com Hardin, ajudar com alimentos aqueles que têm fome mostra a mesma lógica falha da dos bens comuns sem regulação. Concede benefícios a indivíduos sem impor responsabilidades. O resultado é que uma população que recebe ajuda alimentar vai durar até a próxima crise, quando mais uma vez irá requerer auxílio de alimentos. Esse ciclo irá continuar até que a ajuda não possa ou não seja mais fornecida. Nesse ponto, a população morre de fome. O número de pessoas que irá morrer é calculado em função da quantidade de alimentos fornecidos como ajuda. Mais ajuda significa que mais pessoas serão trazidas à existência e que no final morrerão de

---

[23] Garrett Hardin, "The Tragedy of the Commons", em *Science*, nº 162, 1968, pp. 1243-1248.

fome. Com efeito, o que Hardin nos oferece é um argumento utilitarista para negar comida àqueles que têm fome.

Em resposta, poderíamos querer distinguir ajuda alimentar, que é uma questão de caridade, da redistribuição, que é uma questão de justiça. Poderíamos dizer que pessoas e países pobres fazem jus aos recursos e que pessoas e países ricos erram se fracassam na resposta. Hardin admite que a ordem global existente é baseada em injustiças, porém insiste que elas não podem ser retificadas e devemos prosseguir de onde estamos, não de onde deveríamos estar. Ainda que fosse injusto para nós negar comida às pessoas (ou um lugar no bote salva-vidas), devemos fazê-lo de qualquer maneira. Mais pessoas vão morrer se satisfizermos suas demandas do que se as negarmos, e satisfazê-las pode até pôr nossa sobrevivência em risco. Essas são boas razões, na concepção de Hardin, para desconsiderar até mesmo demandas por justiça. A visão de Hardin é sombria e inquietante, mas uma objeção honesta que deve ser considerada.[24]

Nos anos 1980, um poderoso movimento emergiu e era direcionado a proteger o meio ambiente global e satisfazer as demandas por justiça em nome de nossos pobres contemporâneos e futuras gerações. Em 1983, a Assembleia Geral da ONU criou a Comissão Mundial para o Meio Ambiente e Desenvolvimento, conhecida como a Comissão Brundtland, em homenagem a seu presidente, o político e físico norueguês Gro Harlem Brundtland. A tarefa da Comissão era "propor estratégias ambientais de longo prazo para atingir desenvolvimento sustentável pelo ano 2000 e além... e recomendar modos pelos quais a preocupação com o meio ambiente possa ser traduzida

---

[24] Para respostas, ver Onora O'Neill, *Faces of Hunger* (Boston: Allen & Unwin, 1986); e Peter Singer, *Practical Ethics.* (2ª ed. Cambridge: Cambridge University Press, 1993), pp. 236-241.

em maior cooperação entre... países em diferentes estados de desenvolvimento econômico e social".[25]

Seus resultados foram publicados num livro de 1987, *Our Common Future*, que definia desenvolvimento sustentável como "conhecer as necessidades do presente sem comprometer a capacidade das futuras gerações de conhecer as suas próprias", e discutia como poderia ser introduzido nas áreas populacional, da segurança de alimentos, da preservação de espécies e ecossistemas, e assim por diante.[26]

Por um breve período, pareceu que *Our Common Future* pudesse ser profético. Em 1985, Mikhail Gorbatchov chegou ao poder na União Soviética e pela primeira vez aquele país começou a ter um papel ativo no tratamento dos problemas ambientais globais. Ele propôs transformar o Conselho de Tutela da ONU, que havia supervisionado a transição para a independência de onze ex-colônias, numa instituição para administrar os bens globais comuns (isto é, oceanos, atmosfera, biodiversidade e clima). Num discurso para o Fórum Global para a Sobrevivência da Humanidade em 1989, Gorbatchov propôs uma nova organização que responderia pelos problemas ambientais que transcendiam fronteiras nacionais aplicando o modelo de emergência médica da Cruz Vermelha aos problemas ecológicos. Nos Estados Unidos, após uma disputa fracassada pela presidência em 1988, Al Gore começou a escrever *Earth in the Balance: Ecology and the Human Spirit* [A Terra em equilíbrio: ecologia e o espírito humano], em que ele afirma que "devemos fazer do resgate do meio ambiente o princípio organizador central da civilização".[27] No final dos anos 1980, os problemas

---

[25] World Commission on Environment and Development, *Our Common Future* (Nova York: Oxford University Press, 1987), p. ix.

[26] *Ibid.*, p. 43.

[27] Albert Gore, *Earth in the Balance: Ecology and the Human Spirit* (Boston: Houghton Mifflin, 1992), p. 269.

entrelaçados de meio ambiente e desenvolvimento foram o assunto de incontáveis encontros internacionais e figuraram nas primeiras páginas dos jornais de todo o mundo.

Essa atividade culminou na Conferência sobre Meio Ambiente e Desenvolvimento da ONU de 1992, realizada no Rio de Janeiro. Esse encontro, popularmente conhecido como "Cúpula da Terra no Rio", foi o maior encontro de líderes nacionais que já houve. Milhares de pessoas foram ao Rio para fazer ouvir suas vozes e ser parte da história. As expectativas eram altas de que a Rio-92 mudaria o mundo. Acordos para reduzir o aquecimento global, preservar a biodiversidade e proteger as florestas do mundo seriam feitos, além de se dar passos concretos para reduzir a pobreza mundial. Um programa da Terra seria adotado, o qual serviria como um código de ética novo, global, governando as relações humanas com a natureza.

De certa maneira, o encontro foi um sucesso, mas no todo foi uma decepção. A Convenção-quadro das Nações Unidas para Mudanças Climáticas foi adotada, mas a oposição norte-americana e russa impediu a inclusão de compromissos obrigatórios com a redução de emissões no tratado. A Convenção sobre Biodiversidade foi adotada, mas os Estados Unidos se recusaram a assiná-la, e embora tenha sido mais tarde assinada pelo presidente Clinton, o Senado norte-americano recusou-se a ratificá-la. A tentativa de se criar uma convenção global para proteger as florestas fracassou devido à oposição de países em desenvolvimento, liderados pela Malásia; em vez disso, uma Declaração não obrigatória de Princípios Florestais foi adotada. A Agenda 21, um programa incrivelmente detalhado para integrar proteção e desenvolvimento ambiental, foi adotada, mas também era não obrigatória, e foi subsequentemente ignorada. As nações do mundo foram incapazes de concordar com um Programa da Terra, adotando em vez disso a Declaração do Rio, uma sequência incoerente de princípios bastante inócuos. A questão da população nunca esteve na pauta por causa de uma coalizão entre os Estados Unidos e países em desenvolvimento muçulmanos e católicos. Em retrospecto, podemos ver que a janela brevemente aberta nos anos 1980 que poderia ter permitido ações sobre esses problemas estava fechando muito rápido na época da Cúpula da Terra no Rio. A primeira Guerra do Golfo eclodiu em 1990, e Gorbatchov foi substituído em um golpe em 1991. Os problemas que logo em seguida dominaram a atenção do mundo já estavam a caminho do palco central.

Visões do futuro

Em minha opinião, existem três amplos cenários que o futuro pode trazer: catástrofe ambiental; contínua e crescente desigualdade global e degradação ambiental; ou uma mudança do estilo de vida das pessoas mais privilegiadas do mundo. Esses três cenários não são claros nem mutuamente excludentes. Até certo ponto, estamos vivendo no meio de cada um deles agora mesmo, e o futuro pode trazer outros.

Consideremos primeiro a catástrofe ambiental. A retórica verde sobre "salvar o planeta" parece sugerir que, se não mudarmos nossos estilos de vida, o planeta terá problemas. Mas, enquanto existir alguma chance de podermos destruir a nós e a muitas outras formas de vida, há pouca chance de que venhamos a destruir o planeta. O planeta irá sobreviver à guerra nuclear, ao efeito estufa ou à contínua corrosão da camada de ozônio. Continuará em sua órbita até colidir com um bólido, cair no Sol, ou o universo entrar em colapso. O que queremos dizer com catástrofe ambiental é uma catástrofe para nós e outros seres vivos, não para o planeta.

Catástrofes não chegam fazendo anúncios. Do jeito que as coisas estão agora, os problemas ambientais cotidianos causam morte e destruição a um vasto número de humanos e outros animais. Ainda assim, muitos não pensamos em nós mesmos como vivendo numa catástrofe. Um pouco disso é uma questão de percepção e outro tanto é uma questão de onde estamos localizados. Não há muito questionamento sobre se aqueles que dependem do mar Aral para subsistir estão vivendo uma catástrofe ambiental, assim como os grandes símios que estão sendo perseguidos na África por sua carne. Por qualquer critério, é mais difícil dizer o mesmo daqueles que vivem nos subúrbios elegantes da Austrália ou da América do Norte. Eles estão indo muito bem.

O que conta como uma catástrofe ambiental também depende do que se valoriza. Muitos ecologistas sentem que extinções de espécies e perdas de biodiversidade que agora estão em curso são os estágios iniciais de uma catástrofe ambiental, mas nem todo mundo acha que essas coisas importam. Comentando sobre a muito ameaçada coruja-pintada-do-norte, o comentarista político norte-americano Rush Limbaugh disse certa vez: "se a coruja não consegue se adaptar à superioridade dos humanos, dane-se".[28] Mesmo que muitas espécies se tornem extintas, muitas pessoas continuarão a ter vidas muito boas.

Mesmo tendo dito tudo isso, por causa do crescimento da população e do consumo discutidos na primeira seção deste capítulo, podemos muito bem estar rumando para o que seria uma catástrofe ambiental difícil de negar. Embora o número de pessoas vivendo em grande pobreza não pareça diminuir, um número crescente de pessoas nos países em desenvolvimento está vivendo como as de países desenvolvidos. Consumo de energia, produção de carne, possuir um

---

[28]   Ver http://www.ontheissues.org/Celeb/Rush_Limbaugh_Environment.htm.

automóvel e as outras marcas de riqueza estão aumentando dramaticamente em países como China e Índia. Onde isso irá acabar? Segundo um estudo, se todo mundo vivesse da mesma maneira que um norte-americano médio, precisaríamos de 5,3 planetas com os recursos da Terra.[29]

Isso leva-nos ao segundo cenário, no qual a desigualdade global e a degradação ambiental seguem aumentando. Nesse cenário, conseguiremos impedir a catástrofe ambiental, que ocorreria se todo o mundo vivesse do mesmo modo que o norte-americano médio, certificando-nos de que isso não aconteça. Os ricos continuam a ser ricos e os pobres continuam a ser pobres.

Além de ser moralmente indefensável, essa provavelmente não é uma estratégia viável a longo prazo. Nações em desenvolvimento são bastante sensíveis à possibilidade de que suas perspectivas de desenvolvimento estejam sendo intencionalmente barradas a fim de proteger a qualidade de vida em nações já desenvolvidas. Elas não vão aceitar isso caladas. Adotar conscientemente a estratégia de prevenir o desenvolvimento do terceiro mundo sem dúvida tornaria tensões e conflitos entre países ricos e pobres uma característica permanente da vida. Enquanto armas de destruição em massa continuarem proliferando, essa é uma perspectiva que prenuncia grandes desastres. Além disso, há pouca coisa que os ricos podem fazer para manter em baixa países em desenvolvimento. Não há dúvida de que o desenvolvimento da China está bem adiantado. Se os chineses não obtiverem acesso a tecnologias ambientalmente amigáveis e mais eficientes, irão abastecer seu desenvolvimento com vastas reservas de carvão. Já existem mais de quinhentas novas usinas geradoras de eletricidade baseadas em carvão, em vários estágios de desenvolvimento, na Chi-

---

[29] Ver http://www.farces.com/index.php/how_many_planets_are_needed_to_support_your_lifestyle/.

na. Se vierem a funcionar, o resultado será devastador para o meio ambiente global. Esse não é o resultado que os chineses querem, mas há pouca dúvida de que preferem isso a permanecer pobres.

A verdade é que o mundo em desenvolvimento está em posição de provocar grandes danos aos países ricos e às coisas que estes valorizam. Além de sua capacidade para aumentar de modo significativo e acelerar a mudança climática, os países em desenvolvimento são também os guardiões de muito da biodiversidade do mundo. Sem a cooperação ativa de países da África, América do Sul e Ásia, muito disso se perderá para sempre, inclusive algumas das espécies animais que mais amamos e admiramos. Além disso, nove nações em desenvolvimento ainda manufaturam compostos químicos destruidores do ozônio. Elas devem parar em 2010, mas, se não o fizerem, a corrosão do ozônio irá novamente ocupar o espaço central como nosso problema ambiental mais ameaçador.

Em razão de os países em desenvolvimento possuírem a condição de ameaçar o que os países desenvolvidos desejam, existe a possibilidade de acordo. De sua parte, os países em desenvolvimento floresceriam de um modo que "pularia" o modelo de desenvolvimento intensivo altamente poluente seguido por Europa e América do Norte, e se deslocariam diretamente para as sustentáveis e altamente eficientes tecnologias do futuro. Em retorno, os países ricos devem dar o exemplo reduzindo seu próprio consumo e caminhando para a sustentabilidade. Em grande medida, eles devem também desenvolver, providenciar e pagar as novas tecnologias que os países em desenvolvimento precisam para fazer essa transição. Foi o reconhecimento dessa convergência de interesses que nos anos 1980 trouxe esperança às pessoas de que se poderia conseguir um real avanço para curar o meio ambiente global e tratar dos problemas da pobreza. Quais são as chances de um acordo desse tipo hoje?

Existe uma razão para pensar que grande parte do mundo em desenvolvimento ainda está interessada. Como Zhou Dadi, do Instituto de Pesquisas Energéticas de Beijing, disse à BBC: "Precisamos de um novo modelo de desenvolvimento que signifique altos padrões de vida com emissões mais baixas *per capita*. Se conseguirmos encontrar tal modelo, a China o seguirá".[30] Muitos países europeus já demonstraram sua disposição em seguir um caminho diferente. Por exemplo, ao se comprometerem a reduzir as emissões de gás de efeito estufa, colocam-se em desvantagem competitiva com relação aos Estados Unidos, que se recusam a controlar suas próprias emissões. Países europeus também adotaram uma variedade de leis ambientais importantes, de leis alemãs que conferem maior responsabilidade aos produtores, determinando que os fabricantes sejam responsáveis por seus produtos durante seus ciclos de vida inteiros, até o sistema de pedágios urbanos de Londres, que reduziu o tráfego e a poluição do ar. Isso nos leva à questão mais importante sobre o futuro. Conseguimos imaginar os Estados Unidos reduzindo o consumo, aumentando a eficiência e rumando em direção à sustentabilidade?

Há razões para sermos pessimistas. Os Estados Unidos são hoje uma sociedade notadamente materialista. Uma indicação disso é o papel talismânico dos indicadores econômicos, estatísticas e projeções da vida pública da nação. Informações que costumavam ser restritas ao setor de negócios do jornal cada vez mais invadiram outras páginas. Uma olhada aleatória no *New York Times*, por exemplo, mostra que as palavras de um funcionário de segundo escalão do Federal Reserve* são tratadas como notícia mais importante do que cem elefantes mortos na África ou o último ataque israelense em

---

[30] Ver http://news.bbc.co.uk/2/hi/programmes/newsnight/4330469.stm.

* Instituição equivalente ao Banco Central do Brasil. (N. E.)

Gaza. É difícil imaginar outro líder nacional implorando a seu país, como o fez o presidente Bush após os ataques de 11 de setembro, que vá fazer compras como uma maneira de derrotar o terrorismo. Embora a situação da economia seja uma importante questão política em qualquer país, é difícil imaginar outra campanha política autoconscientemente guiada pelo mantra "É a economia, seu idiota", como foi a do presidente Clinton em 1992. A preocupação ambiental sempre afrouxa na América do Norte porque é vista como incompatível com o crescimento econômico ou com o conforto que este deveria proporcionar. O presidente Reagan falou para muitos norte-americanos quando disse que "conservação significa que ficaremos quentes no verão e frios no inverno".[31] Talvez a afirmação mais clara do comprometimento norte-americano a um estilo de vida de alto consumo tenha sido feita pelo primeiro presidente Bush, quando disse a representantes de vários países do terceiro mundo, durante a Cúpula do Rio de 1992, que "o estilo de vida norte-americano não é negociável". A obsessão com a riqueza torna difícil para os Estados Unidos agir em questões ambientais. Quando a economia está fraca, a nação se sente pobre demais para ter uma ação agressiva; quando a economia está forte, os riscos são grandes demais. O resultado é que o país mais rico da história do mundo se sente economicamente restringido demais para tomar uma atitude agressiva para proteger o meio ambiente.

Conforme mencionei, a Europa ocidental transformou-se no líder ambiental do mundo. Embora existam sinergias do tipo "vencer/vencer" entre crescimento econômico e proteção ambiental, o fato simples é que os europeus ocidentais às vezes escolhem promover valores outros que crescimento econômico singular. Por exemplo,

---

[31] Noticiado na primeira página do *New York Times* em 4-1-1981.

ÉTICA E MEIO AMBIENTE

eles trocaram incrementos de crescimento econômico por bens como maior lazer, mais igualdade, menos pobreza e maior provisão de bens públicos. A estatística com ressonância mais simbólica nesse assunto é que os europeus ocidentais trabalham 20% menos que os norte-americanos. Muitos têm o direito legal de pelo menos um mês de férias pagas por ano, enquanto o norte-americano médio tira pouco mais de duas semanas de férias, dependendo de seu patrão, e às vezes sem remuneração. Diversas explicações foram oferecidas para essas diferenças entre os Estados Unidos e a Europa ocidental, mas em essência elas expressam uma diferença de valores.[32]

A priorização do crescimento econômico sobre outros valores deve, no final, residir em sua suposta relação especial com a felicidade humana. Ainda assim, é surpreendentemente difícil sustentar essa tese. É cada vez mais claro que riqueza não é um bom indicador de felicidade, tanto para países quanto para indivíduos.[33] Há evidências de que a riqueza, quando ultrapassa um nível básico, não faz as pessoas felizes. O que faz as pessoas felizes é o amor, o companheirismo e engajar-se em atividades significativas. O psicólogo Edward Diener resume o que se sabe desta forma:

> Uma vez satisfeitas as necessidades básicas... aumentos na renda afetam pouco a felicidade. Se uma nação atingiu um nível moderado de prosperidade econômica, vê-se apenas um pequeno acréscimo no

---

[32] Embora haja diferentes estudos e diferentes metodologias, a evidência da liderança europeia pode ser encontrada no Índice de Sustentabilidade Ambiental, que classifica os Estados Unidos em décimo sétimo entre os países membros da Organização para a Cooperação e o Desenvolvimento Econômicos (OCDE). Para detalhes, ver http://www.yale.edu/esi/ESI2005_Main_Report.pdf.

[33] Mais precisamente, não é um bom indicador de relatos subjetivos de felicidade. Embora a questão sobre em que consiste a felicidade seja uma importante e profunda questão filosófica, seria loucura (ou pelo menos implausível) supor que ela não possua nenhuma relação interessante com o que as pessoas dizem sobre sua felicidade.

bem-estar subjetivo quando a sociedade fica mais rica. Pesquisa em grupos que vivem um estilo de vida simples do ponto de vista material – dos *maasai* no Quênia, aos *amish* na América, aos caçadores de foca na Groenlândia – mostra que essas sociedades exibem níveis positivos de bem-estar subjetivo apesar da ausência de piscinas, lava-pratos e Harry Potter. De fato, um crescente corpo de pesquisas sugere que o materialismo pode, na verdade, ser tóxico à felicidade. Num desses estudos, pessoas que relataram valorizar mais o dinheiro do que o amor eram menos satisfeitas com suas vidas do que as que preferiam o amor. No final, ter dinheiro provavelmente seja pouco benéfico à felicidade, enquanto focar-se em dinheiro como um objetivo maior é prejudicial.[34]

Por longo tempo, os filósofos disseram que tratar a riqueza ou o crescimento econômico como um substituto para a felicidade é um erro. John Stuart Mill, filósofo britânico do século XIX, argumentou em favor de uma economia de estado estacionária para evitar um mundo em que

> a solidão é eliminada... [uma vez que isso] é essencial a qualquer nível de meditação ou de caráter; e a solidão na presença da beleza e grandeza natural é o berço do pensamento e das aspirações... Nem existe muita satisfação em contemplar o mundo sem nada deixado para a atividade espontânea da natureza; com cada acre de terra usado para o cultivo... cada resíduo floral ou pastagem natural arada, todos os quadrúpedes ou aves não domesticadas para o uso do homem exterminados... cada sebe ou árvore supérflua arrancada, e mal sobrando um lugar onde uma flor ou arbusto silvestre

---

[34] Em Robert Biswas-Diener, Ed Diener & Maya Tamir, "The Psychology of Subjective Well-Being", em *Daedalus*, nº 133, 2004, pp. 18-25; disponível em http://www.findarticles.com/p/articles/mi_qa3671/is_200404/ai_n9394174/pg_3.

possa crescer sem ser erradicado como erva daninha em nome da agricultura melhorada. [...] uma condição estacionária de capital e população não implica um estado estacionário de aperfeiçoamento humano. Haveria tanto escopo como sempre para todos os tipos de cultura mental, e progresso moral e social; espaço para melhorar a Arte de Viver, e muito mais probabilidade de ser aprimorado.[35]

Ainda assim, poder-se-ia pensar que, mesmo se isso for verdade, o tipo de simplicidade que Mill advoga é não americano; o materialismo, parece, é tão americano quanto a torta de maçã; não há como escapar dele e deveríamos nos acostumar com ele.

Talvez isso seja verdade, mas é importante reconhecer que o grau e a extensão do materialismo que vemos nos Estados Unidos hoje são um fenômeno relativamente recente. Se lembrarmos os fundadores da república norte-americana, encontraremos uma enorme ênfase em virtudes como parcimônia, prudência e simplicidade. Em *A arte da virtude*, um livro que planejou quando era jovem, mas que só foi publicado recentemente, Benjamin Franklin elenca a frugalidade como uma virtude, e a caracteriza como "não fazer dívida, mas o bem para os outros e para si mesmo; isto é, não desperdiçar nada".[36] A "maior geração" é lendária por seus sacrifícios ao lutar uma longa guerra pela democracia na Europa e no Pacífico. Mesmo nos anos 1960, muitas pessoas tinham orgulho do consumo mínimo em vez do conspícuo. Nos anos 1970, os ambientalistas popularizaram *slogans* como "Pequeno é bonito" e "Viva simplesmente para

---

[35] Conforme citado em Lori Gruen & Dale Jamieson (orgs.), *Reflecting on Nature: Readings in Environmental Philosophy* (Nova York: Oxford University Press, 1994), p. 30.

[36] Benjamin Franklin, em George L. Rogers (org.), *Benjamin Franklin's The Art of Virtue: his Formula for Successful Living* (3ª ed. Battle Creek: Acorn Publishing, 1996.), p. 42; disponível em http://www.fordham.edu/halsall/mod/franklin-virtue.html.

que outros possam simplesmente viver".[37] Talvez isso seja simbólico de como os Estados Unidos mudaram, pois, se você digitar "simple life" no *site* do Google, vai aparecer o *reality show* estrelado por Paris Hilton e Nicole Ritchie. É importante reconhecer, no entanto, que a celebração do consumo é relativamente recente e comprovadamente um desvirtuamento dos principais temas da vida e da história norte-americanas. Sem dúvida, mesmo as fissuras entre os Estados Unidos e a Europa sobre proteção ambiental são em grande parte produto de uma ou duas décadas atrás. Até meados dos anos 1980, eram os Estados Unidos, não a Europa ocidental, o advogado principal da proteção do meio ambiente global.

Seja qual for a verdade da história, permanece a questão de se é possível que os Estados Unidos se movam em direção à redução do consumo e ao aumento da eficiência. Mesmo com a melhor das intenções, seria muito difícil. Altas quantidades de recursos são necessárias em virtualmente tudo que é consumido nos Estados Unidos, de casa à comida, transporte e vestuário. Reciclar e ser voluntário não são suficientes.

Existem também sérias dificuldades políticas para se escolher essa direção. Os custos dos estilos de vida presentes são atualmente empurrados para futuras gerações, para outras nações ou para a natureza. Aqueles que perderiam numa transição para a sustentabilidade são bem organizados e bem representados, enquanto os que se beneficiariam não o são. Por exemplo, qualquer tentativa séria de mudar de combustíveis fósseis para energia renovável imediatamen-

---

[37] A frase "Pequeno é bonito" é de Eric F. Schumacher, *Small Is Beautiful* (Nova York: Harper & Row, 1973). "Viva simplesmente para que outros possam simplesmente viver" é frequentemente atribuído a Gandhi. Ver também Duane Elgin, *Voluntary Simplicity: Toward a Way of Life That Is Outwardly Simple, Inwardly Rich*, ed. rev. (Nova York: Harper Paperbacks, 1998).

te incorre na ira das companhias de petróleo e fabricantes de automóveis, que são dez das onze maiores corporações do mundo. Os novos negócios que seriam criados por tal mudança ainda não existem, então não há ninguém à mesa advogando seus interesses. Além disso, o sistema político norte-americano é bastante conservador em sua tendência em relação aos incumbentes. Segundo a repórter Juliet Eilperin,[38] o antigo Politburo soviético tinha mais viradas de mesa que o Congresso norte-americano.

Mesmo assim, mudanças ocorrem, muitas vezes com uma rapidez surpreendente, de maneiras que nós não entendemos. A onda dos movimentos "poder do povo" que derrubou o comunismo no fim dos anos 1980 e início dos anos 1990 pegou os especialistas de surpresa. O movimento para proibir que se fume em lugares públicos também tem sido surpreendente e difícil de predizer. Os efeitos carcinogênicos da fumaça do tabaco foram fortemente suspeitos já nos anos 1920, e, por volta de 1964, o chefe de Saúde Pública dos Estados Unidos publicou um relatório mostrando que fumar está ligado ao câncer de pulmão e outros órgãos, doenças cardíacas, enfisema, asma brônquica e diversos outros males. Ainda assim, apenas nos anos 1990 um poderoso movimento começou a se desenvolver para banir o fumo em lugares públicos. Por que agora? Por que não antes? Se não agora, quando então?

Se os Estados Unidos estão a caminho da sustentabilidade, a ação em muitos diferentes níveis é importante. Ação individual é importante por muitas razões, inclusive o fato de que, através de suas ações, os indivíduos sinalizam a políticos e tomadores de decisão que não serão punidos por mudar a lei e a política. Numa democracia de

---

[38] Juliet Eilperin, *Fight Club Politics* (Nova York: Rowman & Littlefield/Hoover Institution), 2006.

grupos de interesse como a dos Estados Unidos, igrejas, organizações ambientais, a mídia e outras instituições da sociedade civil são importantes para mobilizar indivíduos e transmitir mensagens. No final, contudo, a ação do governo é importante tanto por seu poder regulador quanto por sua habilidade de afetar o comportamento do mercado. Os mercados são extremamente importantes porque, coordenando o comportamento, podem amplificar os efeitos da mudança.

Um bom exemplo de mercados tendo esse efeito é o caso dos clorofluorcarbonetos que destroem a camada de ozônio (CFCs). Quando consumidores e ambientalistas iniciaram uma campanha contra o uso desses produtos químicos, os fabricantes começaram a procurar alternativas. Quando as alternativas ficaram visíveis, o governo ficou mais livre para apoiar o banimento. Mesmo assim, o acordo inicial assinado em 1987 teria restringido os CFCs, não banido. Mas, uma vez que essas substâncias estavam sendo controladas e as alternativas tornando-se disponíveis, os investidores bem informados começaram a ir para outro lugar e foi relativamente fácil seguir para um banimento total.[39] Embora controlar os gases de efeito estufa seja muito mais complicado, não há motivo por que a mesma história não possa ser repetida. Uma vez que existe um preço para o carbono, os mercados podem começar rapidamente a buscar alternativas.

É claro que não há garantias de que as coisas tomem esse rumo. Os Estados Unidos rejeitaram o regime atual para controle das emissões de efeito estufa, e esse regime, de qualquer forma, não é muito eficiente. Ainda não sabemos o que o futuro trará. Será a catástrofe ambiental, as contínuas e crescentes desigualdade global e degrada-

---

[39] Para uma explicação, ver Richard E. Benedick, *Ozone Diplomacy* (Cambridge: Harvard University Press, 1991).

ção ambiental, uma mudança no modo de vida das pessoas mais privilegiadas do mundo ou alguma combinação dos três?

Conclusão

Abarcamos uma grande quantidade de assuntos neste livro, das fundações da moralidade às ameaças contra a natureza. Isso nos levou dos escritos dos filósofos aos cálculos dos cientistas ambientais. Consideramos o problema da pobreza global e as motivações das pessoas mais ricas do mundo. Olhamos para o passado num esforço de explicar por que temos os problemas atuais, e também especulamos sobre futuros possíveis.

Muito pouco foi dito neste livro que seja incontrovertido. Descrevi alguns argumentos, esbocei mais alguns e aludi a muitos outros. Ao ler este livro criticamente, espero que você leve essas explicações adiante e refletido sobre alguns pontos importantes que fugiram da minha atenção. Chegamos ao final do livro, mas não ao final da estrada.

Um tema que tratei é que nosso futuro está ligado ao futuro da natureza; por todos os tipos de razões, conceituais e empíricas, eles não podem ser deixados de lado. O que acontecer agora depende de nós. Não totalmente, é claro, porque a Mãe Natureza irá se fazer sentir. Mas, no fim, ela não pode dizer o que dá significado às nossas vidas. Ela pode baixar a lei, mas depende de nós escolher como viver. Seja através de ação ou inação, estabeleceremos o curso para a vida na Terra.

Bibliografia

AGAR, Nicholas. *Life's Intrinsic Value: Science, Ethics, and Nature*. Nova York: Columbia University Press, 2001.

ANSCOMBE, G. E. M. "Modern Moral Philosophy". Em *Philosophy*, nº 33, 1958.

ATKINSON, I. A. E. "Introduced Mammals and Models for Restoration". Em *Biological Conservation*, nº 99, 2001.

ATTFIELD, Robin. *A Theory of Value and Obligation*. Londres: Croom Helm, 1987.

AYER, A. J. *Language, Truth, and Logic*. Londres: Gollancz, 1946. (1ª ed. 1936.)

BAIER, Kurt. *The Moral Point of View: a Rational Basis of Ethics*. Ithaca: Cornell University Press, 1958.

BARANZKE, Heike. "Does Beast Suffering Count for Kant? A Contextual Examination of §17 in *The Doctrine of Virtue*". Em *Essays in Philosophy*, 5 (2), 2004. Disponível em http://www.humboldt.edu/~essays/baranzke.html.

BARKER, Rodney. *And the Waters Turned to Blood: the Ultimate Biological Threat*. Nova York: Simon & Schuster, 1997.

BENEDICK, Richard E. *Ozone Diplomacy*. Cambridge: Harvard University Press, 1991.

BENTHAM, Jeremy. Em MILL, John Stuart. *Rationale of Judicial Evidence, Specially Applied to English Practice*, 5 vols. Londres: s/ed., 1827. Reimpresso em BOWRING, J. (org.). *The Works of Jeremy Bentham*. Edimburgo: s/ed., 1838-1843.)

BISWAS-DIENER, Robert; DIENER, Ed & TAMIR, Maya. "The Psychology of Subjective Well-Being". Em *Daedalus*, nº 133, 2004.

BLACKBURN, Simon. *Essays in Quasi-Realism*. Oxford: Oxford University Press, 1993.

_____. *Ruling Passions*. Oxford: Clarendon Press, 1998.

BOULDING, Kenneth. "The Economics of the Coming Spaceship Earth". Em JARRETT, Henry (org.). *Environmental Quality in a Growing Economy: Essays from the Sixth RFF Forum.* Baltimore, MD: Johns Hopkins University Press, for Resources for the Future, 1966.

BOYD, Richard. "How to Be a Moral Realist". Em McCORD, Sayre (org.). *Essays on Moral Realism.* Ithaca: Cornell University Press, 1988.

BRENNAN, Scott & WITHGOTT, Jay. *The Science behind the Stories.* San Francisco: Benjamin Cummings, 2005.

BRINK, David. *Moral Realism and the Foundations of Ethics.* Nova York: Cambridge University Press, 1989.

BROWN, Peter *et al.* "A New Small-Bodied Hominid from the Late Pleistocene of Flores, Indonesia". Em *Nature*, nº 431, 2004.

CAFARO, Philip & SANDLER, Ronald (orgs.). *Environmental Virtue Ethics.* Nova York: Rowman & Littlefield, 2005.

CALLICOTT, J. Baird (org.). "Animal Liberation: a Triangular Affair". Em *Environmental Ethics*, nº 2, 1980.

_____. *In Defense of the Land Ethic.* Albany: State University of New York Press, 1989.

CARLSON, Allen. *Aesthetics and the Environment: the Appreciation of Nature, Art and Architecture.* Londres: Routledge, 2000.

CARNAP, Rudolf. *Philosophy and Logical Syntax.* Londres: Kegan Paul, Trench, Trubner, 1937.

CHANDROO, Kris P.; DUNCAN, Ian J. H. & MOCCIA, Richard D. "Can Fish Suffer? Perspectives on Sentience, Pain, Fear and Stress". Em *Applied Animal Behaviour Science*, nº 86, 2004.

COMMONER, Barry. *The Closing Circle: Nature, Man, and Technology.* Nova York: Knopf, 1971.

COPP, David. *Morality, Normativity, and Society.* Oxford: Oxford University Press, 1995.

COSTANZA, Robert *et al.* "The Value of the World's Ecosystem Services and Natural Capital". Em *Nature*, 387 (6.230), 1997.

COWEN, Tyler & PARFIT, Derek. "Against the Social Discount Rate". Em LASLETT, Peter & FISHKIN, James (org.). *Justice Across the Generations: Philosophy, Politics, and Society*, 6ª série. Nova York: Yale University Press, 1992.

CRONON, William. "The Trouble with Wilderness, or, Getting Back to the Wrong Nature". Em CRONON, William (org.). *Uncommon Ground: Rethinking the Human Place in Nature.* Nova York: Norton, 1996.

DAMÁSIO, Antonio R. *Descartes' Error: Emotion, Reason, and The Human Brain.* Nova York: Putnam, 1994. [Ed. bras.: *O erro de Descartes: emoção, razão e o cérebro humano.* São Paulo: Companhia das Letras, 1996.]

DAVIS, Mark A. "Biotic Globalization: Does Competition from Introduced Species Threaten Biodiversity?". Em *Bioscience*, nº 53, 2003.

DE WAAL, Frans; MACEDO, Stephen & OBER, Josiah (orgs.). *Primates and Philosophers: how Morality Evolved*. Princeton: Princeton University Press, 2006.

DOMBROWSKI, Daniel. *Babies and Beasts: the Argument from Marginal Cases*. Champaign: University of Illinois Press, 1997.

DONLAN, C. Josh *et al*. "Re-wilding North America". Em *Nature*, nº 436, 2005.

EASTERBROOK, Gregg. *A Moment on the Earth: the Coming Age of Environmental Optimism*. Nova York: Viking, 1996.

EDELMAN, Pieter D. *et al*. "In Vitro Cultured Meat Production: Commentary". Em *Tissue Engineering*, 11 (5-6), 2005.

EDELSTEIN, Michael R. & MAKOFSKE, William J. *Radon's Deadly Daughters: Science, Environmental Policy, and the Politics of Risk*. Nova York: Rowman & Littlefield, 1998.

EGGERT, Lori S.; MUNDY, Nicholas I. & WOODRUFF, David S. "Population Structure of Loggerhead Shrikes in the California Channel Islands". Em *Molecular Ecology*, 13 (8), 2004.

EHRLICH, Paul & HOLDREN, John. "A Bulletin Dialogue on the 'Closing Circle' Critique: One-Dimensional Ecology". Em *Bulletin of Atomic Science*, nº 28, 1972.

EILPERIN, Juliet. *Fight Club Politics*. Nova York: Rowman & Littlefield/Hoover Institution, 2006.

EISNITZ, Gail A. *Slaughterhouse: the Shocking Story of Greed, Neglect, and Inhumane Treatment inside the U.S. Meat Industry*. Buffalo: Prometheus, 1997.

ELGIN, Duane. *Voluntary Simplicity: toward a Way of Life That is Outwardly Simple, Inwardly Rich*, ed. rev. Nova York: Harper Paperbacks, 1998. (1ª ed. 1981.)

ELLIOT, Robert. "Metaethics and Environmental Ethics". Em *Metaphilosophy*, nº 16, 1985.

_____. *Faking Nature: the Ethics of Environmental Restoration*. Londres: Routledge, 1997.

_____; ESHEL, Gidon & MARTIN, Pamela A. "Diet, Energy, and Global Warming". Em *Earth Interactions*, nº 10, 2006.

EVANS, Patrick D. *et al*. "Evidence that the Adaptive Allele of the Brain Size Gene Microcephalin Introgressed into *Homo Sapiens* from Anarchaic *Homo Lineage*". Em *Proceedings of the National Academy of Sciences*, nº 103, 2006.

FALK, W. D. *Ought, Reasons, and Morality: the Collected Papers of W. D. Falk*. Ithaca: Cornell University Press, 1986.

FIELD, Christopher B. "Sharing the Garden". Em *Science*, nº 294, 2001.

FISKESJO, Magnus. *The Thanksgiving Turkey Pardon, the Death of Teddy's Bear, and the Sovereign Exception of Guantanamo*. Chicago: Prickly Paradigm Press, 2003.

FRANKLIN, Benjamin. Em ROGERS, George L. (org.). *Benjamin Franklin's the Art of Virtue: his Formula for Successful Living*. 3ª ed. Battle Creek: Acorn Publishing, 1996. (1ª ed. 1986.)

FREUCHEN, Peter. *The Book of the Eskimo.* Cleveland: World Publishing, 1961.

GEACH, Peter. "Assertion". Em *Philosophical Review*, nº 74, 1965.

GIBBARD, Allan. *Wise Choices, Apt Feelings.* Cambridge: Harvard University Press, 1990.

GODWIN, William. *An Enquiry Concerning Political Justice.* Harmondsworth: Penguin, 1985. (1ª ed. 1793.)

GOLDBURG, Rebecca & NAYLOR, Rosamond L. "Future Seascapes, Fishing, and Fish Farming". Em *Frontiers in Ecology and the Environment*, 3 (1), 2005.

GOODIN, Robert. *Green Political Theory.* Cambridge: Polity Press, 1992.

GOODMAN, Nelson. *Ways of Worldmaking.* Indianapolis: Hackett Publishing Company, 1978.

GOODPASTER, Kenneth. "On Being Morally Considerable". Em *Journal of Philosophy*, nº 75, 1978.

GORE, Albert. *Earth in the Balance: Ecology and the Human Spirit.* Boston: Houghton Mifflin, 1992.

GREGORY, Neville G. & WOTTON, Steve B. "Effect of Slaughter on the Spontaneous and Evoked Activity of the Brain". Em *British Poultry Science*, nº 27, 1986.

GRUEN, Lori & JAMIESON, Dale (orgs.). *Reflecting on Nature: Readings in Environmental Philosophy.* Nova York: Oxford University Press, 1994.

HACKING, Ian. *The Social Construction of What?* Cambridge: Harvard University Press, 1999.

HALL, Charles A. S. *et al.* "The Environmental Consequences of Having a Baby in the United States". Em *Population and Environment*, 15 (6), 1995.

HARDIN, Garrett. "The Tragedy of the Commons". Em *Science*, nº 162, 1968.

_____. "Living on a Lifeboat". Em *Bioscience*, 24 (10), 1974. Disponível em http://www. garretthardinsociety.org/articles/art_living-on-aJifeboat.html.

HARE, Richard M. *The Language of Morals.* Oxford: Clarendon Press, 1952.

_____. *Freedom and Reason.* Oxford: Oxford University Press, 1963.

_____. *Moral Thinking: its Levels, Method, and Point.* Oxford: Oxford University Press, 1981.

HARRISON, Ross. *Bentham.* Londres: Routledge, 1983.

HART, Donna & SUSSMAN, Robert W. *Man the Hunted: Primates, Predators, and Human Evolution.* Boulder: Westview Press, 2005.

HEATH, John. *The Talking Greeks: Speech, Animals, and the Other in Homer, Aeschylus, and Plato.* Cambridge: Cambridge University Press, 2005.

HETTINGER, Ned. "Exotic Species, Naturalization, and Biological Nativism". Em *Environmental Values*, 10 (2), 2001.

HILL, Thomas, Jr. "Ideals of Human Excellence". Em *Environmental Ethics*, nº 5, 1983.

HOEBEL, E. Adamson. *The Law of Primitive Man: a Study in Comparative Legal Dynamics.* Cambridge: Harvard University Press, 1954.

HOLLAND, Alan. "On Behalf of a Moderate Speciesism". Em *Journal of Applied Philosophy*, 1 (2), 1984.

HUME, David. *Of the Standard of Taste.* Indianapolis: Bobbs-Merrill, 1965. (1ª ed. 1757.)

_____. Em NORTON, David Fate & NORTON, Mary J. (orgs.). *A Treatise of Human Nature.* Oxford/Nova York: Oxford University Press, 2000. (1ª ed. 1740.) [Ed. bras.: *Tratado da natureza humana.* São Paulo: Ed. Unesp, 2001.]

HURKA, Thomas. "Future Generations". Em BECKER, Lawrence C. (org.). *Encyclopedia of Ethics.* Nova York: Garland Publishing, 1992.

HURSTHOUSE, Rosalind. *On Virtue Ethics.* Oxford: Oxford University Press, 1999.

JAMIESON, Dale. "Rights, Justice and Duties to Aid: a Critique of Regan's Theory of Rights". Em *Ethics*, nº 100, 1990.

_____. *Singer and the Practical Ethics Movement.* Oxford: Blackwell, 1999.

_____. *A Companion to Environmental Philosophy.* Oxford: Blackwell, 2001.

_____. *Morality's Progress: Essays on Humans, Other Animals, and the Rest of Nature.* Oxford: Oxford University Press, 2002.

JENNI, Kathie. "The Power of the Visual". Em *Animal Liberation Philosophy and Policy Journal*, nº 3, 2005.

KANT, Immanuel. Em GREGOR, Mary (org.). *Practical Philosophy.* Trad. Mary Gregor. Cambridge: Cambridge University Press, 1996.

_____. Em HEALTH, Peter & SCHNEEWIND, Jerome B. (orgs.). *Lectures on Ethics.* Trad. Peter Heath. Cambridge: Cambridge University Press, 1997.

_____. Em LOUDEN, Robert (org.). *Anthropology from a Pragmatic Point of View.* Trad. Robert Louden. Cambridge: Cambridge University Press, 2006.

KEMPTON, Willett; BOSTER, James S. & HARTLEY, Jennifer A. *Environmental Values in American Culture.* Cambridge: MIT Press, 1995.

KORSGAARD, Christine M. *The Sources of Normativity.* Cambridge: Cambridge University Press, 1996.

_____. "Fellow Creatures: Kantian Ethics and Our Duties to Animals". Em PETERSON, Grethe B. (org.). *Tanner Lectures on Human Values*, nº 25. Salt Lake City: University of Utah Press, 2005.

KUFLIK, Arthur. "Moral Standing". Em CRAIG, Edward (org.). *Routledge Encyclopedia of Philosophy.* Londres: Routledge, 1998.

LEOPOLD, Aldo. *A Sand County Almanac and Sketches Here and There.* Nova York: Oxford University Press, 1949.

LOMBORG, Bjorn. The Skeptical Environmentalist. Cambridge: Cambridge University Press, 2001. [Ed. bras.: *O ambientalista cético.* Rio de Janeiro: Campus, 2002.]

LOVELOCK, James. *The Revenge of Gaia: Why the Earth is Fighting Back – and How We Can Still Save Humanity.* Harmondsworth: Allen Lane, 2006. [Ed. bras.: *A vingança de Gaia.* Rio de Janeiro: Intrínseca, 2006.]

McCLOSKEY, H. J. "An Examination of Restricted Utilitarianism". Em *Philosophical Review*, 66 (4), 1957.

McDOWELL, John. "Values and Secondary Qualities". Em HONDERICH, Ted (org.). *Morality and Objectivity.* Londres: Routledge & Kegan Paul, 1985.

McKIBBEN, Bill. *The End of Nature.* Nova York: Random House, 1989.

MARON, John L. *et al.* "Rapid Evolution of an Invasive Plant". Em *Ecological Monographs*, 74 (2), 2004.

MARTIN, Robert D. *et al.* "Comment on 'The Brain of LB1, Homo floresiensis'". Em *Science*, 312 (5.776), 2006, pp. 999.

MATHER, Jennifer A. "Animal Suffering: an Invertebrate Perspective". Em *Journal of Applied Welfare Science*, 4 (2), 2001.

MEEHL, Gerald A. *et al.* "How Much More Global Warming and Sea Level Rise?". Em *Science*, 307 (5716), 2005.

MOORE, G. E. *Principia Ethica.* Cambridge: Cambridge University Press, 1903.

_____. *Philosophical Studies.* Londres: Routledge & Kegan Paul, 1922.

MORWOOD, M. J. *et al.* "Archaeology and Age of a New Hominid from Flores in Eastern Indonesia". Em *Nature*, nº 431, 2004.

MUIR, John. *Steep Trails.* Nova York: Cosimo, 2006. (1ª ed. 1918.)

MYERS, Ransom A. & WORM, Boris. "Rapid Worldwide Depletion of Predatory Fish Communities". Em *Nature*, nº 423, 2003.

NABHAN, Gary P. *et al.* "Papago Influence on Habitat and Biotic Diversity: Quiotovac Oases Ethnoecology". Em *Journal of Ethnobiology*, nº 2, 2003.

NASH, Roderick. *Wilderness ond the American Mind.* 4ª ed. New Haven: Yale University Press, 2001. (1ª ed. 1967.)

NAYLOR, Rosamond L. & BURKE, Marshall. "Aquaculture and Ocean Resources: Raising Tigers of the Sea". Em *Annual Review of Environment and Resources*, nº 30, 2005.

NORTON, Bryan G. *Toward Unity among Environmentalists.* Nova York: Oxford University Press, 1991.

_____. *Sustainability: a Philosophy of Adaptive Ecosystem Management.* Chicago: University of Chicago Press, 2005.

NOSS, Reed F. & COOPERRIDER, Allen Y. *Saving Nature's Legacy.* Washington: Island Press, 1994.

O'NEILL, Onora. *Faces of Hunger.* Boston: Allen & Unwin, 1986.

ORTEGA Y GASSET, José. *Meditations on Hunting.* Nova York: Charles Scribner's Sons, 1972.

PACALA, S. & SOCOLOW, R. "Stabilization Wedges: Solving the Climate Problem for the Next 50 Years with Current Technologies". Em *Science*, 305 (5.686), 2004.

PARFIT, Derek. *Reasons and Persons*. Oxford: Oxford University Press, 1984.

PARRY, Martin L. *et al.* "Millions at Risk: Defining Critical Climate Change Threats and Targets". Em *Global Environmental Change: Human and Policy Dimensions*, 11 (3), 2001.

PASSMORE, John. *Man's Responsibility for Nature: Ecological Problems and Western Traditions*. Nova York: Charles Scribner's Sons, 1974.

PAULY, Daniel *et al.* "Towards Sustainability in World Fisheries". Em *Nature*, 418, 2002.

PIMENTEL, David & PIMENTEL, Marcia. "Sustainability of Meat-Based and Plant-Based Diets and the Environment". Em *American Journal of Clinical Nutrition*, nº 78, 2003.

PLUHAR, Evelyn B. *Beyond Prejudice: the Moral Significance of Human and Nonhuman Animals*. Durham: Duke University Press, 1995.

POLLAN, Michael. *The Omnivore's Dilemma: a Natural History of Four Meals*. Nova York: Penguin, 2006. [Ed. bras.: *O dilema do onívoro: uma história natural de quatro refeições*. Rio de Janeiro: Intrínseca, 2007.]

RACHELS, James. *Created from Animals*. Nova York: Oxford University Press, 1990.

_____. *The Elements of Moral Philosophy*. Nova York: McGraw Hill, 2003. [Ed. bras.: *Os elementos da filosofia moral*. Barueri: Manole, 2006.]

RAILTON, Peter. *Facts, Values, and Norms: Essays Toward a Morality of Consequence*. Cambridge: Cambridge University Press, 2003.

REGAN, Tom. *All That Dwell Therein: Essays on Animal Rights and Environmental Ethics*. Berkeley: University of California Press, 1982.

_____. *The Case for Animal Rights*. Berkeley: University of California Press, 1983.

_____. "The Case for Animal Rights". Em, SINGER, Peter (org.). *In Defense of Animals* Oxford: Basil Blackwell, 1985.

RODMAN, John. "The Liberation of Nature?". Em *Inquiry*, primavera de 1977.

ROEMER, Gary W. & WAYNE, Robert K. "Conservation in Conflict: the Tale of Two Endangered Species". Em *Conservation Biology*, 17 (5), 2003.

ROLSTON III, Holmes. *Environmental Ethics: Duties To and Values In the Natural World*. Filadélfia: Temple University Press, 1988.

ROSA, Humberto D. "Bioethics of Biodiversity". Em SUSANNE, Charles (org.), "Societal Responsibilities in Life Sciences". Em *Human Ecology Review*, volume especial 3 (12), 2004.

ROUTLEY, Richard. "Is There a Need for a New, an Environmental Ethic?". Em *Proceedings of the XV*th *World Congress of Philosophy*, 1 (6), 1973, pp. 205-210.

_____ & VAL. "Human Chauvinism and Environmental Ethics". *Em* MANNISORI, Donald S.; McROBBIE, Michael & ROUTLEY, Richard (org.). *Envi-*

ronmental Philosophy, Camberra: Research School of Social Sciences, Australian National University, 1980.

RYDER, Richard D. *Victims of Science: the Use of Animals in Research.* Londres: Davis-Poynter, 1975.

SAGOFF, Mark. "Nature Versus the Environment". Em *Report from the Institute for Philosophy and Public Policy*, 11 (3), 1991.

SARKAR, Sahotra. *Biodiversity and Environmental Philosophy: an Introduction to the Issues.* Nova York: Cambridge University Press, 2005.

SCARRE, Geoffrey. *Utilitarianism.* Londres: Routledge, 1996.

SCHLOSSER, Eric. *Fast Food Nation: the Dark Side of the All-American Meal.* Boston: Houghton Mifflin, 2001. [Ed. bras.: *País fast-food.* São Paulo: Ática, 2001.]

SCHUMACHER, Eric F. *Small Is Beautiful.* Nova York: Harper & Row, 1973. [Ed. bras.: *Negócio é ser pequeno.* 4ª ed. Rio de Janeiro: Zahar, 1983.]

SCHWARTZ, Thomas. "Obligations to Posterity". Em BARRY, Brian & SIKORA, Richard (orgs.). *Obligations to Future Generations,* Filadélfia: Temple University Press, 1978.

SEN, Amartya. *Identity and Violence: the Illusion of Destiny.* Nova York: Norton, 2006. [Ed. port.: *Identidade e violência.* Lisboa: Tinta da China, 2007.]

SIBERT, John *et al.* "Biomass, Size, and Trophic Status of Top Predators in the Pacific Ocean". Em *Science*, 15-12-2006.

SINGER, Peter. *Animal Liberation*, 2ª ed. Nova York: New York Review of Books, 1990. (1ª ed. 1975.) [Ed. bras.: *Libertação animal.* Porto Alegre: Lugano, 2004.]

_____. *Practical Ethics.* 2ª ed. Cambridge: Cambridge University Press, 1993. (1ª ed. 1979.) [Ed. bras.: *Ética prática.* São Paulo: Martins Fontes, 2002.]

SINGER, Peter & MASON, Jim *The Way We Eat: Why Our Food Choices Matter.* Nova York: Rodale, 2006. [Ed. bras.: *A ética da alimentação.* Rio de Janeiro: Campus, 2007.]

SMITH, Michael. *The Moral Problem.* Oxford: Blackwell, 1994.

SNYDER, Gary. *The Practice of the Wild.* Berkeley: North Point, 1990.

SOBER, Elliott. "Philosophical Problems for Environmentalism". Em NORTON, Bryan G. (org.). *The Preservation of Species: the Value of Biological Diversity.* Princeton: Princeton University Press, 1986.

SORABJI, Richard. *Animal Minds and Human Morals: the Origins of the Western Debate.* Ithaca: Cornell University Press, 1993.

STEVENSON, Charles L. *Ethics and Language.* New Haven: Yale University Press, 1944.

STONE, Christopher. "Should Trees Have Standing? Toward Legal Rights for Natural Objects". Em *Southern California Law Review*, nº 45, 1972.

TAYLOR, Paul. *Respect for Nature: a Theory of Environmental Ethics.* Princeton: Princeton University Press, 1986.

TOULMIN, Stephen. *Reason in Ethics*. Cambridge: Cambridge University Press, 1948.

TURNER, Jack. *The Abstract Wild*. Tucson: University of Arizona Press, 1996.

VAN DEN BERGH, Jeroen C. J. M. & VERBRUGGEN, Harmen. "Spatial Sustainability, Trade and Indicators: an Evaluation of the 'Ecological Footprint'". Em *Ecological Economics*, 29 (1), 1999.

VARNER, Gary E. *In Nature's Interests? Interests, Animal Rights, and Environmental Ethics*. Nova York: Oxford University Press, 1998.

VITOUSEK, Peter M. *et al.* "Human Appropriation of the Products of Photosynthesis". Em *Bioscience*, 36 (6), 1986.

_____. "Human Domination of Earth's Ecosystems". Em *Science*, 277 (5.325), 1997.

VOLK, Tyler. *Gaia's Body: toward a Physiology of Earth*. Cambridge: MIT Press, 2005.

WACKERNAGEL, Mathis & REES, William. *Our Ecological Footprint: Reducing Human Impact on the Earth*. Gabriola Island, BC: New Society, 1996.

WAPNER, Paul & WILLOUGHBY, John. "The Irony of Environmentalism: the Ecological Futility but Political Necessity of Lifestyle Change". Em *Ethics & International Affairs*, 19 (3), 2005.

WARNOCK, Geoffrey J. *The Object of Morality*. Londres: Methuen, 1971.

WEST, Henry. *An Introduction to Mill's Utilitarian Ethics*. Nova York: Cambridge University Press, 2003.

WESTMAN, Walter E. "Park Management of Exotic Plant Species: Problems and Issues". Em *Conservation Biology*, nº 4, 1990.

WHITE Jr., Lynn. "The Historical Roots of our Ecologic Crisis". Em *Science*, 155 (3.767), 1967.

WIGGINS, David. *Needs, Values, Truth*. 3ª ed. Oxford: Oxford University Press, 1998. (1ª ed. 1987.)

_____. "Nature, Respect for Nature, and the Human Scale of Values". Em *Proceedings of the Aristotelian Society*, nº 100, 2000.

WILLIAMS, Bernard. *Making Sense of Humanity*. Cambridge: Cambridge University Press, 1995.

_____. Em MOORE, Adrian (org.). *Philosophy as a Humanistic Discipline*. Princeton: Princeton University Press, 2006.

_____ & J. J. C. Smart. *Utilitarianism: for and Against*. Cambridge: Cambridge University Press, 1973.

WOOD, Allen. "Kant on Duties Regarding Nonrational Nature". Em *Aristotelian Society Supplementary*, vol. LXXII, 1998.

WOODS, Mark & MORIARTY, Paul. "Strangers in a Strange Land: the Problem of Exotic Species". Em *Environmental Values*, nº 10, 2001.

WORLD COMMISSION ON ENVIRONMENT AND DEVELOPMENT. *Our Common Future.* Nova York: Oxford University Press, 1987.

ZAMIR TZACHI. *Ethics and the Beast.* Princeton: Princeton University Press, 2007.

ZEKI, Semir & KAWABATA, Hideaki. "Neural Correlates of Beauty". Em *Journal of Neurophysiology,* nº 91, 2004.

Índice remissivo

ação humana 22, 239, 252, 263 280,
agentes 102, 127, 140-141, 142, 156-157
    morais 167
    racionais 148-152, 161
água 22, 182, 191
alimento 167, 190-191, 194, 223
    auxílio 297
    orgânico 193, 208-209
    preferências 72, 112
    segurança 297
amoralismo 59-63, 71, 80
animais 20,72, 85, 114, 117, 146, 152-161, 163-184, 189-223, 225, 230, 260
    abelhas 111
    agentes 163
    alces 205
    aves domésticas 192
    baleias 72, 112, 182, 294
    bem-estar dos 85, 155, 197, 201, 216, 267, 276
    cabras 72, 264 265-266, 270, 274
    cães 72, 111, 158, 189, 237
    camarões 72
    camelos 272
    capacidades perceptivas 111-112
    carneiro-de-chifre-longo (*Bighorn Sierra*) de Serra Nevada 261-264
    carneiros 72, 112, 190, 263, 265
    castores 20
    cavalos 72
    cetáceos 166
    chimpanzés 72
    coelhos 111, 277

coiotes 270, 272

coruja-pintada do Norte 302

elefantes 20, 36, 158, 181-182, 231, 272, 305

falcão-peregrino 273

galinhas 72, 190, 192, 194, 197-199, 207, 221

gatos 269

gerbos (ratos do deserto) 111

gorilas 72

grandes símios 166, 203, 302

guepardos 272, 273

insetos 275

lagartos 265

leões-da-montanha (pumas) 262-265

lesmas 112

linces 272

lobos 271

macacos 112, 167

marinhos , 211

micro-organismos 275

moluscos 212

moralidade 54-56

mulas 277

pássaros 265,

peixes 72, 181-182, 212-214, 275

perus 165 , 190, 192, 194

picanço da ilha de São Clemente (Califórnia) 268-269

polvo 181, 212-213

porcos 72, 167, 190, 197, 203

raposa das ilhas (Channel Islands, Califórnia) 269

ratos 269, 272, 277

sociais 54

sofrimento dos 163, 183, 197, 206

tartaruga de Galápagos 273

tentilhões 271-272, 275

ursos 170

vacas 72, 111, 190, 193, 197

veados 205, 262

Anscombe, G. E. M. 140

antropocentrismo 45-46, 239-240

apreciação estética 20, 246

aquacultura 214-216

argumento da questão aberta 89-91, 93-94

argumento do último homem 89-93, 94, 175

Aristóteles 140, 141

armadilhas 204
artefatos 99, 159
atos de fala 82Attfield, Robin 228
autenticidade 245
autoconsciência 152, 165, 178, 202
avaliação 103-110, 237

beleza 145, 244-248
bens ambientais puros 32
bens públicos 32, 39-40, 47, 287
Bentham, Jeremy 88, 132, 133, 153, 167, 179, 180
Bíblia 163
biocentrismo 225-231, 235, 239-240, 266
Bonnie e Clyde 60-61
Boulding, Kenneth 241, 296
Brentano, Franz 259
Burke, Edmund 249
Bush, George Herbert Walker 306

caça 172, 205, 207
caça às baleias 224
Callicott, J. Baird 233, 236
Canyonlands (Parque Nacional) 23
caráter 122, 126, 130, 138-139
Carlton, James 274
Carson, Rachel 48, 146
centro sensível 104-113, 237
ceticismo ambiental 9, 10
circuncisão feminina 75
Comissão Mundial sobre Meio Ambiente e Desenvolvimento
     (Comissão Brundtland) 298
Commoner, Barry 19, 284
competência linguística 165
comunidade biótica 232-233
comunidade moral 90, 115
Conferência das Nações Unidas para o Meio Ambiente e Desenvolvimento
     (Cúpula da Terra do Rio) 300-301
conhecimento moral 84
consequencialismo 126,127-139, 140, 143, 145, 160, 178, 218, 221, 233
     consequencialismo das regras 137
     ideal 128
     indireto 136-137
     motivo 136
     real *versus* provável 128

ÍNDICE REMISSIVO   327

considerabilidade moral 166, 225-227, 228, 237, 239
construtivismo social 254-255
consumo 302, 304, 309-310
convenção sobre biodiversidade 300
cooperação 56
corrupção moral 210
criadouros industriais 191-195, 200

Darwin, Charles 170
Davidson, Donald 166
Dean, James 61
Descartes, René 166, 170
desenvolvimento sustentável 298
Deus 45, 5359, 63-64, 140, 170, 246
Diener, Edward 307
direitos 38-39, 47, 127, 132, 134, 136, 167, 172, 175, 179, 180, 231, 236
    das mulheres 127
    dos animais 85, 127, 167, 179, 184, 231
    humanos 163
Dirk 62-63, 67, 80
disposicionalismo 106-110
diversidade 258-259
    biodiversidade 39, 258-259, 279, 299, 302, 304
    espécies 28, 32, 258
Dostoiévski, Fiódor 64
dualismo 20
Dylan, Bob 60-61

ecocentrismo 231-235, 235-240, 245
ecofeminismo 20
ecologia profunda 20, 85-96
ecossistemas 116-117, 159, 214, 224, 233-235, 236, 255, 299
eficiência 37
Ehrlich, Paul e Holdren, John 284
Eilperin, Juliet 311
emoção 20, 63
emotivismo 99-100
energia 194-195, 287
    carvão 303
enunciações 97
escala 28
esgotamento do ozônio 30, 301, 312
espaçonave Terra 242, 296
especiesismo 163-168, 173

ÉTICA E MEIO AMBIENTE

absoluto 174, 177
Homo sapiens-cêntrico 173
indexical 173
moderado 174-175
esquimós 77
ética da terra 232
ética da virtude 138, 143-147, 207, 220, 230
ética do bote salva-vidas 297
ética normativa 81, 83, 261
ética prática 81, 125, 161
exótica 270-272
extensionismo moral 231, 235
externalidades 39
extinção 24, 31, 236, 246, 273, 283

falhas 146
fatos 84, 85-96
fontes e sumidouros 36, 37, 242
Francisco de Assis 46
Franklin, Benjamin 309
fumar 33, 311
furacão Katrina 34, 292
futuras gerações 30, 40-41, 240, 283, 293, 296, 310

Gallo, Joey 60
Geach, Peter 101
Godwin, William 133
Goodpaster, Kenneth 226
Gorbatchov, Mikhail 299-301
Gore, Albert 299

Hall, Charles 289
Hardin, Garret 296-298
Hare, Richard M. 102, 137
hedonismo 61, 88, 92
Hill Jr., Thomas 145-146, 147
hipótese de Gaia 26, 27
Hobbes, Thomas 54
Hogarth, William 154
holismo 19
Homo floresiensis 171-173
Hume, David 104, 247
Hursthouse, Rosalind 141-142
Hutchison, Francis 247

identidade 89-93

identidade teórica 93-94

ignorância, argumento proveniente da 243

igual consideração de interesses 180-197

igualdade 179-180

Ilha de São Clemente 265-268-269, 270

Iluminismo, o 90, 127

imperativo categórico 148-151, 156

interesses 28, 31, 32, 40, 55, 56, 62, 75 101, 115, 148, 169, 170, 173, 174, 179, 180-
  183, 201, 227-228, 229, , 235

inundações 29

invasivas 276

IPRT 284-287

justiça 58, 240, 292-296

Juventude transviada (filme) 60

Kant, Immanuel 104, 148-149, 164, 170, 179, 204, 230, 247

kantismo 140, 160, 164,

Korsgaard, Christine 156-158

Lei de Proteção a Espécies Ameaçadas de Extinção 32, 270

Leibniz, Gottfried 153

Leopold, Aldo 48, 146, 232-233

Limbaugh, Rush 302

linguagem moral 74-7, 39, 46-7, 48, 49-51, 55-7, 58, 59, 60-2, 63, 65, 66, 68

Locke, John 41, 154

Lomborg, Bjorn 25

Lovelock, James 26

lugar 18

Marsh, George P. 280

Marx, Groucho 294

marxismo 45

matar 165-188, 190

McCloskey, H. J. 134

McKibben, Bill 18

Mill, J. S. 132, 174, 179, 308-309

minimalismo do ato hedonístico 131

monismo 20,

Moore, G. E. 89-91, 89, 91

motivação moral 6, 67, 94, 104, 136, 293

mudança climática 25, 30, 34-35, 38, 43, 147, 193, 219, 279, 282, 286, 292-293, 304

Muir, John 17, 146, 250, 259

Naess, Arne 25
não naturalismo 88, 90-91
natureza 17-18, 19-20, 25, 225, 232, 236
    autonomia da 256, 257
    comparada à arte 244-245
naturalismo 88, 90-94
Neandertal 172-173
neurociência 248

objeção de direitos e justiça 133, 134
objeção de exigência 131, 133
onívoro consciencioso 205-217, 218
Ortega y Gassett, José 223
otimismo ambiental 9-10

Pacala, Stephen e Socolow, Robert 21
paciente moral 167
Painel Intergovernamental sobre Mudanças Climáticas 282
países em desenvolvimento 26, 43, 196, 285-287, 292, 301, 302-304
pegada ecológica 284-289, 292
perfeccionismo 185
pessoas 172, 180
pitoresco 249
plantas 145, 159-160, 227-229, 236, 239, 243,265-266
Platão 140, 141
Plotino 247
pluralismo 32, 49
pobreza 292, 300-302, 304, 307
poluição
    da água 31, 193, 279
    do ar 26, 38, 43, 49, 193-194, 279, 296
poluição sonora 29
população 172, 284-286, 289, 296, 297
postura moral 81, 94, 99
predação 20, 262-264
prescritivismo 100-101
problema de não identidade 280-283
produção de carne *in vitro* 222
Produtividade Primária Líquida (PPL) 283, 291
prosperidade 140, 143-**144, 241,**

qualidade de vida 28, 29, 31, 32, 303
qualidades primárias e secundárias 106

raciocínio moral 102
racismo 76, 170
radônio 33
raridade 245
razões morais 57, 59, 62, 54, 82
Reagan, Ronald 240, 306
realismo 85-100, 102, 103-105, 107, 110, 113, 114, 120, 247
reciprocidade 56-57, 294
recursos comuns 38
Rees, William e Wackernagel, Mathis 284
Regan, Tom 179, 184-200, 236
relações especiais 175
    objeção das 133, 136
relativismo 59, 71-76, 108-109
religião 45, 53, 60, 223
    budismo 46
    cristianismo 45-46
    hinduísmo 46
    islamismo 45,
    jainismo 46
    judaísmo 45
riqueza 284, 286, 303
Rodman, John 231, 239
Rolston III, Holmes 223
Routley, Richard e Val 121
Ryder, Richard 169

Salt, Henry 147
Sartre, Jean-Paul 64, 145
saúde 31, 32, 49
Schweitzer, Albert 226
seleção natural 63, 229, 246
selva, natureza selvagem 17, 263, 279, 294
Sen, Amartya 76
sensibilidade 123, 104-5, 112, 113, 114, 128, 145, 146-9, 152, 154-5, 168, 172
sentenças 82
Sessions, George 258
Setnicka, Tim 276
sexismo 170
Shaftesbury, terceiro conde de 247
Sidgwick, Henry 180
significado e referência 93
simpatia 53, 55
Singer, Peter 168-170, 174, , 179-182, 201, 207, 225, 226

Snyder, Gary 257
Sócrates 140, 141-163
Sorabji, Richard 166
Stone, Christopher 232
subjetivismo 84-96, 97, 98, 100, 102, 142
sublime 249-250
sujeito de uma vida 179, 185-186, 202, 260
Summers, Lawrence 43

Tansley, Arthur 233
Tao Te Ching 257
taxa de desconto 41
taxas sobre emissão de gás carbônico 44, 49
tecnologia 30-34, 284, 287-289
teísmo 59, 63
teocentrismo 46
teoria da virtude 139
teoria ética 81-83, 88, 101
teoria moral 81, 84, 104, 146
teorias das boas razões 104
terras alagadas 24
Thoreau, Henry David 48, 146, 257
Tomás de Aquino 140, 247
trafalmadoreanos 171-173
tragédia dos bens comuns 296

universabilidade 103
utilitarismo 129, 137, 138, 179, 184, 189, 201
    ato 125
    clássico 132
    da vida hedonística 131
    do ato hedonístico 129, 130,
    do ato perfeccionista 129, 130

Vale de Hetch Hetchy 21
valores 284
    da existência 11
    estéticos 244-247, 260, 276
    instrumentais 115, 118, 119, 237-238
    intrínsecos 83-113, 115, 225, 238-239, 244
    naturais 285-9, 179
    plurais 261
    prudenciais 241-242, 260, 276
valor inerente 116, 184-185, 188

Varner, Gary 227
veganismo 217, 220-221
vegetarianismo 206, 217,
vida natural 17, 226-232, 239
vida selvagem 17, 232, 254
virtudes 132, 139, 144
    cristãs 140
    gregas 140
    relatividade das 144
    unidade das
Vitousek, Peter 282, 283
Vonnegut, Kurt 171

White Jr., Lynn 45-47
Wiggins, David 240
Williams, Bernard 137, 169, 260
Wood, Allen 155

Ziff, Paul 245

SENAC SÃO PAULO
REDE DE UNIDADES

CAPITAL E GRANDE SÃO PAULO

Centro Universitário Senac Campus Santo Amaro
Tel.: (11) 5682-7300 • Fax: (11) 5682-7441
E-mail: campussantoamaro@sp.senac.br

Senac 24 de Maio
Tel.: (11) 2161-0500 • Fax: (11) 2161-0540
E-mail: 24demaio@sp.senac.br

Senac Consolação
Tel.: (11) 2189-2100 • Fax: (11) 2189-2150
E-mail: consolacao@sp.senac.br

Senac Francisco Matarazzo
Tel.: (11) 3795-1299 • Fax: (11) 3795-1288
E-mail: franciscomatarazzo@sp.senac.br

Senac Guarulhos
Tel.: (11) 2187-3350 • Fax: 2187-3355
E-mail: guarulhos@sp.senac.br

Senac Itaquera
Tel.: (11) 2185-9200 • Fax: (11) 2185-9201
E-mail: itaquera@sp.senac.br

Senac Jabaquara
Tel.: (11) 2146-9150 • Fax: (11) 2146-9550
E-mail: jabaquara@sp.senac.br

Senac Lapa Faustolo
Tel.: (11) 2185-9800 • Fax: (11) 2185-9802
E-mail: lapafaustolo@sp.senac.br

Senac Lapa Scipião
Tel.: (11) 3475-2200 • Fax: (11) 3475-2299
E-mail: lapascipiao@sp.senac.br

Senac Lapa Tito
Tel.: (11) 2888-5500 • Fax: (11) 2888-5577
E-mail: lapatito@sp.senac.br

Senac Nove de Julho
Tel.: (11) 2182-6900 • Fax: (11) 2182-6941
E-mail: novedejulho@sp.senac.br

Senac – Núcleo de Idiomas Anália Franco
Tel.: (11) 3795-1100 • Fax: (11) 3795-1114
E-mail: idiomasanaliafranco@sp.senac.br

Senac – Núcleo de Idiomas Santana
Tel.: (11) 3795-1199 • Fax: (11) 3795-1160
E-mail: idiomassantana@sp.senac.br

Senac – Núcleo de Idiomas Vila Mariana
Tel.: (11) 3795-1200 • Fax: (11) 3795-1209
E-mail: idiomasvilamariana@sp.senac.br

Senac Osasco
Tel.: (11) 2164-9877 • Fax: (11) 2164-9822
E-mail: osasco@sp.senac.br

Senac Penha
Tel.: (11) 2135-0300 • Fax: (11) 2135-0398
E-mail: penha@sp.senac.br

Senac Santa Cecília
Tel.: (11) 2178-0200 • Fax: (11) 2178-0226
E-mail: santacecilia@sp.senac.br

Senac Santana
Tel.: (11) 2146-8250 • Fax: (11) 2146-8270
E-mail: santana@sp.senac.br

Senac Santo Amaro
Tel.: (11) 3737-3900 • Fax: (11) 3737-3936
E-mail: santoamaro@sp.senac.br

Senac Santo André
Tel.: (11) 2842-8300 • Fax: (11) 2842-8301
E-mail: santoandre@sp.senac.br

Senac Tatuapé
Tel.: (11) 2191-2900 • Fax: (11) 2191-2949
E-mail: tatuape@sp.senac.br

Senac Tiradentes
Tel.: (11) 3336-2000 • Fax: (11) 3336-2020
E-mail: tiradentes@sp.senac.br

Senac Vila Prudente
Tel.: (11) 3474-0799 • Fax: (11) 3474-0700
E-mail: vilaprudente@sp.senac.br

INTERIOR E LITORAL

Centro Universitário Senac Campus Águas de São Pedro
Tel.: (19) 3482-7000 • Fax: (19) 3482-7036
E-mail: campusaguasdesaopedro@sp.senac.br

Centro Universitário Senac Campus Campos do Jordão
Tel.: (12) 3688-3001 • Fax: (12) 3662-3529
E-mail: campuscamposdojordao@sp.senac.br

Senac Araçatuba
Tel.: (18) 3117-1000 • Fax: (18) 3117-1020
E-mail: aracatuba@sp.senac.br

Senac Araraquara
Tel.: (16) 3114-3000 • Fax: (16) 3114-3030
E-mail: araraquara@sp.senac.br

Senac Barretos
Tel./fax: (17) 3322-9011
E-mail: barretos@sp.senac.br

Senac Bauru
Tel.: (14) 3321-3199 • Fax: (14) 3321-3119
E-mail: bauru@sp.senac.br

Senac Bebedouro
Tel.: (17) 3342-8100 • Fax: (17) 3342-3517
E-mail: bebedouro@sp.senac.br

Senac Botucatu
Tel.: (14) 3112-1150 • Fax: (14) 3112-1160
E-mail: botucatu@sp.senac.br

Senac Campinas
Tel.: (19) 2117-0600 • Fax: (19) 2117-0601
E-mail: campinas@sp.senac.br

Senac Catanduva
Tel.: (17) 3522-7200 • Fax: (17) 3522-7279
E-mail: catanduva@sp.senac.br

Senac Franca
Tel.: (16) 3402-4100 • Fax: (16) 3402-4114
E-mail: franca@sp.senac.br

Senac Guaratinguetá
Tel.: (12) 2131-6300 • Fax: (12) 2131-6317
E-mail: guaratingueta@sp.senac.br

Senac Itapetininga
Tel.: (15) 3511-1200 • Fax: (15) 3511-1211
E-mail: itapetininga@sp.senac.br

Senac Itapira
Tel.: (19) 3863-2835 • Fax: (19) 3863-1518
E-mail: itapira@sp.senac.br

Senac Itu
Tel.: (11) 4023-4881 • Fax: (11) 4013-3008
E-mail: itu@sp.senac.br

Senac Jaboticabal
Tel./Fax: (16) 3204-3204
E-mail: jaboticabal@sp.senac.br

Senac Jaú
Tel.: (14) 2104-6400 • Fax: (14) 2104-6449
E-mail: jau@sp.senac.br

Senac Jundiaí
Tel.: (11) 3395-2300 • Fax: (11) 3395-2323
E-mail: jundiai@sp.senac.br

Senac Limeira
Tel.: (19) 2114-9199 • Fax: (19) 2114-9125
E-mail: limeira@sp.senac.br

Senac Marília
Tel.: (14) 3311-7700 • Fax: (14) 3311-7760
E-mail: marilia@sp.senac.br

Senac Mogi-Guaçu
Tel.: (19) 3019-1155 • Fax: (19) 3019-1151
E-mail: mogiguacu@sp.senac.br

Senac Piracicaba
Tel.: (19) 2105-0199 • Fax: (19) 2105-0198
E-mail: piracicaba@sp.senac.br

Senac Presidente Prudente
Tel.: (18) 3344-4400 • Fax: (18) 3344-4444
E-mail: presidenteprudente@sp.senac.br

Senac Ribeirão Preto
Tel.: (16) 2111-1200 • Fax: (16) 2111-1201
E-mail: ribeiraopreto@sp.senac.br

Senac Rio Claro
Tel.: (19) 2112-3400 • Fax: (19) 2112-3401
E-mail: rioclaro@sp.senac.br

Senac Santos
Tel.: (13) 2105-7799 • Fax: (13) 2105-7700
E-mail: santos@sp.senac.br

Senac São Carlos
Tel.: (16) 2107-1055 • Fax: (16) 2107-1080
E-mail: saocarlos@sp.senac.br

Senac São João da Boa Vista
Tel.: (19) 3366-1100 • Fax: (19) 3366-1139
E-mail: sjboavista@sp.senac.br

Senac São José do Rio Preto
Tel.: (17) 2139-1699 • Fax: (17) 2139-1698
E-mail: sjriopreto@sp.senac.br

Senac São José dos Campos
Tel.: (12) 2134-9000 • Fax: (12) 2134-9001
E-mail: sjcampos@sp.senac.br

Senac Sorocaba
Tel.: (15) 3412-2500 • Fax: (15) 3412-2501
E-mail: sorocaba@sp.senac.br

Senac Taubaté
Tel.: (12) 2125-6099 • Fax: (12) 2125-6088
E-mail: taubate@sp.senac.br

Senac Votuporanga
Tel.: (17) 3426-6700 • Fax: (17) 3426-6707
E-ma il: votuporanga@sp.senac.br

OUTRAS UNIDADES

Editora Senac São Paulo
Tel.: (11) 2187-4450 • Fax: (11) 2187-4486
E-mail: editora@sp.senac.br

Grande Hotel São Pedro – Hotel-escola
Tel.: (19) 3482-7600 • Fax: (19) 3482-7630
E-mail: grandehotelsaopedro@sp.senac.br

Grande Hotel Campos do Jordão – Hotel-escola
Tel.: (12) 3668-6000 • Fax: (12) 3668-6100
E-mail: grandehotelcampos@sp.senac.br